人机交互设计与人工智能

蒋文文　陈丽红　郭恩宇　主编

中国纺织出版社

图书在版编目（CIP）数据

人机交互设计与人工智能 / 蒋文文，陈丽红，郭恩宇主编 . -- 北京：中国纺织出版社，2019.7 （2023.6重印）

ISBN 978-7-5180-5789-4

Ⅰ . ①人… Ⅱ . ①蒋… ②陈… ③郭… Ⅲ . ①人机界面－程序设计②人工智能 Ⅳ . ① TP311.1 ② TP18

中国版本图书馆 CIP 数据核字 (2018) 第 279330 号

策划编辑：姚　君　　　　　　　　　　　　　　责任编辑：姚　君
责任设计：林昕瑶　　　　　　　　　　　　　　责任印制：储志伟

中国纺织出版社出版发行
地　　　址：北京市朝阳区百子湾东里 A407 号楼　　邮政编码：100124
销售电话：010-67004422　　**传真：** 010-87155801
http://www.c-textilep.com
E-mail：faxing@c-textilep.com
中国纺织出版社天猫旗舰店
官方微博 http://weibo.com/2119887771
永清县晔盛亚胶印有限公司印刷　各地新华书店经销
2019 年 7 月第 1 版　2023 年 6 月第 9 次印刷
开　　本：787×1092　1/16　印张：18.5
字　　数：260 千字　定价：83.00 元

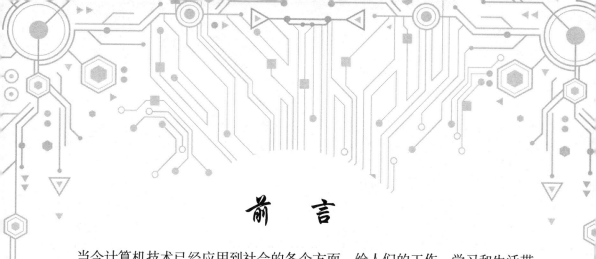

前　言

　　当今计算机技术已经应用到社会的各个方面，给人们的工作、学习和生活带来了巨大的便利，促进了社会的进步与文明的提升。人工智能是计算机科学的一个分支，是采用人工的方法和技术，通过研制智能机器或智能系统来模仿、延伸和扩展人的智能，实现智能行为。人工智能自 1956 年诞生以来，历经艰辛与坎坷，取得了举世瞩目的成就，特别是机器学习、数据挖掘、计算机视觉、专家系统、自然语言处理、模式识别、机器人等相关的应用带来了良好的经济效益和社会效益。广泛使用的互联网也正在探索应用知识表示和推理，构建语义 Web，提高互联网的效率。

　　2015 年 7 月 4 日，国务院发布《关于积极推进"互联网 +"行动的指导意见》，明确未来三年以及十年的发展目标，提出包括"互联网 +"创业创新、"互联网 +"协同制造、"互联网 +"现代农业、"互联网 +"智慧能源、"互联网 +"普惠金融、"互联网 +"益民服务、"互联网 +"高效物流、"互联网 +"电子商务、"互联网 +"便捷交通、"互联网 +"绿色生态和"互联网 +"人工智能 11 项重点行动，充分发挥智能科学与技术的作用，形成经济发展新动能，催生经济新格局。

　　本书是作者在多年的科研实践基础上，吸取国内外多种人工智能教材的优点，参考国际上最新的研究成果编写而成，具有科学性、实用性、可读性等特点。本书共包括十一章，分别为：人工智能概述、互联网智能、物联网的传感器技术、物联网通信技术、计算机网络基础、云计算与移动互联网与移动 IP 等。本书可以供从事人工智能研究与应用的科技人员学习参考。

　　由于作者水平有限，加之人工智能发展迅速，书中不妥甚至错误之处在所难免，诚恳地希望专家和读者提出宝贵意见，以帮助本书改进和完善。

目　录

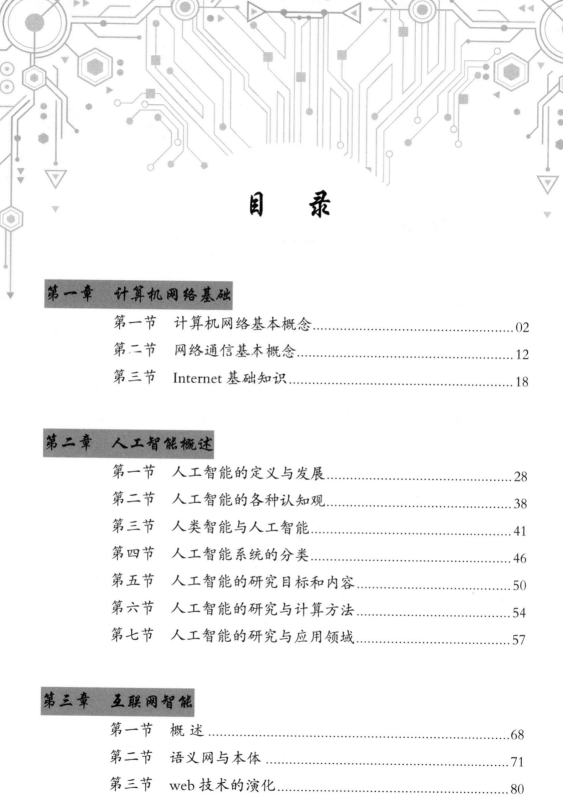

第十一章　信息安全

第一章
计算机网络基础

第一节　计算机网络基本概念

计算机网络是计算机技术和通信技术发展相结合的产物。利用通信系统将计算机连接起来进行通信，就形成了计算机网络。具体地说，计算机网络是通过某种通信介质，将不同地理位置的多台具有独立功能的计算机连接起来，并借助网络硬件，按照网络通信协议，并且配以相应的网络操作系统来进行数据通信，实现网络上的资源共享和信息交换的系统。

一、计算机网络的形成和发展

计算机网络出现的历史不长，但发展很快，经历了一个从简单到复杂的演变过程。世界上第一台电子数字计算机 ENIAC 在美国诞生时，计算机和通信并没有什么关系。1954 年终端器诞生后，人们才逐渐把终端与计算机连接起来。几十年来计算机网络的发展经历了三个主要阶段：终端—计算机联机系统，计算机—计算机联机系统及计算机网络互联系统。

（一）初级阶段：终端—计算机联机系统

"终端—计算机"系统是计算机网络的雏形。它是由多台终端设备通过通信线路连接到一台中央计算机上构成的。这种网络实际是一种计算机远程分时多终端系统。远程终端可以共享计算机资源，但终端本身没有独立的可供共享的资源。

20 世纪 50 年代末出现的美国半自动防空系统（SAGE），是以旋风计算机为控制中心，把美国各地的防空雷达站连接在一起的实时防御系统，使用了总长度约 240 万公里的通信线路，连接 1000 多台终端，实现了远程集中控制。60 年代初，美国建成了联机飞机订票系统（SABRE-1），用一台中央计算机（大型机）连接 2000 多个遍布全国的终端。这些都是当时很成功的第一代计算机网络系统的代表。

（二）发展阶段：计算机—计算机联机系统

20 世纪 60 年代中期，出现了具有"计算机—计算机"通信能力的、以多处理中心为特点的真正的计算机网络。这些计算机之间不但可以彼此通信，还可以实现与其他计算机之间的资源共享，这就使系统发生了本质的变化。

成功的典型就是美国国防部高级研究计划管理局在 1969 年将分散在不同地区的计算机组建成的阿帕网（ARPANet），它也是 Internet 最早的发源地。ARPA网在网络的概念、结构、实现和设计方面奠定了计算机网络的基础，它也标志着计算机网络的发展即将进入成熟阶段。

继 ARPA 网之后，许多发达国家相继组建了规模较大的全国性乃至跨国的网络，这些计算机网络称之为广域网。与此同时，由于微型计算机的发展和普及，使计算机网络的主流从广域网转向本地网或局域网。在一栋大楼里或局部地域内，用不多的投资，就可以将本单位的计算机连接在一起，实现微机的相互通信、共用外部设备（如激光打印机、绘图仪等）、共享数据信息和应用程序。于是，从20 世纪 70 年代后期到 80 年代，计算机局域网便如雨后春笋，不仅在发达国家，而且在发展中国家也快速发展起来了。

（三）成熟阶段：计算机网络互联系统

局域网的应用领域非常广泛。目前在公司、机关或厂矿管理部门纷纷开发的计算机管理信息系统、办公自动化系统以及计算机集成制造系统等大都建立在局部网络上。局域网在银行业务处理、交通管理、计算机辅助教学等领域都将起到基础性的作用。同一个公司或单位，有可能先后组建若干个网络，供分散在不同地域的部门使用。人们自然想到，如果把这些分散的网络连接起来，就可使它们的用户在更大范围内实现资源共享。通常把这种网络之间的连接称做"网络互联"。

随着网络应用的扩大，网络互联出现了"局域网—局域网"互联、"局域网—广域网"互联、"广域网—广域网"互联等多种方式。它们通过"路由器"等互联设备将不同的网络连接到一起，形成可以相互访问的"网际网"，简称"互联网"（InterNetwork）。著名的 Internet 就是目前世界上最大的一个国际互联网。

从网络发展的趋势看，网络系统由局域网向广域网发展，网络的传输介质由有线技术向无线技术发展，网络上传输的信息向多媒体方向发展。因此，网络化的计算机系统将无限地扩展计算机应用的平台。

下面的内容记述了计算机网络形成与发展过程中的一些意义深远的事件。

1836 年，电报诞生。Cooke 和 Wheatstone 为这个发明申请了专利。电报的诞生在人类的远程通信历史上走出了第一步。电报采用了用一系列点、线在不同人之间传递信息的莫尔斯码，虽然速度还比较慢，但这和当今计算机通信中的二进制比特流已经相差不远了。

1876 年，电话诞生。Alexander Graham Bell 为此申请了专利。因此，Bell 后来还被誉为"电话之父"。电话诞生对计算机网络的意义是：直到如今，Internet 网络依然在很大程度上是架构在电话交换系统之上的。

1966 年，研究人员首次使用光纤来传输电话信号。Donald Davies 创造了术语分组和分组交换，其中分组交换是采用几个通道来传送数据包的方法。分组交换为实现网络信息传输安全提供了保证。分组交换是将数据分成一个个小组传输，让它们经过不同路由到达目的地，既增加了对数据的窃听的困难（因为数据被分割成了分组），由于路由冗余，又提高了数据传输的可靠性，即使某个路由中断，通信依然可以保持，网络可以经得起大规模的破坏（比如核弹的攻击）。分组交换技术出现的意义在于：互联网就是基于分组交换来传输信息的。

1969 年，Steve Crocker 编写了第一个 RFC（请求注释）文档——Host Software。RFC 中说明了 IMP（接口通信处理机）和 Host（主机，指可以通过网络访问的主计算机）之间的接口。RFC 是一类信息文档，由个人或团体编写，旨在拓展对网络的研究。每一篇 RFC 都被分配一个编号，以便于检索。一篇 RFC 在计算机网络领域中被广泛接收后，就可以作为标准来使用。同年，美国国防部高级研究计划管理局开始建立 ARPANet；9 月，ARPANet 在加州大学洛杉矶分校（UCLA）安装了第一个节点（IMP），连接到了 UCLA 的 Sigma-7 计算机上；10 月在斯坦福研究所（SRI）建成第二个节点，连接到了他们的 SDS 940 计算机上；加州大学圣芭芭拉分校在 11 月，犹他大学在 12 月分别建成了第三和第四个节点。

1972 年，Ray Tomlinson 发明了 E-Mail，它很快就成为 ARPANet 上最流行的软件。同年，在 RFC318 中，Jon Postel 提出 TELNET 应用协议。

1974 年，Vinton Cerf 和 Bob Kahn 在论文《A Protocol for Packet Network Interworking》中提出了传输控制协议（TCP），并引入了 Internet 的概念。

1978 年，Internet 协议（IP），作为从 TCP 中分离出来承担路由功能的协议，由 Vinton Cerf、Steve Crocker 和 Danny Cohen 提出。TCP 和 IP 成为日后 Internet 通信至关重要的组成部分。

1986 年，美国国家科学基金会（NSF）对全美大学中的 5 个超级计算中心进行赞助，使这些计算中心以 56Kb/s 的速度连接到了新建成的 NSFNet 上。

1989 年，Tim Berners Lee 发明了万维网（WWW），超文本（HyperText）技术被应用到网络上，Web 浏览的方式开启了 Internet 发展的新篇章。

二、计算机网络的组成

如同计算机系统由硬件系统和软件系统组成一样，计算机网络系统也是由网络硬件系统和网络软件系统组成。根据不同的需要，计算机网络可能有不同的软、硬件部件。但不论是简单的网络还是复杂的网络，主要都是由计算机、网络连接设备、传输介质，以及网络协议和网络软件等组成。

从计算机网络各组成部件的功能来看，各部件主要完成两种功能，即网络通信和资源共享。通常把计算机网络中实现通信功能的各种连接设备及其软件称为网络的通信子网，而把网络中实现资源共享的主机、终端和软件的集合称为资源子网。

（一）计算机

计算机网络是为了连接计算机而问世的。计算机主要完成数据处理任务，为网络内的其他计算机提供共享资源等。现在的计算机网络不仅能连接计算机，还能连接许多其他类型的设备，包括终端、打印机、大容量存储系统、电话机等。

（二）网络连接设备

网络连接设备主要用于互联计算机并完成计算机之间的数据通信，它负责控制数据的发送、接收或转发，包括信号转换、格式转换、路径选择、差错检测与恢复、通信管理与控制。我们熟悉的网络接口卡（NIC）、集线器（Hub）、集中器（Concentrator）、中继器（Repeater）、网桥（Bridge）、路由器（Router）、交换机（Switch）等都是网络连接设备。此外为实现通信，网络中还经常使用其他一些连接设备，如调制解调器（Modem）、多路复用器（Multiplexing）等。

（三）传输介质

传输介质构成了网络中两台设备之间的物理通信线路，用于传输数据信号。网络可用的传输介质是多种多样的。

（四）网络协议

网络协议是指通信双方共同遵守的一组语法、语序规则，它是计算机网络工作的基础。一般来说，网络协议一部分由软件实现，另一部分由硬件实现；一部分在主机中实现，另一部分在网络连接设备中实现。

（五）网络软件

计算机是在软件的控制下工作的，同样，网络的工作也需要网络软件的控制。网络软件一方面控制网络的工作，控制、分配、管理网络资源，协调用户对网络的访问，另一方面则帮助用户更容易地使用网络。网络软件要完成网络协议规定的功能。在网络软件中最重要的是网络操作系统，网络操作系统的性能和功能往往决定了一个网络的性能和功能。

三、计算机网络的分类

计算机网络的分类标准很多，按拓扑结构分类有星型、总线型、环型等；按使用范围分类有公用网和专用网等；按传输技术分类有广播式与点到点式网络等；按交换方式分类有报文交换与分组交换等。事实上，这些分类标准都只能给出网络某方面的特征，不能确切地反映网络技术的本质。

目前公认的比较能反映网络技术本质的分类方法是按计算机网络的分布距离分类。因为在距离、速度、技术细节三大因素中，距离影响速度，速度影响技术细节。计算机网络按分布距离可分为局域网（LAN）、城域网（MAN）和广域网（WAN）。

（一）局域网

局域网（LAN）是指在有限的地理区域内建立的计算机网络。例如，把一个实验室、一座楼、一个大院、一个单位或部门的多台计算机连接成一个计算机网络，就构成一个局域网。局域网通常采用专用电缆连接，有较高的数据传输率。局域网的覆盖范围一般不超过 10 km。

（二）城域网

城域网（MAN）是介于局域网与广域网之间的一种高速网络。城域网一般覆盖一个地区或一座城市。例如，一所学校有多个分校分布在城市的几个城区，每个分校都有自己的校园网，把这些校园网连接起来就形成一个城域网。

（三）广域网

广域网（WAN）所涉及的地区大、范围广，往往是一个城市、一个国家，甚至全球。为节省建网费用，广域网通常借用传统的公共通信网（如电话网），因此造成数据传输率低、响应时间较长等问题。

四、计算机网络的拓扑结构

计算机网络的拓扑结构是指网络节点和通信线路组成的几何排列，亦称网络物理结构图型。如果不考虑网络的地理位置，把网络中的计算机、外部设备及通信设备看成一个节点，把通信线路看作一根连线，这就抽象出计算机网络的拓扑结构。网络拓扑结构通常可分为总线型、环型、星型和混合型。

（一）总线型结构

总线型结构中所有节点都连在一条主干电缆（称为总线）上，任何一个节点发出的信号均可被网络上的其他节点所接收。总线成了所有节点的公共通道。总线型网的优点是结构简单、灵活，网络扩展性好，节点增删、位置变更方便，当某个工作节点出现故障时不会影响整个网络的工作，可靠性高。其缺点是故障诊断困难，尤其是总线故障可能会导致整个网络不能工作。

在总线型结构中，总线的长度有一定的限制，一条总线也只能连接一定数量的节点。

（二）星型结构

星型结构是以中心节点为中心，网络的其他节点都与中心节点直接相连。各节点之间的通信都通过中心节点进行，是一种集中控制方式。中心节点通常为一台主控计算机或网络设备（如集线器或交换机等）。

星型网的优点是外部节点发生故障时对整个网不产生影响，且数据的传输不会在线路上产生碰撞。其缺点是所有节点间通信需经中心节点，因此当中心节点发生故障时，会导致整个网络瘫痪。

（三）环型结构

在环型结构中，各节点通过公共传输线形成闭合的环，信号在环中做单向流动，可实现任意两点间的通信。

环型网的优点是网上每个节点地位平等，每个节点可获得平行控制权，易实现高速及长距离传送。其缺点是由于通信线路的自我闭合，扩充不方便，一旦环中某处出了故障，就可能导致整个网络不能工作。

（四）混合型结构

在实际使用中，网络的拓扑结构不一定是单一的形式，往往是几种结构的组合（称为混合型拓扑结构），如总线型与星型的混合连接、总线型与环型的混合连接等。

五、计算机网络的体系结构

计算机网络是由各种计算机和各类终端通过通信线路连接起来的复合系统。在这个复合系统中，由于硬件不同、连接方式不同及软件不同，网络中各节点间的通信很难顺利进行。如果由一个适当的组织实施一套公共的标准，各厂家都生产符合该标准的产品，就可以便于在不同的计算机上实现网络通信。

（一）网络协议

计算机网络中互相连接的节点要做到有条不紊地交换数据，就必须遵守一些事先约定好的规则，这些规则规定了数据交换的格式及同步问题。这些为进行网络中的数据交换而建立的规则、标准或约定叫作网络协议。网络协议由语法、语意、时序三个部分组成。

语法：数据与控制信息的格式。

语意：需要发出何种控制信息、完成何种动作及做出何种应答。

时序：事件出现顺序的详细说明。

（二）协议分层

根据历史上研制计算机网络的经验，对于复杂的计算机网络采用层次结构较好，一般的分层原则如下：

（1）各层相对独立，某一层的内部变化不影响另一层。

（2）层次数量适中，不应过多，也不宜太少。

（3）每层具有特定的功能。类似功能尽量集中在同一层。

（4）低层对高层提供的服务与低层如何完成无关。

（5）相邻层之间的接口应有利于标准化。

（三）网络的体系结构

计算机网络的分层及其协议的集合称为网络的体系结构。世界上著名的网络体系结构有美国国防部的 ARPANET、IBM 公司的 SNA、DEC 公司的 DNA，及国际标准化组织 ISO 的 OSI。

SNA 为集中式网络，是 IBM 公司 1974 年公布的网络体系结构。以后的版本不断变更，1985 年的版本可支持主机和局域网组成的任意拓扑结构。SNA 比 OSI

模型大约早 10 年，是 OSI 模型的主要基础。SNA 将网络的体系结构分成七个层次，即物理层、数据链路控制层、路径控制层、传输控制层、数据流控制层、表示服务层、事务服务层。

DNA 是美国 DEC 公司 1975 年提出的网络体系结构。目前发展成为第五个阶段。DNA 将网络的体系结构分成八个层次，即物理链路层、数据链路层、路由层、端通信层、会晤层、网络应用层、网络管理层及用户层。

ARPANET 是美国国防部高级计划局提出的网络体系结构。ARPANET 参考模型简称为 ARM，其核心内容为 TCP/IP 协议。

（四）OSI 参考模型

1977 年，国际标准化组织（ISO）技术委员会 TC97 充分认识到制定一个计算机网络国际标准的重要性，于是成立了新的专业委员会 S16，专门研究各种计算机网络间的通信标准。在 1983 年形成正式文件，这就是著名的 ISO7498 国际标准，称为开放系统互联参考模型，即 OSI/RM，有时也笼统地称之为 OSI。

开放系统互联参考模型中的"开放"是指只要遵循 OSI 标准，一个系统就可以和位于世界上任何地方的、也遵循同一标准的其他任何系统通信，这一点很像世界范围内的电话系统。前面提到的 SNA、DNA 都是封闭的系统，而不是开放系统。

OSI 参考模型在逻辑上将整个网络的通信功能划分为七个层次，由下至上分别是物理层、数据链路层、网络层、传输层、会话层、表示层和应用层。

1. 物理层

物理层的主要功能是确保二进制数字信号"0"和"1"在物理媒体上的正确传输，物理媒体也叫传输介质。

物理层协议由机械特性、电气特性、功能特性和规程特性四个部分组成。机械特性规定了所有连接器的形状和尺寸，电气特性规定了多大电压表示"0"或"1"，功能特性指各条信号线的用途，规程特性规定事件出现的顺序。

EIA-232-D 是常用的物理层标准，通常人们简称为"232 接口"。这个标准是美国电子工业协会（EIA）制定的，对应的 OSI 标准为 ISO2110。机械特性是宽（47.04±0.13）mm（螺丝中心间的距离）的 25 针插头 / 插座，其他尺寸也有严格的说明；电气特性规定低于— 3V 的电压表示"1"，高于＋ 4V 的电压表示"0"；功能特性规定了 25 针各与哪些电路连接及信号线信号的含义；规程特性的协议是基于"行为—应答"的关系对。

2. 数据链路层

数据链路层负责在相邻节点间的链路上无差错地传送信息帧。在传送数据时，若接收点检测到接收的数据有差错，就通知发送方重发这一帧，直到这一帧正确无误地到达接收点为止。每一帧包含数据信息和控制信息。这样，数据链路层就把一条有可能出差错的实际链路，转变成为从网络层向下看起来是一条不出差错的链路。

数据链路层的协议主要有面向比特的链路层协议。该协议具有统一的帧格式、统一的标志，控制简单，报文信息和控制信息独立，采用统一的循环冗余校验（CRC）码。在链路上传输信息时直接发送，数据传输透明性好、可靠性高。

面向比特的链路层协议主要以 ISO 的高级数据链路控制规程（HDLC）为代表。OSI 的数据链路层协议有 ISO 8805.1 ~ ISO 8805.6。

3. 网络层

网络层也叫通信子网层，负责网络中两台主机之间的数据交换，由于通信的两台计算机间可能要经过许多个节点，也可能经过多个通信子网，故网络层的任务之一是要选择合适的路程将信息送到目的站，这就是所谓的路由选择。网络层的另一个任务是进行流量控制，以防止网络拥塞引起的网络性能下降。

路由选择就是为信息选择建立适当的路径，引导信息沿着这条路径通过网络。数据传输时路径的最佳选择是由计算机自动识别的，计算机通过路由算法确定分组报文传送的最短路径。

流量控制指控制链路上的信息流动，是调整发送信息的速率，使接收节点能够及时处理信息的一个过程。流量控制可以防止因过载而引起的吞吐量下降、时延增加、死锁等情况发生，在相互竞争的各用户间公平地分配资源。

网络层传输的信息以报文分组为单位。数据交换是报文分组交换方式，将整个报文分成若干个较短的报文分组，每个报文分组都含有控制信息、目的地址和分组编号。各报文分组可在不同的路径传输，最后再重新组装成报文。此种数据交换方式交换时延小、可靠性高、速度快，但技术复杂。

网络层最著名的协议是国际电报电话咨询委员会（CCITT）的 X.25 协议，对应 OSI 的下三层，相当于 ISO8473/8348 标准，提供数据报和虚电路两种类型的接口。

4. 传输层

OSI 参考模型中的低三层是通信子网的功能，提供面向通信的服务，高三层是用户功能，提供面向信息处理的服务。传输层以上的各层就不再负责信息的传送问题了，故传输层成为面向通信服务与面向信息服务的桥梁，其主要功能是使主机间经网络透明地传送报文。传输层传输的信息单位是报文。

传输层将源主机与目的主机以端到端的方式简单地连接起来，因此传输层的协议通常叫作端—端协议。

网络服务质量共有 A、B、C 三种类型。A 型网络服务是一个完善的、理想的、可靠的网络服务，目前的 X.25 公用分组交换网仍不可能达到这个水平；B 型网络传输层协议必须提供差错恢复功能，大多数的 X.25 公用分组交换网提供 B 型网络服务；C 型网络服务质量最差，对于这类网络传送层协议能检测出网络的差错，同时要有差错恢复能力。

ISO8012/8073 定义了五种类型的传输层协议。0 类协议（TP0）是最简单的，只定义了网络连接功能，面向 A 型网络服务；1 类协议（TP1）较为简单，在 TP0 的基础上增加了基本差错恢复功能，面向 B 型网络服务；2 类协议（TP2）具有复用功能，面向 A 型网络服务；3 类协议既有差错恢复功能又有复用功能，面向 B 型网络服务；4 类协议（TP4）最复杂，它可以在网络的任务较重时保证高可靠性的数据传输，面向 C 型网络服务，TP4 具有差错控制、差错恢复及复用功能。

5. 会话层

会话层是用户连接到网络的接口，主要功能是为不同系统中的两个用户进程间建立会话连接，进行会话管理，并将分组按顺序正确组成报文完成数据交换。会话层协议为 ISO8326/8327。

6. 表示层

表示层是处理 OSI 系统之间用户信息的表示问题。为数据进行格式转换，如代码转换、文本压缩、加密和解密等。将计算机内部的表示法转换成网络的标准表示法。会话层协议有 ISO8822/8823、ISO8649/8650、ANS.1 等。

7. 应用层

应用层直接为用户提供服务，包括面向用户服务的各种软件。应用层提供的协议有文件传输协议 ISO9040/9041、电子邮件协议 ISO8505/8883、作业传输协议

ISO8649/8650、多媒体协议 ISO8613 等。在 OSI 参考模型中，应用层协议最多、最复杂，有的还在制定中。OSI 协议比较抽象，下面将 OSI 协议各层的主要功能归纳如下：

应用层——与用户进程之间的接口，即相当于做什么。

表示层——数据格式的转换，即相当于对方看起来像什么。

会话层——会话的管理与数据传输的同步，即相当于轮到谁讲话和从何处开始讲。

传送层——从端到端经网络透明地传送报文，即相当于对方在何处。

网络层——分组传送、路由选择和流量控制，即相当于走哪条路可以到达该处。

数据链路层——在链路上无差错地传送信息帧，即相当于每一步应该怎样走。

物理层——将比特流送到物理媒体上，即怎样利用物理媒体传输数据信号。

开放系统互联参考模型对于人们研究网络有重要的指导意义。OSI 的分层思想将复杂的通信问题分成若干独立易解决的子问题，便于人们学习和研究，从而促进了网络的发展和应用。

第二节　网络通信基本概念

在计算机网络中，计算机之间的数据交换，其本质是数据通信的问题。本节将通俗、简要地介绍一些数据通信方面的术语。

一、信号和信道

（一）数据与信息

信息的载体可以是数字、文字、语音、图形和图像，我们常称它们为数据。数据是对客观事实进行描述与记载的物理符号。

信息是数据的集合、含义与解释。

（二）信号和信道

信号是数据在传输过程中的电磁波表示形式，分为数字信号和模拟信号。数字信号是一种离散的脉冲序列，常用一个脉冲表示一位二进制数。模拟信号是一种连续变化的信号，声音就是一种典型的模拟信号。目前，计算机内部处理的信号都是数字信号。

在数据通信系统中，产生信息的一端叫信源，接收信息的一端叫信宿，信源和信宿间的通信线路叫作信道。信道是信号传输的通道，一般由传输线路和传输设备组成。

传输模拟信号的信道是模拟信道，传输数字信号的信道是数字信道。

在模拟信道上传输模拟信号时，可以直接进行传输。当传输的是数字信号时，在发送端，将数字信号通过调制解调器转换成能在模拟信道上传输的模拟信号，此过程称为调制；在接收端，再将模拟信号还原成数字信号，这个反过程称为解调。

在数字信道上传输数字信号时，可以直接进行传输。当传输的是模拟信号时，在发送端，将模拟信号通过编 / 解码器转换成能在数字信道上传输的数字信号，此程称为编码；在接收端，再将数字信号转换还原成模拟信号，这个反过程称为解码。

二、数据通信中的基本概念

（一）带宽

带宽是指物理信道的频带宽度（即信道上可通过的频率范围）。在模拟信道中，以带宽表示信道传输信息的能力，它用传送信息信号的高频率与低频率之差表示，以 Hz、kHz、MHz 和 GHz 为单位。

（二）数据传输速率

数据传输速率是指单位时间内信道上传输的比特数，也称为比特率。在数字信道中，用数据传输速率来表示信道传输信息的能力，即每秒钟传输的二进制位数（比特），单位为比特 / 秒（b/s）。

（三）信道容量

信道容量是指物理信道上能够传输数据的最大能力。当信道上传输的数据速率大于信道所允许的最大数据速率时，信道就不能用来传输数据了。基于上述原因，在实际应用中，高传输速率的通信设备经常被通信介质的信道容量所限制，例如，56 kb/s 的调制解调器在较差的电话线路上只能达到 33.6kb/s 甚至 28.8kb/s

的传输速率。

（四）误码率

误码率是指二进制码元在数据传输中被传错的概率，也称为出错率。误码率是通信系统的可靠性指标，在计算机网络系统中，一般要求误码率低于 0.000001（百万分之一）。

三、数据交换技术

在两个远距离终端间建立专用的点到点的通信线路时对传输线路的利用率不高，特别是当终端数目增加时，要在所有终端之间建立固定的点到点的通信线路则更是不切合实际的。因此，在计算机广域网中，计算机通常使用公用通信信道进行数据交换。在公用通信信道上，网络节点都是部分连接的，终端间的通信必须通过中转节点的转换才能实现。这种由中转节点参与的通信就称为交换，它是网络实现数据传输的一种手段。

在传统广域网的通信子网中，使用的数据交换技术可分为两大类：线路交换技术和存储转发交换技术。存储转发交换技术又可分为报文交换技术和分组交换技术。

（一）线路交换

线路交换是一种直接的交换方式，它为一对需要进行通信的节点之间提供一条临时的专用通道，这条通道是由多个节点和多条节点间传输路径组成的链路。公用电话交换网使用的就是线路交换。线路交换过程包括三个阶段，即建立连接、数据传送和断开连接。

线路交换的优点是数据可以直接传输，传输时延短，数据按照顺序传输；其缺点是线路利用率低，即使线路中没有数据传输，通道传输能力在连接期间也是专用的。

（二）报文交换

报文交换的过程是发送方将用户的数据及目的地址等信息以一定格式的报文发往中间节点，中间节点收到报文后，先将其存储到存储器中，等到输出线路空闲时，再将其转发到下一节点，直至到达目的节点。一个报文可能要通过多个中间节点（交换分局）存储转发后才能达到目的站。

报文交换属于存储转发交换方式，不要求交换网为通信双方预先建立一条专用数据通路，也就不存在建立线路和拆除线路的过程。

报文交换的优点是不需要事先建立电路，且在中间节点可以进行差错校验和代码转换；缺点是中间节点需要有大容量的存储器，且当报文很大时，会明显增加时延。

（三）分组交换

分组交换是将用户发来的整个报文分切成若干长度一定的数据块（即分组，又称为包），让这些分组以"存储—转发"的方式在网上传输。使用分组交换，减少了网络传输中的时延，大幅度提高了线路利用率。

分组交换包括两种，即数据报分组交换和虚电路分组交换。

1.数据报分组交换

交换网把对进网的任一个分组都当作单独的"小报文"来处理，而不管它是属于哪个报文的分组，就像在报文交换方式中把一份报文进行单独处理一样。这种单独处理和传输单元的"分组"，即称为数据报。这种分组交换方式称为数据报传输分组交换方式。

2.虚电路分组交换

虚电路分组交换类似前述的线路交换方式，报文的源发站在发送报文之前，通过类似于呼叫的过程使交换网建立一条通往目的站的逻辑通路。然后，一个报文的所有分组都沿着这条通路进行存储转发，不允许节点对任一个分组做单独的处理和另选路径。

四、网络传输介质

传输介质是网络中传输信息的物理通道，它的性能对网络的通信、速度、距离、价格以及网络中的节点数和可靠性都有很大影响。因此，应当根据网络的具体要求，选择适当的传输介质。

常见的网络传输介质有很多种，可分为两大类，一类是有线传输介质，如双绞线、同轴电缆、光纤等；另一类是无线传输介质，如微波和卫星通信等。

（一）同轴电缆

同轴电缆也是局域网中被广泛使用的一种传输介质。同轴电缆由内部导体和外部导体组成。内部导体可以是单股的实心导线，也可以是多股的绞合线；外部导体可以是单股线，也可以是网状线。内部导体用固体绝缘材料固定，外部导体用一个屏蔽层覆盖。同轴电缆可以用于长距离的电话网络、有线电视信号的传输信道以及计算机局域网络。

（二）双绞线

双绞线是局域网中最常用的一种传输介质，它由一对具有绝缘保护层的铜导线拧在一起组成，把它们互相拧在一起的原因是可以降低信号干扰的程度。一根双绞线电缆中可包含多对双绞线，连接计算机终端的双绞线电缆通常包含 2 对或 4 对双绞线。

双绞线可分为非屏蔽双绞线和屏蔽双绞线两种。屏蔽双绞线的内部信号线外面包裹着一层金属网，在屏蔽层外面是绝缘外皮，屏蔽层能够有效地隔离外界电磁信号的干扰，和非屏蔽双绞线相比，屏蔽双绞线具有较低的辐射，且其传输速率较高。

（三）光纤

在现在的大型网络系统中，几乎都采用光纤作为网络传输介质。相对于其他传输介质，光纤具有高带宽、低损耗、抗电磁干扰性强等优点。在网络传输介质中，光纤是发展最为迅速的，也是最有前途的一种网络传输介质。

光纤可以分为单模光纤和多模光纤两种。单模光纤提供单条光通路，采用注入式激光二极管作为光源，其具有定向性好、价格昂贵等特点。多模光纤可以由多条入射角度不同的光纤同时传播，它采用发光二极管作为光源。

（四）无线传输介质

无线传输介质主要包括红外线、激光、微波或其他无线电波等无形介质。无线传输技术特别适用于连接难以布线的场合或远程通信。

在计算机网络中使用较多无线传输介质的主要是微波和卫星。

五、网络连接设备

网络连接设备是实现网络之间物理连接的中间设备，它是网络中最基础的组成部分，常见的网络连接设备有网卡、调制解调器、集线器、交换机、网桥、路由器等。

（一）网卡

网卡又称为网络适配器，是局域网中最基本的连接设备，用于将计算机和通信电缆连接起来。通常网卡都插在计算机的扩展槽内，计算机通过网卡接入网络。

网卡的作用一方面是接收网络传来的数据；另一方面是将本机的数据打包后通过网络发送出去。

网卡从不同的角度可以分出不同的类别。按总线类型分类，可分为 PCI、PCMCIA 等总线的网卡；按接口类型分类，可分为 RJ-45、光纤等接口的网卡。

（二）调制解调器

调制解调器（Modem）是同时具有调制和解调两种功能的设备。如果用户的计算机需要通过模拟信道（比如电话线路）来访问网络，那么就需要用到调制解调器。在计算机网络的通信系统中，计算机发出的是数字信号，而在电话线上传输的是模拟信号，因此必须将数字信号转换成模拟信号才能实现其传输，这种变换就称为调制；反之，电话线上的模拟信号要想传输到信宿的计算机，也需要将其变换成数字信号，即解调。

调制解调器分外置和内置两种。内置调制解调器是一块电路板，插在计算机或终端内部；外置调制解调器是在计算机机箱之外使用的，一端用电缆连在计算机上，另一端与电话插口连接。

（三）集线器

集线器也称为 Hub，用于连接双绞线介质或光纤介质的以太网系统。集线器在 OSI 七层模型中处于物理层，其实质是一个中继器。集线器的主要功能是对接收到的信号进行再生放大，以扩大网络的传输距离。正是因为集线器只是一个信号放大和中转的设备，所以它不具备交换功能。

（四）交换机

交换机基于 OSI 参考模型的第二层，即数据链路层，它是一种存储转发设备，是目前局域网中使用最多的一种网络设备。

传统的以太网采用总线型拓扑结构，共享传输介质，即多个工作站共享一条传输介质。随着网络上设备数量的增加，网络的性能就会迅速下降。为此，在 20 世纪 80 年代初，人们提出采用网桥来分割网段，以提高网络带宽，后来又使用路由器来实现网络分段，以减少每个网段中的设备数量。

这样确实可以解决一些网络瓶颈问题，但解决得并不彻底，后来人们又开始采用一种称为以太网交换机的设备对网络实施网段分割，以取代网桥和路由器。采用交换机作为中央连接设备的以太网络称为交换式以太网，其采用星型拓扑结构，具有高通信流量、低时延等优点。

（五）路由器

路由器工作在 OSI 模型中的第三层，即网络层。路由器利用网络层定义的 IP 地址来区别不同的网络，实现网络的互联和隔离，保持各个网络的独立性。路由器主要运行在多种网络协议的大型网络中，具有很强的异种网互联能力。

路由器最主要的功能就是路径选择，即保证将一个进行网络寻址的报文正确地传送到目的网络中。完成这项功能需要路由协议的支持，路由协议是为在网络系统中提供路由服务而开发设计的，每个路由器通过收集其他路由器的信息来建立自己的路由表，以决定如何把它所控制的本地系统的通信表传送到网络中的其他位置。

（六）网关

网关（Gateway）实现的网络互联发生在网络层以上，它是网络层以上的互联设备的总称。网关通常由软件来实现，网关软件运行在服务器或一台计算机上。

第三节　Internet 基础知识

Internet 音译为因特网，也称国际互联网，是指通过路由器将世界不同地区、规模大小不一、类型不同的网络互相连接起来的全球性计算机互联网络。它的前身就是 ARPANet。

一、Internet 的起源与发展

（一）Internet 的起源

1969 年 12 月，由美国国防部高级研究计划署资助建成的阿帕网（ARPANet）是世界上最早的计算机网，该网络最初只连接了美国西部四所大学的计算机系统，它就是 Internet 的雏形。

1983 年，美国国防部宣布 ARPANet 采用了 TCP/IP 协议，此时，它已连接了子网数 10 个、主机 500 余台，从此 Internet 正式诞生，逐渐承担了主干网的角色。

1986 年，面对网上信息流量的迅速增加，美国国家科学基金会提供巨资，开始组建基于 TCP/IP 协议的国家科学基金网（NSFNet），计划将美国五个超级

计算中心连接到一起，供 100 余所美国大学共享资源。1988 年 9 月，NSFNet 正式投入运行。1990 年，ARPANet 退役，NSFNet 正式成为美国的 Internet 主干网。

（二）Internet 的发展

如果说 ARPANet 和 NSFNet 在 20 世纪 80 年代先后推动了 Internet 的发展，那么，发生在 1991 年的以下两件大事，对 Internet 在 90 年代的崛起尤其具有深远的意义。

1. 信息高速公路的提出

美国国会于 1991 年通过了《信息高速公路法案》；1993 年，美国政府又制定了《国家信息基础设施（NII）计划》，宣布该计划的实施"将永久地改变美国人的生活、工作和相互沟通方式"。这些法案和计划不仅提高了美国乃至全世界人民对计算机网络的认识，也大大激发了世界各国建设与使用 Internet 的热情。

2.Internet 展望

从 2001 年起，Internet 进入第三个 10 年。在新的 10 年中，除了网民人数继续增加，宽带网技术取得新的突破外，以下两个方面尤其值得我们注意：

（1）将 Internet 与嵌入式系统相结合：嵌入式系统是单片机或微型控制机的统称，在电冰箱、微波炉、空调机等许多家电产品中早已留下了它们的身影。但是，传统的家电产品都是独立工作的，嵌入其中的芯片一般只有较小的存储器和运算速度。有些国内、外的科学家预言，未来 10 年将会产生针头般大小、具有超过 1 亿次的运算能力并能支持 TCP/IP 等 Internet 协议的嵌入式片上系统，它们将成为嵌入式 Internet 的"数字基因"，相当于给我们这个地球披上了一层"电子皮肤"。目前国内外都已开发了这类芯片的相关产品，但成本还比较高。当它们的成本降低到每片数美元的时候，就可在家庭环境自动控制、智能小区管理等领域得到广泛的应用。

（2）将 Internet 与移动通信相结合：通过手机实现 Internet 的无线接入，是移动通信应用中的一个创举。按照"移动通信＋Internet ＝手机上网"的思路，一些著名的移动通信公司，如诺基亚、摩托罗拉等纷纷在 20 世纪 90 年代后期推出了符合"无线应用协议"的 WAP 手机，使用户可通过这类手机的屏幕直接访问 Internet，从而实现诺基亚提出的口号"把 Internet 装进口袋"。

在 20 世纪末出现的蓝牙技术，是适用于近距离无线连接的又一新技术。把一个蓝牙芯片嵌入一个数字设备后，就可以在一定距离内（通常为 0.1 ～ 10 m）

与另一蓝牙设备按照共同的通信协议进行无线通信。例如，由一部蓝牙手机和一台蓝牙笔记本电脑构成的无线网络，只要把笔记本电脑接入 Internet，就可用手机来遥控笔记本电脑收、发电子邮件。如果在网内再配置冰箱、空调等蓝牙设备，也可进一步用手机来控制它们的运行。

二、中国互联网络的发展

随着全球信息高速公路的建设，中国政府也开始推进中国信息基础设施的建设。

（一）与 Internet 电子邮件的连通

1987 年 9 月，在北京计算机应用技术研究所内正式建成了我国第一个 Internet 电子邮件节点，通过拨号 X.25 线路，于 9 月 20 日 22 点 55 分向全世界发出了第一封来自北京的电子邮件—"越过长城，通向世界"，标志着我国开始进入 Internet。

（二）与 Internet 实现全功能的 TCP/IP 连接

1989 年，原中国国家计划委员会和世界银行开始支持一个称为"中国国家计算与网络设施"（NCFC）的项目，该项目由中国科学院主持，联合北京大学、清华大学共同实施。工程建设于 1990 年开始，1993 年底三个院校网络分别建成，1994 年 3 月正式开通了与 Internet 的专线连接（64 kb/s），标志着我国正式加入 Internet。

从此时开始，我国开始大规模地进行公众使用的互联网络的建设，并且很快取得了明显的成果。1995 年 2 月，中国教育和科研计算机网（CERNET）的一期工程提前一年完成，并通过了国家计委组织的验收。1996 年 1 月，中国公用计算机互联网（CHINANET）全国骨干网建成并正式开通，全国范围的公用计算机互联网络开始提供服务。

到 1996 年，在我国投入使用的互联网络有 4 个，即所谓的四大互联网络：

中国科学技术网（CSTNET）

中国教育和科研计算机网（CERNET）

中国公用计算机互联网（CHINANET）

中国国家公用经济信息通信网（CHINAGBN）

到 2000 年底，投入运行的主要网络又增加了 3 个：

中国联通互联网（UNINET）

中国网通公用互联网（CNCNET）

中国移动互联网（CMNET）

（三）中国下一代互联网诞生

2004 年 1 月 15 日，包括美国 Internet2、欧盟 GEANT 和中国 CERNET 在内的全球最大的学术互联网，在比利时首都布鲁塞尔欧盟总部向全世界宣布同时开通全球 IPv6 下一代互联网服务。

2004 年 3 月 19 日，在中国国际教育科技博览会开幕式上，中国第一个下一代互联网主干网——CERNET2 试验网在北京正式开通并提供服务，标志着中国下一代互联网建设的全面启动，也标志着中国在世界下一代互联网研究与建设上占了一席之地。

第二代中国教育和科研计算机网 CERNET2 是中国下一代互联网示范工程 CNGI 中最大的核心网和唯一学术网，是目前所知世界上规模最大的采用纯 IPv6 技术的下一代互联网主干网。CERNET2 主干网将充分使用 CERNET 的全国高速传输网，以 5.5 ~ 10 Gb/s 传输速率连接北京、上海、广州等 20 个主要城市的 CERNET2 核心节点，实现全国 200 余所高校下一代互联网 IPv6 的高速接入，同时为全国其他科研院所和研发机构提供下一代互联网 IPv6 高速接入服务。通过中国下一代互联网交换中心，CERNET2 将高速连接国内外下一代互联网。

CERNET2 主干网采用纯 IPv6 协议，为基于 IPv6 的下一代互联网技术提供了广阔的试验环境。CERNET2 还将部分采用我国自主研制、具有自主知识产权的、世界上先进的 IPv6 核心路由器，将成为我国研究下一代互联网技术、开发基于下一代互联网的重大应用、推动下一代互联网产业发展的关键性基础设施。

下一代互联网与现代互联网的区别：更快、更大、更安全。下一代互联网将比现在的网络传输速度提高 1000 ~ 10000 倍，并将逐渐放弃 IPv4，启用 IPv6 地址协议，几乎可以给你家庭中的每一个可能的东西分配一个自己的 IP 地址，让数字化生活变成现实。在目前的 IPv4 协议下，现有地址中的 70% 已分配光，明显制约着互联网的发展。目前的计算机网络因为种种原因，存在大量安全隐患，互联网正在经历着有史以来最为严重的病毒侵害。下一代互联网将在建设之初就充分考虑安全问题，可以有效控制、解决网络安全问题。

CERNET2 将重点研究和试验下一代互联网的核心网络技术，并支持开发包括网格计算、高清晰度电视、点到点视频语音综合通信、转播视频会议、大规模虚拟现实环境、智能交通、环境地震监测、远程医疗、远程教育等重大应用。

三、Internet 的接入方式

为了使用 Internet 上的资源，用户的计算机必须与 Internet 进行连接。所谓与 Internet 连接，实际上是与已连接在 Internet 上的某台主机或网络进行连接。用户入网前都要先联系一家 Internet 服务提供商（ISP），如校园网网络中心或电信局等，然后办理上网手续，包括填写注册表格和支付费用等，ISP 则向用户提供 Internet 入网连接的有关信息，包括上网电话号码（拨号入网）或 IP 地址（通过局域网入网）、电子邮件地址和邮件服务器地址、用户登录名（又称用户名或账号）、登录密码（简称密码）等。

目前用户连入 Internet 有以下几种常用方法：

（一）局域网入网

采用这种方式时，用户计算机通过网卡，利用数据通信专线（如电缆或光纤）连到某个已与 Internet 相连的局域网（如校园网等）上。用户要向 ISP 申请一个 Internet 账号，并取得用户计算机的主机名和 IP 地址。

通过局域网入网方式的特点是线路可靠、误码率低、数据传输速度快，适用于大业务量的用户使用。

（二）拨号入网

早些时候使用的计算机都采用电话拨号入网方式上网。采用这种入网方式，用户计算机必须装上一个调制解调器（Modem），并通过电话线拨号与 ISP 的主机连接。调制解调器可以是插入计算机的内置式的，也可以是放在计算机外面的外置式的。拨号方式入网的数据传输速率可达 33.6 kb/s 或 56 kb/s。

这种上网方式，通过运行 SLIP（串行线路互联协议）或 PPP（点对点协议）软件，使用户计算机成为 Internet 上的一个独立节点，并具有自己的主机名 IP 地址。这个 IP 地址分为静态和动态两种。由于 IP 地址数量有限，ISP 通常只给那些确实需要的用户分配一个固定的 IP 地址，这就是所谓的静态 IP 地址。而对于大多数个人用户，则是采用共用某些 IP 地址的方法，如 10 个 IP 地址供 20 个用户轮流使用。因此用户每次使用的 IP 地址都有可能不一样。目前还有一种分配动态 IP 地址的方法，是多个用户永久地使用一个 IP 地址。

通过这种方式入网，用户可以得到 Internet 提供的各种服务。其特点是经济方便、费用低，具备通过局域网入网方式的全部功能，但传输速度比通过局域网入网方式慢。它适用于业务量较小的用户使用。

（三）ISDN 方式入网

ISDN（综合业务数字网）使用普通的电话线，但线路上采用数字方式传输，与普通电话不同。ISDN 能在电话线上提供语音、数据和图像等多种通信业务服务，故俗称"一线通"。例如，用户可以通过一条电话线在上网的同时拨打电话。ISDN 方式入网的上网速率可以达到 128kb/s。通过 ISDN 上网需要安装 ISDN 卡。

（四）宽带 ADSL 方式入网

ADSL（非对称数字用户环路）是利用现有的电话线实现高速、宽带上网的一种方法。所谓"非对称"，是指与 Internet 的连接具有不同的上行和下行速度，上行是指用户向网络发送信息，而下行是指 Internet 向用户发送信息。目前 ADSL 上行可达 1Mb/s，下行最高可达 8Mb/s。在一般 Internet 应用中，通常是下行信息量要比上行信息量大得多。因此，采用非对称的传输方式，不但可以满足单向传送宽带多媒体信号，又可进行交互的需要，还可以节省线路的开销。

采用 ADSL 接入，需要在用户端有 ADSL Modem 和网卡。

（五）利用有线电视网入网

中国有线电视网（CATV）非常普及，其用户已达到几千万户。通过 CATV 网接入 Internet，速率可达 10Mb/s。实际上这种入网方式也可以是不对称的，下行的速度可以高于上行。

CATV 接入 Internet 采用总线型拓扑结构，多个用户共享给定的带宽，所以当共享信道的用户数增加时，传输的性能会下降。

采用 CATV 接入需要安装 Cable Modem（电缆调制解调器）。

（六）无线方式接入

无线接入是指从用户终端到网络交换站点采用或部分采用无线手段的接入技术。无线接入 Internet 的技术分成两类：一类是基于移动通信的无线接入，另一类是基于无线局域网的技术。目前，无线接入 Internet 已经逐渐成为接入方式的一个热点。

四、IP 地址和域名系统

为了识别连接到 Internet 上的不同主机，必须为上网的主机各分配一个独一无二的地址，Internet 上使用的地址叫 IP 地址。为了基于 IP 地址的计算机在通信时便于相互识别，Internet 还采用了域名系统 DNS，加入 Internet 的计算机还可以申请一个域名，IP 地址与域名地址之间有着对应关系。

（一）IP 地址

在 Internet 上，每一台联网的主机都必须有一个唯一的网络地址，称为 IP 地址。在 Internet 上进行信息交换离不开 IP 地址，就像日常生活中朋友间通信必须知道对方的通信地址一样。

IP 地址在表示上写成用"."隔开的 4 个十进制整数，每个数字取值为 0 ~ 255，例如 205.115.35.36、205.115.35.39 等。采用这种编码方式，IP 地址具有 4 个字节（32 位）。IP 地址是一种具有层次结构的地址，它由网络号和主机号两部分组成。网络号用来区分 Internet 上互联的网络，主机号用来区分同一网络上的不同计算机（即主机）。通常，IP 地址分为 A、B、C 三类。

各类网络号及主机号的长度（位数）各不相同。A 类 IP 地址最前面为"0"（也称地址类型码），接着的 7 位用来标志网络号，后 24 位标志主机号；B 类和 C 类 IP 地址编码含义依此类推。例如，IP 地址 28.0.0.254，其第一字节为 28，高位为 0，因此该 IP 地址为 A 类地址；而 IP 地址 198.10.100.1，其第一字节为 198，高位为 110，故该 IP 地址为 C 类地址。A 类主要用于大型网络的管理，B 类适用于中等规模的网络（如各地区的网管中心），C 类适用于校园网等小规模网络。

采用这种地址编码，可以容纳 200 多万个网络和 36 亿台以上的主机。但由于采用层次结构，故大大减少了有效地址的实际数量。1995 年 12 月颁布的新的 IP 协议 IPv6（现用的 IP 协议称为 IPv4），将 IP 地址长度增加到 16 个字节（128 位），可提供更多 IP 地址。

所有 IP 地址都由 Internet 网络信息中心（NIC）管理，并由各级网络中心分级进行管理和分配。我国高等院校校园网的网络地址一律由 CERNET 网络中心管理，由它申请并分配给有关院校。我国申请 IP 地址都通过 APNIC（负责亚太地区的网络信息中心），其总部设在日本东京大学。

（二）子网和子网掩码

从上面可以看到，IP 地址中已划出一定位数来表示网络号，但所表示的网络数量是有限的，对每一网络均需要唯一的网络号。实际使用中有时会遇到网络数不够的问题，解决的方法是采用子网寻址技术，将主机号部分划出一定的位数用作本网的各个子网，剩余的主机号作为相应子网的主机号。划出多少位给子网，主要视用户实际需要多少个子网而定。这样 IP 地址就划分为"网络—子网—主机"三部分。例如，对于一个 C 类网络，最多可容纳 254 台机器（1 个字节取值 0 ～ 255，其中有 2 个保留值），若需要将这 200 多台机器再划分成不同的子网，例如再划分出 4 个子网，这样标志网络—子网号就需要 26 个二进制位，即在原 24 位基础上再加上 2 位，剩余的 6 位（比原来 8 位减少 2 位）才用来区分子网中的主机号。

（三）域名地址

IP 地址是对 Internet 网络和主机的一种数字型标志，这对于计算机网络来说自然是有效的，但对于用户来说，要记住成千上万的主机 IP 地址则是一件十分困难的事情。为了便于使用和记忆，也为了便于网络地址的分层管理和分配，Internet 在 1984 年采用了域名服务系统（DNS）。

域名服务系统的主要功能是定义一套为机器取域名的规则，把域名高效率地转换成 IP 地址。域名服务系统是一个分布式的数据库系统，由域名空间、域名服务器和地址转换请求程序三部分组成。

域名采用分层次方法命名，每一层都有一个子域名，子域名之间用点号分隔。具体格式如下：

主机名 . 网络名 . 机构名 . 最高层域名

例如，"public.tpt.tj.cn"的含义为"主机名 . 数据局 . 天津 . 中国"。

凡域名空间中有定义的域名都可以有效地转换成 IP 地址，同样 IP 地址也可以转换成域名。因此，用户可以等价地使用域名或 IP 地址。但需要注意的是，域名的每一部分与 IP 地址的每一部分并不是一一对应，而是完全没有关系，就像人的名字和他的电话号码之间没有必然的联系是一样的道理。

最常见的最高层域名和机构名如下表。

顶级国际域名类型

序号	域名	应用	序号	域名	应用
1	ac	学术单位	8	biz	商业组织
2	com	公司	9	info	信息服务
3	edu	教育部门	10	name	个人域名
4	mil	军事部门	11	pro	律师、医生等专业人员
5	net	网络公司	12	areo	航运公司、机场
6	gov	政府部门	13	coop	商业合作组织
7	org	非营利组织	14	museum	博物馆及文化遗产组织

五、Internet 的基本服务

Internet 能提供丰富的服务，主要包括以下几项：

（一）电子邮件（E-mail）

电子邮件是 Internet 的一个基本服务，是 Internet 上使用最频繁的一种功能。

（二）文件传输（FTP）

文件传输为 Internet 用户提供在网上传输各种类型的文件的功能。FTP 服务分普通 FTP 服务和匿名 FTP 服务两种。

（三）远程登录（Telnet）

远程登录是一台主机的 Internet 用户使用另一台主机的登录账号和口令与该主机实现连接，作为它的一个远程终端使用该主机的资源的服务。

（四）万维网（WWW）交互式信息浏览

万维网是 Internet 的多媒体信息查询工具，是 Internet 上发展最快和使用最广的服务，它使用超文本和链接技术，使用户能简单地浏览或查阅各自所需的信息。

第二章
人工智能概述

人工智能自 1956 年诞生以来，在 60 多年岁月里获得了很大发展，引起众多不同学科和专业背景的学者以及各国政府和企业家的空前重视，已成为一门具有日臻完善的理论基础、日益广泛的应用领域和广泛交叉的前沿科学。伴随着社会进步和科技发展步伐，人工智能与时俱进，不断取得新的进展，并在近年来出现一股开发与应用人工智能的热潮。

到底什么是人工智能、如何理解人工智能、人工智能研究什么、人工智能的理论基础是什么、人工智能能够在哪些领域得到应用等，都将是人工智能学科或人工智能课程需要研究和回答的问题。

本章着重介绍人工智能的定义、发展概况及相关学派和他们的认知观，以及人工智能的研究和应用领域。

第一节　人工智能的定义与发展

60 多年来，人工智能获得了重大进展，众多不同学科和专业背景的学者投入到人工智能研究行列，并引起各国政府、研究机构和企业的日益重视，发展成为一门广泛的交叉和前沿科学。近 10 年来，现代信息技术，特别是计算机技术和网络技术的发展已使信息处理容量、速度和质量大为提高，能够处理海量数据，进行快速信息处理，软件功能和硬件实现均取得长足进步，使人工智能获得更为广泛的应用。网络化、机器人化的升级和大数据的参与促进人工智能进入更多的科技、经济和民生领域。尽管人工智能在发展过程中还面临不少困难和挑战，然而这些困难终将被解决，这些挑战始终与机遇并存，并将推动人工智能的可持续发展。人工智能已发展成为一门广泛的交叉和前沿学科并有力地促进其他学科的发展。可以预言：人工智能的研究成果将能够创造出更多更高级的人造智能产品，并使之在越来越多的领域在某种程度上超越人类智能；人工智能将为社会进步、经济建设和人类生活做出更大贡献。

一、人工智能的定义

众所周知，相对于天然河流（如亚马孙河和长江），人类开凿了叫作运河（如苏伊士运河和中国大运河）的人工河流；相对于天然卫星（如地球的卫星——月亮），人类制造了人造卫星；相对于天然纤维（如棉花、蚕丝和羊毛），人类发明了锦纶和涤纶等合成纤维；相对于天然心脏、天然婴儿、自然受精和自然四肢等，人类创造了人工心脏、试管婴儿、人工授精和假肢等人造物品……我们要探讨的人工智能，又称为机器智能或计算机智能，无论它取哪个名字，都表明它所包含的"智能"都是人为制造的或由机器和计算机表现出来的一种智能，以区别于自然智能，特别是人类智能。由此可见，人工智能本质上有别于自然智能，是一种由人工手段模仿的人造智能；至少在可见的未来应当这样理解。

像许多新兴学科一样，人工智能至今尚无统一的定义，要给人工智能下个准确的定义是困难的。人类的自然智能（人类智能）伴随着人类活动时时处处存在。人类的许多活动，如下棋、竞技、解题、猜谜语、进行讨论、编制计划和编写计算机程序，甚至驾驶汽车和骑自行车等都需要"智能"。如果机器能够执行这种任务，就可以认为机器已具有某种性质的"人工智能"。不同科学或学科背景的学者对人工智能有不同的理解，提出不同的观点，人们称这些观点为符号主义、连接主义和行为主义等，或者叫作逻辑学派、仿生学派和生理学派。

哲学家们对人类思维和非人类思维的研究工作已经进行了两千多年，然而，至今还没有获得满意的解答。下面，我们将结合自己的理解来定义人工智能。

智能：人的智能是人类理解和学习事物的能力，或者说，智能是思考和理解的能力而不是本能做事的能力。

另一种定义为：智能是一种应用知识处理环境的能力或由目标准则衡量的抽象思考能力。

智能机器：智能机器是一种能够呈现出人类智能行为的机器，而这种智能行为是指人类用大脑考虑问题或创造思想。

另一种定义为：智能机器是一种能够在不确定环境中执行各种拟人任务达到预期目标的机器。

人工智能（学科）：长期以来，人工智能研究者们认为，人工智能（学科）是计算机科学中涉及研究、设计和应用智能机器的一个分支，它的近期主要目标在于研究用机器来模仿和执行人脑的某些智力功能，并开发相关理论和技术。

近年来，许多人工智能和智能系统研究者认为，人工智能（学科）是智能科学中涉及研究、设计及应用智能机器和智能系统的一个分支，而智能科学是一门与计算机科学并行的学科。

人工智能到底属于计算机科学还是智能科学，可能还需要一段时间的探讨与实践，而实践是检验真理的标准，实践将做出权威的回答。

人工智能（能力）：人工智能（能力）是智能机器所执行的通常与人类智能有关的智能行为，这些智能行为涉及学习、感知、思考、理解、识别、判断、推理、证明、通信、设计、规划、行动和问题求解等活动。

1950年图灵设计和进行的著名实验（后来被称为图灵实验），提出并部分回答了"机器能否思维"的问题，也是对人工智能的一个很好注释。

为了让读者对人工智能的定义进行讨论，以更深刻地理解人工智能，下面综述其他几种关于人工智能的定义：

（1）人工智能是一种使计算机能够思维，使机器具有智力的激动人心的新尝试。

（2）人工智能是那些与人的思维、决策、问题求解和学习等有关活动的自动化。

（3）人工智能是用计算模型研究智力行为。

（4）人工智能是研究那些使理解、推理和行为成为可能的计算。

（5）人工智能是一种能够执行需要人的智能的创造性机器的技术。

（6）人工智能研究如何使计算机做事，让人过得更好。

（7）人工智能是研究和设计具有智能行为的计算机程序，以执行人或动物所具有的智能任务。

（8）人工智能是一门通过计算过程力图理解和模仿智能行为的学科。

（9）人工智能是计算机科学中与智能行为的自动化有关的一个分支。

其中，（1）和（2）涉及拟人思维；（3）和（4）与理性思维有关；（5）~（7）涉及拟人行为；（8）和（9）与理性行为有关。

二、人工智能的起源与发展

不妨按时期来说明国际人工智能的发展过程，尽管这种时期划分方法有时难以严谨，因为许多事件可能跨接不同时期，另外一些事件虽然时间相隔甚远但又可能密切相关。

（一）孕育时期（1956 年前）

人类对智能机器和人工智能的梦想和追求可以追溯到三千多年前。早在我国西周时代（公元前 1066 ~ 前 771 年），就流传有关巧匠偃师献给周穆王一个歌舞艺伎的故事。作为第一批自动化动物之一的能够飞翔的木鸟是在公元前 400 年 ~ 前 350 年间制成的。在公元前 2 世纪出现的书籍中，描写过一个具有类似机器人角色的机械化剧院，这些人造角色能够在宫廷仪式上进行舞蹈和列队表演。我国东汉时期（公元 25 ~ 220 年），张衡发明的指南车是世界上最早的机器人雏形。

我们不打算列举三千多年来人类在追梦智能机器和人工智能道路上的万千遐想、实践和成果，而是跨越三千年转到 20 世纪。时代思潮直接帮助科学家去研究某些现象。对于人工智能的发展来说，20 世纪 30 年代和 40 年代的智能界，发生了两件最重要的事：数理逻辑（它从 19 世纪末起就获得迅速发展）和关于计算的新思想。弗雷治、怀特赫德、罗素和塔斯基以及另外一些人的研究表明，推理的某些方面可以用比较简单的结构加以形式化。1913 年，年仅 19 岁的维纳在他的论文中把数理关系理论简化为类理论，为发展数理逻辑做出贡献，并向机器逻辑迈进一步，与后来图灵提出的逻辑机不谋而合。1948 年维纳创立的控制论，对人工智能的早期思潮产生了重要影响，后来成为人工智能行为主义学派。数理逻辑仍然是人工智能研究的一个活跃领域，其部分原因是一些逻辑演绎系统已经在计算机上实现过。不过，即使在计算机出现之前，逻辑推理的数学公式就为人们建立了计算与智能关系的概念。

丘奇、图灵和其他一些人关于计算本质的思想，提供了形式推理概念与即将发明的计算机之间的联系。在这方面的重要工作是关于计算和符号处理的理论概念。1936 年，年仅 26 岁的图灵创立了自动机理论（后来人们又称为图灵机），提出一个理论计算机模型，为电子计算机设计奠定了基础，促进了人工智能，特别是思维机器的研究。第一批数字计算机（实际上为数字计算器）看来不包含任何真实智能。早在这些机器设计之前，丘奇和图灵就已发现，数字并不是计算的主要方面，它们仅仅是一种解释机器内部状态的方法。被称为"人工智能之父"的图灵，不仅创造了一个简单、通用的非数字计算模型，而且直接证明了计算机可能以某种被理解为智能的方法工作。

事过 20 年之后，道格拉斯·霍夫施塔特在 1979 年写的《永恒的金带》一书对这些逻辑和计算的思想以及它们与人工智能的关系给予了透彻而又引人入胜的解释。

麦卡洛克和皮茨于 1943 年提出的"拟脑机器"是世界上第一个神经网络模型（称为 MP 模型），开创了从结构上研究人类大脑的途径。神经网络连接机制，后来发展为人工智能连接主义学派的代表。

值得一提的是控制论思想对人工智能早期研究的影响。正如艾伦·纽厄尔和赫伯特·西蒙在他们的优秀著作《人类问题求解》的"历史补篇"中指出的那样，20 世纪中叶人工智能的奠基者们在人工智能研究中出现了几股强有力的思潮。维纳、麦卡洛克和其他一些人提出的控制论和自组织系统的概念集中讨论了"局部简单"系统的宏观特性。尤其重要的是，1948 年维纳发表的《控制论关于动物与机器中的控制与通信的科学》，不但开创了近代控制论，而且为人工智能的控制论学派（即行为主义学派）树立了新的里程碑。控制论影响了许多领域，因为控制论的概念跨接了许多领域，把神经系统的工作原理与信息理论、控制理论、逻辑以及计算联系起来。控制论的这些思想是时代思潮的一部分，而且在许多情况下影响了许多早期和近期人工智能工作者，成为他们的指导思想。

从上述情况可以看出，人工智能开拓者们在数理逻辑、计算本质、控制论、信息论、自动机理论、神经网络模型和电子计算机等方面做出的创造性贡献，奠定了人工智能发展的理论基础，孕育了人工智能的胎儿。人们将很快听到人工智能婴儿呱呱坠地的哭声，看到这个宝贝降临人间的可爱身影！

（二）形成时期（1956 ～ 1970 年）

到 20 世纪 50 年代，人工智能已躁动于人类科技社会的母胎，即将分娩。1956 年夏季，由年轻的美国数学家和计算机专家麦卡锡、数学家和神经学家明斯基、IBM 公司信息中心主任朗彻斯特以及贝尔实验室信息部数学家和信息学家香农共同发起，邀请 IBM 公司莫尔（More）和塞缪尔、MIT 的塞尔夫里奇和索罗蒙夫，以及兰德公司和 CMU 的纽厄尔和西蒙共 10 人，在美国的达特茅斯大学举办了一次长达两个月的十人研讨会，认真热烈地讨论用机器模拟人类智能的问题。会上，由麦卡锡提议正式使用"人工智能"这一术语。这是人类历史上第一次人工智能研讨会，标志着人工智能学科的诞生，具有十分重要的历史意义。这些从事数学、心理学、信息论、计算机科学和神经学研究的杰出年轻学者，后来绝大多数都成为著名的人工智能专家，为人工智能的发展做出了重要贡献。

最终把这些不同思想连接起来的是由巴贝奇、图灵、冯·诺依曼和其他一些人所研制的计算机本身。在机器的应用成为可行之后不久，人们就开始试图编写程序以解决智力测验难题、数学定理和其他命题的自动证明、下棋以及把文本从一种语言翻译成另一种语言问题。这是第一批人工智能程序。对于计算机来说，促使人工智能发展的是什么？是出现在早期设计中的许多与人工智能有关的计算概念，包括存储器和处理器的概念、系统和控制的概念，以及语言的程序级别的概念。不过，引起新学科出现的新机器的唯一特征是这些机器的复杂性，它促进了对描述复杂过程方法的新的更直接的研究（采用复杂的数据结构和具有数以百计的不同步骤的过程来描述这些方法）。

1965 年，被誉为"专家系统和知识工程之父"的费根鲍姆所领导的研究小组，开始研究专家系统，并于 1968 年研究成功第一个专家系统 DENDRAL，用于质谱仪分析有机化合物的分子结构。后来又开发出其他一些专家系统，为人工智能的应用研究做出了开创性贡献。

1969 年召开了第一届国际人工智能联合会议（IJCAI），标志着人工智能作为一门独立学科登上国际学术舞台。此后，IJCAI 每两年召开一次。1970 年《人工智能国际杂志》创刊。这些事件对开展人工智能国际学术活动和交流、促进人工智能的研究和发展起到了积极作用。

上述事件表明，人工智能经历了从诞生到成人的热烈（形成）期，已成为一门独立学科，为人工智能建立了良好的环境，打下了进一步发展的重要基础。虽然人工智能在前进的道路上仍将面临不少困难和挑战，但是有了这个基础，就能够迎接挑战，抓住机遇，推动人工智能不断发展。

（三）暗淡时期（1966～1974 年）

在形成期和后面的知识应用期之间，交叠地存在一个人工智能的暗淡（低潮）期。在取得"热烈"发展的同时，人工智能也遇到一些困难和问题。

一方面，由于一些人工智能研究者被"胜利冲昏了头脑"，盲目乐观，对人工智能的未来发展和成果做出了过高的预言，而这些预言的失败，给人工智能的声誉造成重大伤害。同时，许多人工智能理论和方法未能得到通用化和推广应用，专家系统也尚未获得广泛开发。因此，看不出人工智能的重要价值。追究其因，当时的人工智能主要存在下列三个局限性：

1. 知识局限性

早期开发的人工智能程序包含太少的主题知识，甚至没有知识，而且只采用简单的句法处理。例如，对于自然语言理解或机器翻译，如果缺乏足够的专业知识和常识，就无法正确处理语言，甚至会产生令人啼笑皆非的翻译。

2. 解法局限性

人工智能试图解决的许多问题因其求解方法和步骤的局限性，往往使得设计的程序在实际上无法求得问题的解答，或者只能得到简单问题的解答，而这种简单问题并不需要人工智能的参与。

3. 结构局限性

用于产生智能行为的人工智能系统或程序存在一些基本结构上的严重局限，如没有考虑不良结构，则无法处理组合爆炸问题，因而只能用于解决比较简单的问题，影响到推广应用。

另一方面，科学技术的发展对人工智能提出新的要求甚至挑战。例如，当时认知生理学研究发现，人类大脑含有 10^{11} 个以上神经元，而人工智能系统或智能机器在现有技术条件下无法从结构上模拟大脑的功能。此外，哲学、心理学、认知生理学和计算机科学各学术界一些学者，对人工智能的本质、理论和应用各方面，一直抱有怀疑和批评的态度，也使人工智能四面楚歌。例如，1971 年英国剑桥大学数学家詹姆士按照英国政府的旨意，发表一份关于人工智能的综合报告，声称"人工智能不是骗局，也是庸人自扰"。在这个报告影响下，英国政府削减了人工智能研究经费，解散了人工智能研究机构。在人工智能的发源地美国，连在人工智能研究方面颇有影响的 IBM，也被迫取消了该公司的所有人工智能研究。人工智能研究在世界范围内陷入困境，处于低潮，由此可见一斑。

任何事物的发展都不可能一帆风顺，冬天过后，春天就会到来。通过总结经验教训，开展更为广泛、深入和有针对性的研究，人工智能必将走出低谷，迎来新的发展时期。

（四）知识应用时期（1970 ~ 1988 年）

费根鲍姆研究小组自 1965 年开始研究专家系统，并于 1968 年研究成功第一个专家系统 DENDRAL。1972 ~ 1976 年，他们又开发成功 MYCIN 医疗专家系统，用于抗生素药物治疗。此后，许多著名的专家系统，如斯坦福国际人工智能研究中心的杜达开发的 PROSPECTOR 地质勘探专家系统、拉特格尔大学的 CASNE 丁青光眼诊断治疗专家系统、MIT 的 MACSYMA 符号积分和数学专家系统，以及 R1 计算机结构设计专家系统、ELAS 钻井数据分析专家系统和 ACE 电话电缆维护专家系统等被相继开发，为工矿数据分析处理、医疗诊断、计算机设计、符号运算等提供了强有力的工具。在 1977 年举行的第五届国际人工智能联合会议上，费根鲍姆正式提出了知识工程的概念，并预言 20 世纪 80 年代将是专家系统蓬勃发展的时代。

事实果真如此，整个 80 年代，专家系统和知识工程在全世界得到迅速发展。专家系统为企业等用户赢得了巨大的经济效益。例如，第一个成功应用的商用专家系统 R1，1982 年开始在美国数字装备集团公司（DEC）运行，用于进行新计算机系统的结构设计。到 1986 年，R1 每年为该公司节省 400 万美元。到 1988 年，DEC 公司的人工智能团队开发了 40 个专家系统。更有甚者，杜珀公司已使用 100 个专家系统，正在开发 500 个专家系统。几乎每个美国大公司都拥有自己的人工智能小组，并应用专家系统或投资专家系统技术。20 世纪 80 年代，日本和西欧也争先恐后地投入对专家系统的智能计算机系统的开发，并应用于工业部门。其中，日本 1981 年发布的"第五代智能计算机计划"就是一例。在开发专家系统过程中，许多研究者获得共识，即人工智能系统是一个知识处理系统，而知识表示、知识利用和知识获取则成为人工智能系统的三个基本问题。

（五）集成发展时期（1986 年至今）

到 20 世纪 80 年代后期，各个争相进行的智能计算机研究计划先后遇到严峻挑战和困难，无法实现其预期目标。这促使人工智能研究者们对已有的人工智能和专家系统思想和方法进行反思。已有的专家系统存在缺乏常识知识、应用领域狭窄、知识获取困难、推理机制单一、未能分布处理等问题。他们发现，困难反映出人工智能和知识工程的一些根本问题，如交互问题、扩展问题和体系问题等，都没有很好解决。对存在问题的探讨和对基本观点的争论，有助于人工智能摆脱困境，迎来新的发展机遇。

人工智能应用技术应当以知识处理为核心，实现软件的智能化。知识处理需要对应用领域和问题求解任务有深入的理解，扎根于主流计算环境。只有这样，才能促使人工智能研究和应用走上持续发展的道路。

20 世纪 80 年代后期以来，机器学习、计算智能、人工神经网络和行为主义等研究的深入开展，不时形成高潮。有别于符号主义的连接主义和行为主义的人工智能学派也乘势而上，获得新的发展。不同人工智能学派间的争论推动了人工智能研究和应用的进一步发展。以数理逻辑为基础的符号主义，从命题逻辑到谓词逻辑再至多值逻辑，包括模糊逻辑和粗糙集理论，已为人工智能的形成和发展做出历史性贡献，并已超出传统符号运算的范畴，表明符号主义在发展中不断寻找新的理论、方法和实现途径。传统人工智能（我们称之为 AI）的数学计算体系仍不够严格和完整。除了模糊计算外，近年来，许多模仿人脑思维、自然特征和生物行为的计算方法（如神经计算、进化计算、自然计算、免疫计算和群计算等）已被引入人工智能学科。我们把这些有别于传统人工智能的智能计算理论和方法称为计算智能（CI）。计算智能弥补了传统 AI 缺乏数学理论和计算的不足，更新并丰富了人工智能的理论框架，使人工智能进入一个新的发展时期。人工智能不同观点、方法和技术的集成，是人工智能发展所必需，也是人工智能发展的必然。

在这个时期，特别值得一提的是神经网络的复兴和智能真体的突起。

麦卡洛克和皮茨 1943 年提出的"似脑机器"，构造了一个表示大脑基本组成的神经元模型。由于当时神经网络的局限性，特别是硬件集成技术的局限性，使人工神经网络研究在 20 世纪 70 年代进入低潮。直到 1982 年霍普菲尔德提出离散神经网络模型，1984 年又提出连续神经网络模型，促进了人工神经网络研究的复兴。布赖森和何（He）提出的反向传播（BP）算法及鲁梅尔哈特和麦克莱伦德 1986 年提出的并行分布处理（PDP）理论是人工神经网络研究复兴的真正推动力，人工神经网络再次出现研究热潮。1987 年在美国召开了第一届神经网络国际会议，并发起成立了国际神经网络学会（INNS）。这表明神经网络已置身于国际信息科技之林，成为人工智能的一个重要子学科。如果人工神经网络硬件能够在大规模集成上取得突破，那么其作用不可估量。现在，对神经网络的研究出现了 21 世纪以来的一次高潮，特别是基于神经网络的机器学习获得很大发展。近 10 年来，深度学习的研究逐步深入，并已在自然语言处理和人机博弈等领域获得比较广泛的应用。在深度学习的基础上，一种称为"超限学习"的机器学习方法在近几年得到越来越多的应用。这些研究成果活跃了学术氛围，推动了机器学习的发展。

智能真体（以前称为智能主体）是 20 世纪 90 年代随着网络技术特别是计算机网络通信技术的发展而兴起的，并发展为人工智能又一个新的研究热点。人工智能的目标就是要建造能够表现出一定智能行为的真体，因此，真体应是人工智能的一个核心问题。人们在人工智能研究过程中逐步认识到，人类智能的本质是一种具有社会性的智能，社会问题特别是复杂问题的解决需要各方面人员共同完成。人工智能，特别是比较复杂的人工智能问题的求解也必须要各个相关个体协商、协作和协调来完成。人类社会中的基本个体"人"对应于人工智能系统中的基本组元"真体"，而社会系统所对应的人工智能"多真体系统"也就成为人工智能新的研究对象。

产业的提质改造与升级、智能制造和服务民生的需求，促进机器人学向智能化方向发展，一股机器人化的新热潮正在全球汹涌澎湃，席卷全世界。智能机器人已成为人工智能研究与应用的一个蓬勃发展的新领域。

人工智能已获得越来越广泛的应用，深入渗透到其他学科和科学技术领域，为这些学科和领域的发展做出功不可没的贡献，并为人工智能理论和应用研究提供新的思路与借鉴。例如，对生物信息学、生物机器人学和基因组的研究就是如此。

上述这些新出现的人工智能理论、方法和技术，其中包括人工智能三大学派，即符号主义、连接主义和行为主义，已不再是单枪匹马打天下，而往往是携手合作，走综合集成、优势互补、共同发展的康庄大道。人工智能学界那种势不两立的激烈争论局面，可能一去不复返了。我们有理由相信，人工智能工作者一定能够抓住机遇，不负众望，创造更多更大的新成果，开创人工智能发展的新时期。

我国的人工智能研究起步较晚。纳入国家计划的研究（"智能模拟"）始于1978年；1984年召开了智能计算机及其系统的全国学术讨论会；1986年起把智能计算机系统、智能机器人和智能信息处理（含模式识别）等重大项目列入国家高技术研究计划；1993年起，又把智能控制和智能自动化等项目列入国家科技攀登计划。进入21世纪后，已有更多的人工智能与智能系统研究获得各种基金计划支持，并与国家国民经济和科技发展的重大需求相结合，力求做出更大贡献。1981年起，相继成立了中国人工智能学会（CAAI）及智能机器人专业委员会和智能控制专业委员会、全国高校人工智能研究会、中国计算机学会人工智能与模式识别专业委员会、中国自动化学会模式识别与机器智能专业委员会、中国软件行业协会人工智能协会以及智能自动化专业委员会等学术团体。在中国人工智能学会归属中国科学技术协会直接领导和管理之后，又有一些省市成立了地方人工智能学会，推动了我国人工智能的发展。1989年首次召开了中国人工智能控制联合会议（CJCAI）。1982年创刊《人工智能学报》杂志，《模式识别与人工智能》杂志和《智能系统学报》分别于1987年和2006年创刊。《智能技术学报》英文版即将创刊。2006 年 8 月，中国人工智能学会联合兄弟学会和有关部门，在北京举办了包括人工智能国际会议和中国象棋人机大战等在内的"庆祝人工智能学科诞生 50 周年"大型庆祝活动，产生了很好的影响。2016 年 4 月又在北京举行了"全球人工智能技术大会暨人工智能 60 周年纪念活动启动仪式"，隆重而热烈地庆祝国际人工智能学科诞生 60 周年。2009 年，中国人工智能学会牵头组织，向国家学位委员会和国家教育部提出"设置'智能科学与技术，学位授权一级学科'"的建议，不遗余力地为我国人工智能和智能科学学科建设做贡献，意义深远。2015 年在中国最热门的话题和产业应该是机器人学，中国机器人学的磅礴热潮推动世界机器人产业的新一轮竞争与发展。2016 年中国最为引人注目的科技应是人工智能，并出现了发展人工智能及其产业的新潮。中国的人工智能工作者，已在人工智能领域取得许多具有国际领先水平的创造性成果。其中，尤以吴文俊院士关于几何定理证明的"吴氏方法"最为突出，已在国际上产生了重大影响，并荣获 2001 年国家科学技术最高奖。现在，我国已有数以万计的科技人员和大学师生从事不同层次的人工智能研究与学习，人工智能研究已在我国深入开展，它必将为促进其他学科的发展和我国的现代化建设做出新的重大贡献。

第二节　人工智能的各种认知观

目前人工智能的主要学派有下列 3 家：

（1）符号主义：又称为逻辑主义、心理学派或计算机学派，其原理主要为物理符号系统假设和有限合理性原理。

（2）连接主义：又称为仿生学派或生理学派，其原理主要为神经网络及神经网络间的连接机制与学习算法。

（3）行为主义：又称进化主义或控制论学派，其原理为控制论及感知—动作型控制系统。

一、人工智能各学派的认知观

人工智能各学派对人工智能发展历史具有不同的看法。

（一）符号主义

符号主义认为人工智能源于数理逻辑。数理逻辑从 19 世纪末起就获得迅速发展，到 20 世纪 30 年代开始用于描述智能行为。计算机出现后，又在计算机上实现了逻辑演绎系统。其有代表性的成果为启发式程序 LT（逻辑理论家），证明了 38 条数学定理，表明了可以应用计算机研究人的思维过程、模拟人类智能活动。正是这些符号主义者，早在 1956 年首先采用"人工智能"这个术语。后来又发展了启发式算法→专家系统→知识工程理论与技术，并在 20 世纪 80 年代取得很大发展。符号主义曾长期一枝独秀，为人工智能的发展做出重要贡献，尤其是专家系统的成功开发与应用，为人工智能走向工程应用和实现理论联系实际具有特别重要的意义。在人工智能的其他学派出现之后，符号主义仍然是人工智能的主流学派。这个学派的代表人物有纽厄尔、肖·西蒙和尼尔逊等。

（二）连接主义

连接主义认为人工智能源于仿生学，特别是人脑模型的研究。它的代表性成果是 1943 年由生理学家麦卡洛克和数理逻辑学家皮茨创立的脑模型，即 MP 模型，开创了用电子装置模仿人脑结构和功能的新途径。它从神经元开始进而研究神经网络模型和脑模型，开辟了人工智能的又一发展道路。20 世纪 60 ~ 70 年代，连接主义，尤其是对以感知机为代表的脑模型的研究曾出现过热潮。由于当时的理论模型、生物原型和技术条件的限制，脑模型研究在 70 年代后期至 80 年代初期落入低潮。直到前述 Hopfield 教授在 1982 年和 1984 年发表两篇重要论文，提出用硬件模拟神经网络后，连接主义又重新抬头。1986 年鲁梅尔哈特等人提出多层网络中的反向传播（BP）算法。此后，连接主义势头大振，从模型到算法，从理论分析到工程实现，为神经网络计算机走向市场打下基础。现在，对 ANN 的研究热情仍然较高，但研究成果未能如预想的那样好。

（三）行为主义

行为主义认为人工智能源于控制论。控制论思想早在 20 世纪 40 ~ 50 年代就成为时代思潮的重要部分，影响了早期的人工智能工作者。维纳和麦克洛等人提出的控制论和自组织系统以及钱学森等人提出的工程控制论和生物控制论，影响了许多领域。控制论把神经系统的工作原理与信息理论、控制理论、逻辑以及计算机联系起来。早期的研究工作重点是模拟人在控制过程中的智能行为和作用，如对自寻优、自适应、自校正、自镇定、自组织和自学习等控制论系统的研究，并进行"控制论动物"的研制。到 60～70 年代，上述这些控制论系统的研究取得一定进展，播下智能控制和智能机器人的种子，并在 80 年代诞生了智能控制和智能机器人系统。行为主义是 20 世纪末才以人工智能新学派的面孔出现的，引起许多人的兴趣。这一学派的代表作首推布鲁克斯的六足行走机器人，它被看作新一代的"控制论动物"，是一个基于感知—动作模式的模拟昆虫行为的控制系统。

以上三个人工智能学派将长期共存与合作，取长补短，并走向融合和集成，为人工智能的发展做出贡献。

二、人工智能的争论

（一）对人工智能理论的争论

人工智能各学派对于 AI 的基本理论问题，诸如定义、基础、核心、要素、认知过程、学科体系以及人工智能与人类智能的关系等，均有不同观点。

1. 符号主义

符号主义认为人的认知基元是符号，而且认知过程即符号操作过程。它认为人是一个物理符号系统，计算机也是一个物理符号系统，因此，我们就能够用计算机来模拟人的智能行为，即用计算机的符号操作来模拟人的认知过程。也就是说，人的思维是可操作的。它还认为，知识是信息的一种形式，是构成智能的基础。人工智能的核心问题是知识表示、知识推理和知识运用。知识可用符号表示，也可用符号进行推理，因而有可能建立起基于知识的人类智能和机器智能的统一理论体系。

2. 连接主义

连接主义认为人的思维基元是神经元，而不是符号处理过程。它对物理符号系统假设持反对意见，认为人脑不同于电脑，并提出连接主义的大脑工作模式，用于取代符号操作的电脑工作模式。

3. 行为主义

行为主义认为智能取决于感知和行动（所以被称为行为主义），提出智能行为的"感知—动作"模式。行为主义者认为智能不需要知识、不需要表示、不需要推理；人工智能可以像人类智能一样逐步进化（所以称为进化主义）；智能行为只能在现实世界中与周围环境交互作用而表现出来。行为主义还认为：符号主义（还包括连接主义）对真实世界客观事物的描述及其智能行为工作模式是过于简化的抽象，因而是不能真实地反映客观存在的。

（二）对人工智能方法的争论

不同人工智能学派对人工智能的研究方法问题也有不同的看法。这些问题涉及：人工智能是否一定采用模拟人的智能的方法？若要模拟又该如何模拟？对结构模拟和行为模拟、感知思维和行为、对认知与学习以及逻辑思维和形象思维等问题是否应分离研究？是否有必要建立人工智能的统一理论系统？若有，又应以什么方法为基础？

1. 符号主义

符号主义认为人工智能的研究方法应为功能模拟方法。通过分析人类认知系统所具备的功能和机能，然后用计算机模拟这些功能，实现人工智能。符号主义力图用数学逻辑方法来建立人工智能的统一理论体系，但遇到不少暂时无法解决的困难，并受到其他学派的否定。

2. 连接主义

连接主义主张人工智能应着重于结构模拟，即模拟人的生理神经网络结构，并认为功能、结构和智能行为是密切相关的。不同的结构表现出不同的功能和行为。连接主义已经提出多种人工神经网络结构和众多的学习算法。

3. 行为主义

行为主义认为人工智能的研究方法应采用行为模拟方法，也认为功能、结构和智能行为是不可分的。不同行为表现出不同功能和不同控制结构。行为主义的研究方法也受到其他学派的怀疑与批判，认为行为主义最多只能创造出智能昆虫行为，而无法创造出人的智能行为。

第三节 人类智能与人工智能

人类的认知过程是个非常复杂的行为，至今仍未能被完全解释。人们从不同的角度对它进行研究，不仅形成了 3 个学派，而且还形成了诸如认知生理学、认知心理学和认知工程学等相关学科。对这些学科的深入研究已超出本书范围。这里仅讨论几个与传统人工智能，即符号主义有密切关系的一些问题。

一、智能信息处理系统的假设

人的心理活动具有不同的层次，它可与计算机的层次相比较，见下图，心理活动的最高层级是思维策略，中间一层是初级信息处理，最低层级为生理过程，即中枢神经系统、神经元和大脑的活动。与此相应的是计算机的程序、语言和硬件。

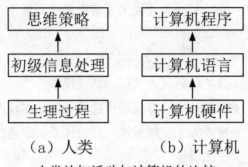

（a）人类　　　　（b）计算机

人类认知活动与计算机的比较

研究认知过程的主要任务是探求高层次思维决策与初级信息处理的关系，并用计算机程序来模拟人的思维策略水平，用计算机语言模拟人的初级信息处理过程。

令 T 表示时间变量，x 表示认知操作，x 的变化 Δx 为当时机体状态 S（机体的生理和心理状态以及脑子里的记忆等）和外界刺激 R 的函数。当外界刺激作用到处于某一特定状态的机体时，便发生变化，即：

$$\triangle x = f(S,R)\ T \rightarrow T+1$$

计算机也以类似的原理进行工作。在规定时间内，计算机存储的记忆相当于机体的状态，计算机的输入相当于机体施加的某种刺激。在得到输入后，计算机便进行操作，使得其内部状态随时间发生变化。可以从不同的层次来研究这种计算机系统。这种系统以人的思维方式为模型进行智能信息处理。显然，这是一种智能计算机系统。设计适用于特定领域的这种高水平智能信息处理系统，是研究认知过程的一个具体而又重要的目标。例如，一个具有智能信息处理能力的自动控制系统就是一个智能控制系统，它可以是专家控制系统或者是智能决策系统等。

可以把人看成一个智能信息处理系统。

信息处理系统又叫符号操作系统或物理符号系统。所谓符号就是模式。任一模式，只要它能与其他模式相区别，它就是一个符号。例如，不同的汉语拼音字母或英文字母就是不同的符号。对符号进行操作就是对符号进行比较，从中找出相同的和不同的符号。物理符号系统的基本任务和功能就是辨认相同的符号和区别不同的符号。为此，这种系统就必须能够辨别出不同符号之间的实质差别。符号既可以是物理符号，也可以是头脑中的抽象符号，或者是电子计算机中的电子运动模式，还可以是头脑中神经元的某些运动方式。一个完善的符号系统应具有下列 6 种基本功能：

（1）输入符号（input）。

（2）输出符号（output）。

（3）存储符号（store）。

（4）复制符号（copy）。

（5）建立符号结构：通过找出各符号间的关系，在符号系统中形成符号结构。

（6）条件性迁移：根据已有符号，继续完成活动过程。

如果一个物理符号系统具有上述全部 6 种功能，能够完成这个全过程，那么它就是一个完整的物理符号系统。人能够输入信号，如用眼睛看、用耳朵听、用手触摸等。计算机也能通过卡片或纸带打孔、磁带或键盘打字等方式输入符号。人具有上述 6 种功能，现代计算机也具备物理符号系统的这 6 种功能。

假设：任何一个系统，如果它能表现出智能，那么它就必定能够执行上述 6 种功能。反之，任何系统如果具有这 6 种功能，那么它就能够表现出智能；这种智能指的是人类所具有的那种智能。把这个假设称为物理符号系统的假设。

物理符号系统的假设伴随有 3 个推论，或称为附带条件。

推论 1 既然人具有智能，那么他（她）就一定是一个物理符号系统。

人之所以能够表现出智能，就是基于他的信息处理过程。

推论 2 既然计算机是一个物理符号系统，它就一定能够表现出智能。这是人工智能的基本条件。

推论 3 既然人是一个物理符号系统，计算机也是一个物理符号系统，那么就能够用计算机来模拟人的活动。

值得指出的是，推论 3 并不一定是从推论 1 和推论 2 推导出来的必然结果。因为人是物理符号系统，具有智能；计算机也是一个物理符号系统，也具有智能，但它们可以用不同的原理和方式进行活动。所以，计算机并不一定都是模拟人活动的，它可以编制出一些复杂的程序来求解方程式，进行复杂的计算。不过，计算机的这种运算过程未必就是人类的思维过程。

可以按照人类的思维过程来编制计算机程序，这项工作就是人工智能的研究内容。如果做到了这一点，就可以用计算机在形式上来描述人的思维活动过程，或者建立一个理论来说明人的智力活动过程。

人的认知活动具有不同的层次，对认知行为的研究也应具有不同的层次，以便不同学科之间分工协作、联合攻关，早日解开人类认知本质之谜。可以从下列4个层次开展对认知本质的研究。

（1）认知生理学：研究认知行为的生理过程，主要研究人的神经系统（神经元、中枢神经系统和大脑）的活动，是认知科学研究的底层。它与心理学、神经学、脑科学有密切关系，且与基因学、遗传学等有交叉联系。

（2）认知心理学：研究认知行为的心理活动，主要研究人的思维策略，是认知科学研究的顶层。它与心理学有密切关系，且与人类学、语言学交叉。

（3）认知信息学：研究人的认知行为在人体内的初级信息处理，主要研究人的认知行为如何通过初级信息自然处理，由生理活动变为心理活动及其逆过程，即由心理活动变为生理行为。这是认知活动的中间层，承上启下。它与神经学、信息学、计算机科学有密切关系，并与心理学、生理学有交叉关系。

（4）认知工程学：研究认知行为的信息加工处理，主要研究如何通过以计算机为中心的人工信息处理系统，对人的各种认知行为（如知觉、思维、记忆、语言、学习、理解、推理、识别等）进行信息处理。这是研究认知科学和认知行为的工具，应成为现代认知心理学和现代认知生理学的重要研究手段。它与人工智能、信息学、计算机科学有密切关系，并与控制论、系统学等交叉。

只有开展大跨度的多层次、多学科交叉研究，应用现代智能信息处理的最新手段，认知科学和人工智能才可能较快地取得突破性成果。

二、人类智能的计算机模拟

上面已经得出"能够用计算机来模拟人的活动"的结论，也就是说，能够用机器智能来模拟人类智能。机器智能的应用研究已取得可喜进展，其前景令人鼓舞。

帕梅拉·麦考达克在她的著名的人工智能历史研究《机器思维》中曾经指出：

在复杂的机械装置与智能之间存在着长期的联系。从几世纪前出现的神话般的复杂巨钟和机械自动机开始，人们已对机器操作的复杂性与自身的智能活动进行直接联系。今天，新技术已使所建造的机器的复杂性大为提高。现代电子计算机要比以往的任何机器复杂几十倍、几百倍、几千倍、几万倍以至几亿倍以上。

计算机的早期工作主要集中在数值计算方面。然而，人类最主要的智力活动并不是数值计算，而在逻辑推理方面。物理符号系统假设的推论1也告诉人们，人有智能，所以他是一个物理符号系统；推论3指出，可以编写出计算机程序去模拟人类的思维活动。这就是说，人和计算机这两个物理符号系统所使用的物理符号是相同的，因而计算机可以模拟人类的智能活动过程。计算机的确能够很好地执行许多智能功能，如下棋、证明定理、翻译语言文字和解决难题等。这些任务是通过编写与执行模拟人类智能的计算机程序来完成的。当然，这些程序只能接近于人的行为，而不可能与人的行为完全相同。此外，这些程序所能模拟的智能问题，其水平还是很有限的。

作为例子，考虑下棋的计算机程序。1997年以前的所有国际象棋程序是十分熟练的、具有人类专家棋手水平的最好实验系统，但是下得没有像人类国际象棋大师那样好。该计算机程序对每个可能的走步空间进行搜索，它能够同时搜索几千种走步。进行有效搜索的技术是人工智能的核心思想之一。不过，以前的计算机不能战胜最好的人类棋手，其原因在于：向前看并不是下棋所必须具有的一切，需要彻底搜索的走步又太多；在寻找和估计替换走步时并不能确信能够导致博弈的胜利。国际象棋大师们具有尚不能解释的能力。一些心理学家指出，当象棋大师们盯着一个棋位时，在他们的脑子里出现了几千盘重要的棋局，这大概能够帮助他们决定最好的走步。

近10年来，智能计算机的研究取得许多重大进展。随着计算机技术日新月异的发展，包括自学习、并行处理、启发式搜索、机器学习、智能决策等人工智能技术已用于博弈程序设计，使"计算机棋手"的水平大为提高。1997年5月，IBM公司研制的深蓝智能计算机在6局比赛中以2胜1负3平的结果，战胜国际象棋大师卡斯帕洛夫。人工智能的先驱们在20世纪50年代末提出的"在国际象棋比赛中，计算机棋手要战胜象棋冠军"的预言得以实现。这一成就表明：可以通过人脑与电脑协同工作，以人—机结合的模式，为解决复杂系统问题寻找解决方案。2003年1月26日至2月7日，国际象棋人机大战在纽约举行。卡斯帕洛夫大师与比深蓝更强大的"小深"先后进行了6局比赛，最终以1胜1负4平的结果握手言和。2006年8月，在"首届中国象棋人机大战"中，中国象棋超级计算机——浪潮天梭迎战中国棋院的5位中国象棋大师，以3胜5平2负的不俗战绩，以11：9的总比分首胜大师联盟。"中国象棋人机大战"具有中国特色，已引起众多中国象棋爱好者和计算机博弈研究者的关注，发展成为常态化的赛事，是对机器学习的一大贡献。2016年3月，谷歌的人工智能程序阿尔法围棋（AlphaGo）与世界顶级围棋职业选手李世石的人机对决，AlphaGo以4：1获得胜利。人工智能虽然获得了胜利，但是并不代表着完胜，而且AlphaGo及其程序也是人类创造的。正如某些人工智能行内人士在人机对决过程中所指出的：无论人机谁胜谁负，都是人类的胜利。

对神经型智能计算机的研究是又一个新的范例，其研究进展必将为模拟人类智能做出新的贡献。神经计算机能够以类似人类的方式进行"思考"，它力图重建人脑的形象。据日本通产省（MITI）报道，对神经计算机系统的可行性研究早于1989年4月底完成，并提出了该系统的长期研究计划的细节。在美国、英国、中国和其他一些国家，都有众多的研究小组投入对神经网络和神经计算的研究，"神经网络热"已持续了近30年。对量子计算机的研究也已起步。近年来，对光子计算机的基础研究也取得突破。

人脑这个神奇的器官能够复制大量的交互作用，快速处理极其大量的信息，同时执行多项任务。迄今为止的所有计算机，基本上都未能摆脱冯·诺依曼机的结构，只能依次对单个问题进行"求解"。即使是现有的并行处理计算机，其运行性能仍然十分有限。人们期望，对神经计算的研究将开发出神经计算机，对量子计算的研究将诞生量子计算机，对光计算的研究将发明光子计算机。人们期望在不太久的将来，将使用光子或量子计算机取代现有的电子计算机，而光子和量子计算机将大大提高信息处理能力，模仿和呈现出更为高级的人工智能。

第四节　人工智能系统的分类

分类学与科学学研究科学技术学科的分类问题，本是十分严谨的学问，但对于一些新学科却很难确切地对其进行分类或归类。例如，至今多数学者把人工智能看作计算机科学的一个分支，但从科学长远发展的角度看，人工智能可能要归类于智能科学的一个分支。智能系统也尚无统一的分类方法，下面按其作用原理可分为下列几种系统：

一、专家系统

专家系统（ES）是人工智能和智能系统应用研究最活跃和最广泛的领域之一。自从 1965 年第一个专家系统 DENDRAL 在美国斯坦福大学问世以来，经过 20 年的研究开发，到 20 世纪 80 年代中期，各种专家系统已遍布各个专业领域，取得很大的成功。现在，专家系统得到更为广泛的应用，并在应用开发中得到进一步发展。

专家系统是把专家系统技术和方法，尤其是工程控制论的反馈机制有机结合而建立的。专家系统已广泛应用于故障诊断、工业设计和过程控制。专家系统一般由知识库、推理机、控制规则集和算法等组成。专家系统所研究的问题一般具有不确定性，是以模仿人类智能为基础的。

二、模糊系统

扎德于 1965 年提出的模糊集合理论成为处理现实世界各类物体的方法，意味着模糊逻辑技术的诞生。此后，对模糊集合和模糊控制的理论研究和实际应用获得广泛开展。1965 ～ 1975 年间，扎德对许多重要概念进行研究，包括模糊多级决策、模糊近似关系、模糊约束和语言学界限等。此后 10 年许多数学结构借助模糊集合实现模糊化。这些数学结构涉及逻辑、关系、函数、图形、分类、语法、语言、算法和程序等。

模糊系统是一类应用模糊集合理论的智能系统。模糊系统的价值可从两个方面来考虑。一方面，模糊系统提出一种新的机制用于实现基于知识（规则）甚至语义描述的表示、推理和操作规律。另一方面，模糊系统为非线性系统提出一个比较容易的设计方法，尤其是当系统含有不确定性而且很难用常规非线性理论处理时，更是有效。模糊系统已经获得十分广泛的应用。

三、神经网络系统

人工神经网络（ANN）研究的先锋麦卡洛克和皮茨曾于 1943 年提出一种叫

作"似脑机器"的思想，这种机器可由基于生物神经元特性的互联模型来制造；这就是神经学网络的概念。到了 20 世纪 70 年代，格罗斯伯格和科霍恩以生物学和心理学证据为基础，提出几种具有新颖特性的非线性动态系统结构和自组织映射模型。沃博斯在 70 年代开发一种反向传播算法。霍普菲尔德在神经元交互作用的基础上引入一种递归型神经网络（霍普菲尔德网络）。在 80 年代中叶，作为一种前馈神经网络的学习算法，帕克和鲁姆尔哈特等重新发现了反回传播算法。近 10 年来，深度学习网络得到深入研究和广泛应用。AlphaGo 国际围棋程序的核心就是深度学习。现在神经网络已在从家用电器到工业对象的广泛领域找到其用武之地，主要应用涉及模式识别、图像处理、自动控制、机器人、信号处理、管理、商业、医疗和军事等领域。

四、学习系统

学习是一个非常普遍的术语，人和计算机都通过学习获取和增加知识，改善技术和技巧。

学习是人类的主要智能之一，在人类进化过程中，学习起到了很大作用。

进入 21 世纪以来，对机器学习的研究取得新的进展，尤其是一些新的学习方法为学习系统注入新鲜血液，必将推动学习系统研究的进一步开展。

五、仿生系统

科学家和工程师们应用数学和科学来模仿自然，包括人类和生物的自然智能。人类智能已激励出高级计算、学习方法和技术。仿生智能系统就是模仿与模拟人类和生物行为的智能系统。试图通过人工方法模仿人类智能已有很长的历史了。

生物通过个体间的选择、交叉、变异来适应大自然环境。生物种群的生存过程普遍遵循达尔文的物竞天择、适者生存的进化准则。种群中的个体根据对环境的适应能力而被大自然所选择或淘汰。进化过程的结果反映在个体结构上，其染色体包含若干基因，相应的表现型和基因型的联系体现了个体的外部特性与内部机理间的逻辑关系。把进化计算，特别是遗传算法（GA）机制用于人工系统和过程，则可实现一种新的智能系统，即仿生智能系统。

六、群智能系统

可把群定义为某种交互作用的组织或 Agent 的结构集合。在群智能计算研究中，群的个体组织包括蚂蚁、白蚁、蜜蜂、黄蜂、鱼群和鸟群等。在这些群体中，个体在结构上是很简单的，而它们的集体行为却可能变得相当复杂。社会组织的全局群行为是由群内个体行为以非线性方式实现的。于是，在个体行为和全局群行为间存在某个紧密的联系。这些个体的集体行为构成和支配了群行为。另一方面，群行为又决定了个体执行其作用的条件。这些作用可能改变环境，因而也可能改变这些个体自身的行为和它的地位。

群社会网络结构形成该群存在的一个集合，它提供了个体间交换经验知识的通信通道。群社会网络结构的一个惊人的结果是它们在建立最佳蚁巢结构、分配劳力和收集食物等方面的组织能力。群计算建模已获得许多成功的应用，从不同的群研究得到不同的应用。

七、多真体系统

计算机技术、人工智能、网络技术的出现与发展，突破了集中式系统的局限性，并行计算和分布式处理等技术（包括分布式人工智能）和多真体系统（MAS）应运而生。可把真体看作能够通过传感器感知其环境，并借助执行器作用于该环境的任何事物。当采用多真体系统进行操作时，其操作原理随着真体结构的不同而有所差异，难以给出一个通用的或统一的多真体系统结构。

多真体系统具有分布式系统的许多特性，如交互性、社会性、协作性、适应性和分布性等。多真体系统包括移动分布式系统、分布式智能、计算机网络、通信、移动模型和计算、编程语言、安全性、容错和管理等关键技术。

多真体系统已获得十分广泛的应用，涉及机器人协调、过程控制、远程通信、柔性制造、网络通信、网络管理、交通控制、电子商务、数据库、远程教育和远程医疗等。

八、混合智能系统

前面介绍的几种智能系统，各自具有固有优点和缺点。例如，模糊逻辑擅长处理不确定性，神经网络主要用于学习，进化计算是优化的高手。在真实世界中，不仅需要不同的知识，而且需要不同的智能技术。这种需求导致了混合智能系统的出现。单一智能机制往往无法满足一些复杂、未知或动态系统的系统要求，就需要开发某些混合的（或称为集成的、综合的、复合的）智能技术和方法，以满足现实问题提出的要求。

混合智能系统在相当长的一段时间成为智能系统研究与发展的一种趋势，各种混合智能方案如雨后春笋破土而出一样纷纷面世。混合能否成功，不仅取决于结合前各方的固有特性和结合后"取长补短"或"优势互补"的效果，而且也需要经受实际应用的检验。

此外，还可以按照应用领域来对智能系统进行分类，如智能机器人系统、智能决策系统、智能加工系统、智能控制系统、智能规划系统、智能交通系统、智能管理系统、智能家电系统等。

第五节　人工智能的研究目标和内容

一、人工智能的研究目标

在前面从学科和能力定义人工智能时，我们曾指出：人工智能的近期研究目标在于"研究用机器来模仿和执行人脑的某些智力功能，并开发相关理论和技术"。而且这些智力功能"涉及学习、感知、思考、理解、识别、判断、推理、证明、通信、设计、规划、行动和问题求解等活动"。

人工智能的一般研究目标为：

（1）更好地理解人类智能：通过编写程序来模仿和检验有关人类智能的理论。

（2）创造有用的灵巧程序：该程序能够执行一般需要人类专家才能实现的任务。

一般地，人工智能的研究目标又可分为近期研究目标和远期研究目标两种。

人工智能的近期研究目标是建造智能计算机以代替人类的某些智力活动。通俗地说，就是使现有的计算机更聪明和更有用，使它不仅能够进行一般的数值计算和非数值信息的数据处理，而且能够使用知识和计算智能，模拟人类的部分智力功能，解决传统方法无法处理的问题。为了实现这个近期目标，就需要研究开发能够模仿人类的这些智力活动的相关理论、技术和方法，建立相应的人工智能系统。

人工智能的远期目标是用自动机模仿人类的思维活动和智力功能。也就是说，是要建造能够实现人类思维活动和智力功能的智能系统。实现这一宏伟目标还任重道远，这不仅是由于当前的人工智能技术远未达到应有的高度，而且还由于人类对自身的思维活动过程和各种智力行为的机理还知之甚少，我们还不知道要模仿问题的本质和机制。

人工智能研究的近期目标和远期目标具有不可分割的关系。一方面，近期目标的实现为远期目标研究做好理论和技术准备，打下必要的基础，并增强人们实现远期目标的信心；另一方面，远期目标则为近期目标指明了方向，强化了近期研究目标的战略地位。

对于人工智能研究目标，除了上述认识外，还有一些比较具体的提法，例如李艾特和费根鲍姆提出人工智能研究的9个"最终目标"，包括深入理解人类认知过程、实现有效的智能自动化、有效的智能扩展、建造超人程序、实现通用问题求解、实现自然语言理解、自主执行任务、自学习与自编程、大规模文本数据的存储和处理技术。又如，索罗门给出人工智能的3个主要研究目标，即智能行为的有效的理论分析、解释人类智能、构造智能的人工制品。

二、人工智能研究的基本内容

人工智能学科有着十分广泛和极其丰富的研究内容。不同的人工智能研究者从不同的角度对人工智能的研究内容进行分类。例如，基于脑功能模拟、基于不同认知观、基于应用领域和应用系统、基于系统结构和支撑环境等。因此，要对人工智能研究内容进行全面和系统的介绍也是比较困难的，而且可能也是没有必要的。下面综合介绍一些得到诸多学者认同并具有普遍意义的人工智能研究的基本内容。

（一）认知建模

浩斯顿等把认知归纳为如下5种类型：

（1）信息处理过程。

（2）心理上的符号运算。

（3）问题求解。

（4）思维。

（5）诸如知觉、记忆、思考、判断、推理、学习、想象、问题求解、概念形成和语言使用等关联活动。

人类的认知过程是非常复杂的。作为研究人类感知和思维信息处理过程的一门学科，认知科学（或称思维科学）就是要说明人类在认知过程中是如何进行信息加工的。认知科学是人工智能的重要理论基础，涉及非常广泛的研究课题。除了浩斯顿提出的知觉、记忆、思考、学习、语言、想象、创造、注意和问题求解等关联活动外，还会受到环境、社会和文化背景等方面的影响。人工智能不仅要研究逻辑思维，而且还要深入研究形象思维和灵感思维，使人工智能具有更坚实的理论基础，为智能系统的开发提供新思想和新途径。

（二）知识表示

知识表示、知识推理和知识应用是传统人工智能的三大核心研究内容。其中，知识表示是基础，知识推理实现问题求解，而知识应用是目的。

知识表示是把人类知识概念化、形式化或模型化。一般地，就是运用符号知识、算法和状态图等来描述待解决的问题。已提出的知识表示方法主要包括符号表示法和神经网络表示法两种。

（三）知识推理

推理是人脑的基本功能。几乎所有的人工智能领域都离不开推理。要让机器实现人工智能，就必须赋予机器推理能力，进行机器推理。

所谓推理就是从一些已知判断或前提推导出一个新的判断或结论的思维过程。形式逻辑中的推理分为演绎推理、归纳推理和类比推理等。知识推理，包括不确定性推理和非经典推理等，似乎已是人工智能的一个永恒研究课题，仍有很多尚未发现和解决的问题值得研究。

（四）知识应用

人工智能能否获得广泛应用是衡量其生命力和检验其生存力的重要标志。20世纪70年代，正是专家系统的广泛应用，使人工智能走出低谷，获得快速发展。后来的机器学习和近年来的自然语言理解应用研究取得重大进展，又促进了人工智能的进一步发展。当然，应用领域的发展是离不开知识表示和知识推理等基础理论以及基本技术的进步的。

（五）机器感知

机器感知就是使机器具有类似于人的感觉，包括视觉、听觉、力觉、触觉、嗅觉、痛觉、接近感和速度感等。其中，最重要的和应用最广的要算机器视觉（计算机视觉）和机器听觉。机器视觉要能够识别与理解文字、图像、场景以至人的身份等；机器听觉要能够识别与理解声音和语言等。

机器感知是机器获取外部信息的基本途径。要使机器具有感知能力，就要为它安上各种传感器。机器视觉和机器听觉已催生了人工智能的两个研究领域——模式识别和自然语言理解或自然语言处理。实际上，随着这两个研究领域的进展，它们已逐步发展成为相对独立的学科。

（六）机器思维

机器思维是对传感信息和机器内部的工作信息进行有目的的处理。要使机器实现思维，需要综合应用知识表示、知识推理、认知建模和机器感知等方面的研究成果，开展如下各方面的研究工作：

（1）知识表示，特别是各种不确定性知识和不完全知识的表示。

（2）知识组织、积累和管理技术。

（3）知识推理，特别是各种不确定性推理、归纳推理、非经典推理等。

（4）各种启发式搜索和控制策略。

（5）人脑结构和神经网络的工作机制。

（七）机器学习

机器学习是继专家系统之后人工智能应用的又一重要研究领域，也是人工智能和神经计算的核心研究课题之一。现有的计算机系统和人工智能系统大多数没有什么学习能力，至多也只有非常有限的学习能力，因而不能满足科技和生产提出的新要求。

学习是人类具有的一种重要智能行为。机器学习就是使机器（计算机）具有学习新知识和新技术，并在实践中不断改进和完善的能力。机器学习能够使机器自动获取知识，直接向书本等文献资料或通过与人交谈或观察环境进行学习。

（八）机器行为

机器行为系指智能系统（计算机、机器人）具有的表达能力和行动能力，如对话、描写、刻画以及移动、行走、操作和抓取物体等。研究机器的拟人行为是人工智能的高难度的任务。机器行为与机器思维密切相关，机器思维是机器行为的基础。

（九）智能系统构建

上述直接的实现智能研究，离不开智能计算机系统或智能系统，离不开对新理论、新技术和新方法以及系统的硬件和软件支持。需要开展对模型、系统构造与分析技术、系统开发环境和构造工具以及人工智能程序设计语言的研究。一些能够简化演绎、机器人操作和认知模型的专用程序设计以及计算机的分布式系统、并行处理系统、多机协作系统和各种计算机网络等的发展，将直接有益于人工智能的开发。

第六节　人工智能的研究与计算方法

一、人工智能的研究方法

我们已在第二节节介绍过人工智能的三个学派和他们的认知观。长期以来，由于研究者的专业和研究领域的不同以及他们对智能本质的理解有异，因而形成了不同的人工智能学派，各自采用不同的研究方法。与符号主义、连接主义和行为主义相应的人工智能研究方法为功能模拟法、结构模拟法和行为模拟法。此外，还有综合这3种模拟方法的集成模拟法。

（一）功能模拟法

符号主义学派也可称为功能模拟学派。他们认为：智能活动的理论基础是物理符号系统，认知的基元是符号，认知过程是符号模式的操作处理过程。功能模拟法是人工智能最早和应用最广泛的研究方法。功能模拟法以符号处理为核心对人脑功能进行模拟。本方法根据人脑的心理模型，把问题或知识表示为某种逻辑结构，运用符号演算，实现表示、推理和学习等功能，从宏观上模拟人脑思维，实现人工智能功能。功能模拟法已取得许多重要的研究成果，如定理证明、自动推理、专家系统、自动程序设计和机器博弈等。功能模拟法一般采用显式知识库和推理机来处理问题，因而它能够模拟人脑的逻辑思维，便于实现人脑的高级认知功能。

功能模拟法虽能模拟人脑的高级智能，但也存在不足之处。在用符号表示知识的概念时，其有效性很大程度上取决于符号表示的正确性和准确性。当把这些知识概念转换成推理机构能够处理的符号时，将可能丢失一些重要信息。此外，功能模拟难于对含有噪声的信息、不确定性信息和不完全性信息进行处理。这些情况表明，单一使用符号主义的功能模拟法是不可能解决人工智能的所有问题的。

（二）结构模拟法

连接主义学派也可称为结构模拟学派。他们认为：思维的基元不是符号而是神经元，认知过程也不是符号处理过程。他们提出对人脑从结构上进行模拟，即根据人脑的生理结构和工作机理来模拟人脑的智能，属于非符号处理范畴。由于大脑的生理结构和工作机理还远未搞清，因而现在只能对人脑的局部进行模拟或进行近似模拟。

人脑是由极其大量的神经细胞构成的神经网络。结构模拟法通过人脑神经网络、神经元之间的连接以及在神经元间的并行处理，实现对人脑智能的模拟。与功能模拟法不同，结构模拟法是基于人脑的生理模型，通过数值计算从微观上模拟人脑，实现人工智能。本方法通过对神经网络的训练进行学习，获得知识，并用于解决问题。结构模拟法已在模式识别和图像信息压缩领域获得成功应用。结构模拟法也有缺点，它不适合模拟人的逻辑思维过程，而且受大规模人工神经网络制造的制约，尚不能满足人脑完全模拟的要求。

（三）行为模拟法

行为主义学派也可称为行为模拟学派。他们认为：智能不取决于符号和神经元，而取决于感知和行动，提出智能行为的"感知—动作"模式。结构模拟法认为智能不需要知识、不需要表示、不需要推理；人工智能可以像人类智能一样逐步进化；智能行为只能在现实世界中与周围环境交互作用而表现出来。

智能行为的"感知—动作"模式并不是一种新思想，它是模拟自动控制过程的有效方法，如自适应、自寻优、自学习、自组织等。现在，把这个方法用于模拟智能行为。行为主义的祖先应该是维纳和他的控制论，而布鲁克斯的六足行走机器虫只不过是一件行为模拟法（即控制进化方法）研究人工智能的代表作，为人工智能研究开辟了一条新的途径。

尽管行为主义受到广泛关注，但布鲁克斯的机器虫模拟的只是低层智能行为，并不能导致高级智能控制行为，也不可能使智能机器从昆虫智能进化到人类智能。不过，行为主义学派的兴起表明了控制论和系统工程的思想将会进一步影响人工智能的研究和发展。

（四）集成模拟法

上述 3 种人工智能的研究方法各有长短，既有擅长的处理能力，又有一定的局限性。仔细学习和研究各个学派思想和研究方法之后，不难发现，各种模拟方法可以取长补短，实现优势互补。过去在激烈争论时期，那种企图完全否定对方而以一家的主义和方法包打人工智能天下和主宰人工智能世界的氛围，正被互相学习、优势互补、集成模拟、合作共赢、和谐发展的新氛围所代替。

采用集成模拟方法研究人工智能，一方面各学派密切合作，取长补短，可把一种方法无法解决的问题转化为另一方法能够解决的问题；另一方面，逐步建立统一的人工智能理论体系和方法论，在一个统一系统中集成了逻辑思维、形象思维和进化思想，创造人工智能更先进的研究方法。要完成这个任务，任重道远。

二、人工智能的计算方法

人工智能各个学派，不仅其理论基础不同，而且计算方法也不尽相同。因此，人工智能和智能系统的计算方法也不尽相同。

基于符号逻辑的人工智能学派强调基于知识的表示与推理，而不强调计算，但并非没有任何计算。图搜索、谓词演算和规则运算都属于广义上的计算。显然，这些计算是与传统的采用数理方程、状态方程、差分方程、传递函数、脉冲传递函数和矩阵方程等数值分析计算有根本区别的。随着人工智能的发展，出现了各种新的智能计算技术，如模糊计算、神经计算、进化计算、免疫计算和粒子群计算等，它们是以算法为基础的，也与数值分析计算方法有所不同。

归纳起来，人工智能和智能系统中采用的主要计算方法如下：

（1）概率计算。在专家系统中，除了进行知识推理外，还经常采用概率推理、贝叶斯推理、基于可信度推理、基于证据理论推理等不确定性推理方法。在递阶智能机器和递阶智能系统中，用信息熵计算各层级的作用。实质上，这些都是采用概率计算，属于传统的数学计算方法。

（2）符号规则逻辑运算。一阶谓词逻辑的消解（归结）原理、规则演绎系统和产生式系统，都是建立在谓词符号演算基础上的 IF—THEN（如果——那么）规则运算。这种运算方法在基于规则的专家系统和专家控制系统中得到普遍应用。这种基于规则的符号运算特别适于描述过程的因果关系和非解析的映射关系等。

（3）模糊计算。利用模糊集合及其隶属度函数等理论，对不确定性信息进行模糊化、模糊决策和模糊判决（解模糊）等，实现模糊推理与问题求解。根据智能系统求解过程的一些定性知识，采用模糊数学和模糊逻辑中的概念与方法，建立系统的输入和输出模糊集以及它们之间的模糊关系。从实际应用的观点来看，模糊理论的应用大部分集中在模糊系统上，也有一些模糊专家系统将模糊计算应用于医疗诊断和决策支持。模糊控制系统主要应用模糊计算技术。

（4）神经计算。认知心理学家通过计算机模拟提出的一种知识表征理论，认为知识在人脑中以神经网络形式储存，神经网络由可在不同水平上被激活的节点组成，节点间有连接作用，并通过学习对神经网络进行训练，形成了人工神经网络学习模型。

（5）进化计算与免疫计算。可将进化计算和免疫计算用于智能系统。这两种新的智能计算方法都是以模拟计算模型为基础的，具有分布并行计算特征，强调自组织、自学习与自适应。

此外，还有群优化计算、蚁群算法等。

第七节 人工智能的研究与应用领域

在大多数学科中存在着几个不同的研究领域，每个领域都有其特有的感兴趣的研究课题、研究技术和术语。在人工智能中，这样的领域包括自然语言处理、自动定理证明、自动程序设计、智能检索、智能调度、机器学习、机器人学、专家系统、智能控制、模式识别、视觉系统、神经网络、agent、计算智能、问题求解、人工生命、人工智能方法和程序设计语言等。在过去 60 年中，已经建立了一些具有人工智能的计算机系统，例如，能够求解微分方程的、下棋的、设计分析集成电路的、合成人类自然语言的、检索情报的、诊断疾病以及控制太空飞行器、地面移动机器人和水下机器人的具有不同程度人工智能的计算机系统。

一、问题求解与博弈

人工智能的第一个大成就是发展了能够求解难题的下棋（如国际象棋）程序。

在下棋程序中应用的某些技术，如向前看几步，并把困难的问题分成一些比较容易的子问题，发展成为搜索和问题消解（归约）这样的人工智能基本技术。今天的计算机程序能够下锦标赛水平的各种方盘棋、十五子棋、中国象棋和国际象棋，并取得前面提到的计算机棋手战胜国际和国家象棋冠军的成果。另一种问题求解程序把各种数学公式符号汇编在一起，其性能达到很高的水平，并正在为许多科学家和工程师所应用。有些程序甚至还能够用经验来改善其性能。

如前所述，这个问题中未解决的问题包括人类棋手具有的但尚不能明确表达的能力，如国际象棋大师们洞察棋局的能力。另一个未解决的问题涉及问题的原概念，在人工智能中叫作问题表示的选择。人们常常能够找到某种思考问题的方法从而使求解变易而解决该问题。到目前为止，人工智能程序已经知道如何考虑它们要解决的问题，即搜索解答空间，寻找较优的解答。

二、逻辑推理与定理证明

早期的逻辑演绎研究工作与问题和难题的求解相当密切。已经开发出的程序能够借助于对事实数据库的操作来"证明"断定；其中每个事实由分立的数据结构表示，就像数理逻辑中由分立公式表示一样。与人工智能的其他技术的不同之处是，这些方法能够完整和一致地加以表示。也就是说，只要本原事实是正确的，那么程序就能够证明这些从事实得出的定理，而且也仅仅是证明这些定理。

逻辑推理是人工智能研究中最持久的子领域之一。特别重要的是要找到一些方法，只把注意力集中在一个大型数据库中的有关事实上，留意可信的证明，并在出现新信息时适时修正这些证明。

对数学中臆测的定理寻找一个证明或反证，确实称得上是一项智能任务。为此不仅需要有根据假设进行演绎的能力，而且需要某些直觉技巧。1976年7月，美国的阿佩尔等人合作解决了长达124年之久的难题——四色定理。他们用三台大型计算机，花去1200小时CPU时间，并对中间结果进行人为反复修改500多处。四色定理的成功证明曾轰动计算机界。我国人工智能大师吴文俊院士提出并实现了几何定理机器证明的方法，被国际上承认为"吴氏方法"，是定理证明的又一标志性成果。

三、计算智能

计算智能涉及神经计算、模糊计算、进化计算、粒群计算、自然计算、免疫计算和人工生命等研究领域。

进化计算是指一类以达尔文进化论为依据来设计、控制和优化人工系统的技术和方法的总称，它包括遗传算法、进化策略和进化规划。自然选择的原则是适者生存，即物竞天择，优胜劣汰。

自然进化的这些特征早在 20 世纪 60 年代就引起了美国的霍兰的极大兴趣。受达尔文进化论思想的影响，他逐渐认识到在机器学习中，为获得一个好的学习算法，仅靠单个策略的建立和改进是不够的，还要依赖于一个包含许多候选策略的群体的繁殖。他还认识到，生物的自然遗传现象与人工自适应系统行为的相似性，因此他提出在研究和设计人工自主系统时可以模仿生物自然遗传的基本方法。70 年代初，霍兰提出了"模式理论"，并于 1975 年出版了《自然系统与人工系统的自适应》专著，系统地阐述了遗传算法的基本原理，奠定了遗传算法研究的理论基础。

遗传算法、进化规划、进化策略具有共同的理论基础，即生物进化论，因此，把这三种方法统称为进化计算，而把相应的算法称为进化算法。

人工生命是 1987 年提出的，旨在用计算机和精密机械等人工媒介生成或构造出能够表现自然生命系统行为特征的仿真系统或模型系统。自然生命系统行为具有自组织、自复制、自修复等特征以及形成这些特征的混沌动力学、进化和环境适应。

人工生命的理论和方法有别于传统人工智能和神经网络的理论和方法。人工生命把生命现象所体现的自适应机理通过计算机进行仿真，对相关非线性对象进行更真实的动态描述和动态特征研究。

人工生命学科的研究内容包括生命现象的仿生系统、人工建模与仿真、进化动力学、人工生命的计算理论、进化与学习综合系统以及人工生命的应用等。

四、分布式人工智能与 Agent

分布式人工智能（DAI）是分布式计算与人工智能结合的结果。DAI 系统以鲁棒性作为控制系统质量的标准，并具有互操作性，即不同的异构系统在快速变化的环境中具有交换信息和协同工作的能力。

分布式人工智能的研究目标是要创建一种能够描述自然系统和社会系统的精确概念模型。DAI 中的智能并非独立存在的概念，只能在团体协作中实现，因而其主要研究问题是各 agent 间的合作与对话，包括分布式问题求解和多 agent 系统（MAS）两领域。MAS 更能体现人类的社会智能，具有更大的灵活性和适应性，更适合开放和动态的世界环境，因而备受重视，已成为人工智能乃至计算机科学和控制科学与工程的研究热点。

五、自动程序设计

自动程序设计能够以各种不同的目的描述来编写计算机程序。对自动程序设计的研究不仅可以促进半自动软件开发系统的发展，而且也使通过修正自身数码进行学习的人工智能系统得到发展。程序理论方面的有关研究工作对人工智能的所有研究工作都是很重要的。

自动编制一份程序来获得某种指定结果的任务与证明一份给定程序将获得某种指定结果的任务是紧密相关的，后者叫作程序验证。

自动程序设计研究的重大贡献之一是作为问题求解策略的调整概念。已经发现，对程序设计或机器人控制问题，先产生一个不费事的有错误的解，然后再修改它，这种做法要比坚持要求第一个解答就完全没有缺陷的做法有效得多。

六、专家系统

一般地，专家系统是一个智能计算机程序系统，其内部具有大量专家水平的某个领域知识与经验，能够利用人类专家的知识和解决问题的方法来解决该领域的问题。

发展专家系统的关键是表达和运用专家知识，即来自人类专家的并已被证明对解决有关领域内的典型问题是有用的事实和过程。专家系统和传统的计算机程序的本质区别在于专家系统所要解决的问题一般没有算法解，并且经常要在不完全、不精确或不确定的信息基础上得出结论。

随着人工智能整体水平的提高，专家系统也获得发展。正在开发的新一代专家系统有分布式专家系统和协同式专家系统等。在新一代专家系统中，不但采用基于规则的方法，而且采用基于框架的技术和基于模型的原理。

七、机器学习

学习是人类智能的主要标志和获得知识的基本手段。机器学习（自动获取新的事实及新的推理算法）是使计算机具有智能的根本途径。此外，机器学习还有助于发现人类学习的机理并揭示人脑的奥秘。

传统的机器学习倾向于使用符号表示而不是数值表示，使用启发式方法而不是算法。传统机器学习的另一倾向是使用归纳而不是演绎。前一倾向使它有别于人工智能的模式识别等分支；后一倾向使它有别于定理证明等分支。

按系统对导师的依赖程度可将学习方法分类为：机械式学习、讲授式学习、类比学习、归纳学习、观察发现式学习等。

近20年来又发展了下列各种学习方法：基于解释的学习、基于事例的学习、基于概念的学习、基于神经网络的学习、遗传学习、增强学习、深度学习、超限学习以及数据挖掘和知识发现等。

数据挖掘和知识发现是20世纪90年代初期新崛起的一个活跃的研究领域。在数据库基础上实现的知识发现系统，通过综合运用统计学、粗糙集、模糊数学、机器学习和专家系统等多种学习手段和方法，从大量的数据中提炼出抽象的知识，从而揭示出蕴涵在这些数据背后的客观世界的内在联系和本质规律，实现知识的自动获取。

深度学习算法是一类基于生物学对人脑进一步认识，将神经—中枢—大脑的工作原理设计成一个不断迭代、不断抽象的过程，以便得到最优数据特征表示的机器学习算法；该算法从原始信号开始，先做低级抽象，然后逐渐向高级抽象迭代，由此组成深度学习算法的基本框架。深度学习源于2006年加拿大多伦多大学 Geoffrey Hinton，他提出了两个观点：

（1）多隐含层的人工神经网络具有优异的特征学习能力，学习特征对数据有更本质的刻画，从而有利于可视化或分类。

（2）深度神经网络在训练上的难度，可以通过逐层初始化来克服。这些思想开启了深度学习的研究与应用热潮。

超限学习作为一种新的机器学习方法，在许多研究者的不断研究下，已经成为一个热门研究方向。超限学习主要有以下四个特点：

（1）对于大多数神经网络和学习算法，隐层节点/神经元不需要迭代式的调整。

（2）超限学习既属于通用单隐层前馈网络，又属于多隐层前馈网络。

（3）超限学习的相同构架可用作特征学习、聚类、回归和分类问题。

（4）每个超限学习层组成一个隐层，不需要调整隐层神经元的学习，整个网路构成一个大的单层超限学习机，且每层都可由一个超限学习机学习。

大规模数据库和互联网的迅速发展，使人们对数据库的应用提出新的要求。数据库中包含的大量知识无法得到充分的发掘与利用，会造成信息的浪费，并产生大量的数据垃圾。另一方面，知识获取仍是专家系统研究的瓶颈问题。从领域专家获取知识是非常复杂的个人到个人之间的交互过程，具有很强的个性和随机性，没有统一的办法。因此，人们开始考虑以数据库作为新的知识源。数据挖掘和知识发现能自动处理数据库中大量的原始数据，抽取出具有必然性的、富有意义的模式，成为有助于人们实现其目标的知识，找出人们对所需问题的解答。这些导致了大数据技术的出现与快速发展。

八、自然语言理解

语言处理也是人工智能的早期研究领域之一，并引起进一步的重视。已经编写出能够从内部数据库回答问题的程序，这些程序通过阅读文本材料和建立内部数据库，能够把句子从一种语言翻译为另一种语言，执行给出的指令和获取知识等。有些程序甚至能够在一定程度上翻译从话筒输入的口头指令。

当人们用语言互通信息时，他们几乎不费力地进行极其复杂却又只需要一点点理解的过程。语言已经发展成为智能动物之间的一种通信媒介，它在某些环境条件下把一点"思维结构"从一个头脑传输到另一个头脑，而每个头脑都拥有庞大的、高度相似的周围思维结构作为公共的文本。这些相似的、前后有关的思维结构中的一部分允许每个参与者知道对方也拥有这种共同结构，并能够在通信"动作"中用它来执行某些处理。语言的生成和理解是一个极为复杂的编码和解码问题。

九、机器人学

人工智能研究中日益受到重视的另一个分支是机器人学。一些并不复杂的动作控制问题，如移动式机器人的机械动作控制问题，表面上看并不需要很多智能。然而人类几乎下意识就能完成的这些任务，要是由机器人来实现就要求机器人具备在求解需要较多智能问题时所用到的能力。

机器人和机器人学的研究促进了许多人工智能思想的发展。它所导致的一些技术可用来模拟世界的状态，用来描述从一种世界状态转变为另一种世界状态的过程。

智能机器人的研究和应用体现出广泛的学科交叉，涉及众多的课题，如机器人体系结构、机构、控制、智能、视觉、触觉、力觉、听觉、机器人装配、恶劣环境下的机器人以及机器人语言等。机器人已在各种工业、农业、商业、旅游业、空中和海洋以及国防等领域获得越来越普遍的应用。近年来，智能机器人的研发与应用已在全世界出现一个热潮，极大地推动智能制造和智能服务等领域的发展。

十、模式识别

计算机硬件的迅速发展，计算机应用领域的不断开拓，急切要求计算机能更有效地感知诸如声音、文字、图像、温度、震动等人类赖以发展自身、改造环境所运用的信息资料。着眼于拓宽计算机的应用领域，提高其感知外部信息能力的学科——模式识别便得到迅速发展。

人工智能所研究的模式识别是指用计算机代替人类或帮助人类感知模式，是对人类感知外界功能的模拟，研究的是计算机模式识别系统，也就是使一个计算机系统具有模拟人类通过感官接受外界信息、识别和理解周围环境的感知能力。

实验表明，人类接受外界信息的80%以上来自视觉，10%左右来自听觉。所以，早期的模式识别研究工作集中在对视觉图像和语音的识别上。

模式识别是一个不断发展的新学科，它的理论基础和研究范围也在不断发展。随着生物医学对人类大脑的初步认识，模拟人脑构造的计算机实验即人工神经网络方法已经成功地用于手写字符的识别、汽车牌照的识别、指纹识别、语音识别、车辆导航、星球探测等方面。

十一、机器视觉

机器视觉或计算机视觉已从模式识别的一个研究领域发展为一门独立的学科。在视觉方面，已经给计算机系统装上电视输入装置以便能够"看见"周围的东西。在人工智能中研究的感知过程通常包含一组操作。

整个感知问题的要点是形成一个精练的表示以取代难以处理的、极其庞大的未经加工的输入数据。最终表示的性质和质量取决于感知系统的目标。不同系统有不同的目标，但所有系统都必须把来自输入的、多得惊人的感知数据简化为一种易于处理的和有意义的描述。

计算机视觉通常可分为低层视觉与高层视觉两类。低层视觉主要执行预处理功能，如边缘检测、动目标检测、纹理分析、通过阴影获得形状、立体造型、曲面色彩等。高层视觉则主要是理解所观察的形象。

机器视觉的前沿研究领域包括实时并行处理、主动式定性视觉、动态和时变视觉、三维景物的建模与识别、实时图像压缩传输和复原、多光谱和彩色图像的处理与解释等。

十二、神经网络

研究结果已经证明，用神经网络处理直觉和形象思维信息具有比传统处理方式好得多的效果。神经网络的发展有着非常广阔的科学背景，是众多学科研究的综合成果。神经生理学家、心理学家与计算机科学家的共同研究得出的结论是：人脑是一个功能特别强大、结构异常复杂的信息处理系统，其基础是神经元及其互联关系。因此，对人脑神经元和人工神经网络的研究，可能创造出新一代人工智能机——神经计算机。

对神经网络的研究始于 20 世纪 40 年代初期，经历了一条十分曲折的道路，几起几落，80 年代初以来，对神经网络的研究再次出现高潮。

对神经网络模型、算法、理论分析和硬件实现的大量研究，为神经计算机走向应用提供了物质基础。人们期望神经计算机将重建人脑的形象，极大地提高信息处理能力，在更多方面取代传统的计算机。

十三、智能控制

人工智能的发展促进自动控制向智能控制发展。智能控制是一类无需（或需要尽可能少的）人的干预就能够独立地驱动智能机器实现其目标的自动控制。或者说，智能控制是驱动智能机器自主地实现其目标的过程。许多复杂的系统，难以建立有效的数学模型和用常规控制理论进行定量计算与分析，而必须采用定量数学解析法与基于知识的定性方法的混合控制方式。随着人工智能和计算机技术的发展，已可能把自动控制和人工智能以及系统科学的某些分支结合起来，建立一种适用于复杂系统的控制理论和技术。智能控制正是在这种条件下产生的。它是自动控制的最新发展阶段，也是用计算机模拟人类智能的一个重要研究领域。

智能控制是同时具有以知识表示的非数学广义世界模型和以数学公式模型表示的混合控制过程，也往往是含有复杂性、不完全性、模糊性或不确定性以及不存在已知算法的非数学过程，并以知识进行推理，以启发来引导求解过程。智能控制的核心在高层控制，即组织级控制。其任务在于对实际环境或过程进行组织，即决策和规划，以实现广义问题求解。

十四、智能调度与指挥

确定最佳调度或组合的问题是人们感兴趣的又一类问题。一个古典的问题就是推销员旅行问题（TSP）。许多问题具有这类相同的特性。

在这些问题中有几个（包括推销员旅行问题）是属于理论计算机科学家称为NP完全性一类的问题。他们根据理论上的最佳方法计算出所耗时间（或所走步数）的最坏情况来排列不同问题的难度。该时间或步数是随着问题大小的某种量度增长的。

人工智能学家们曾经研究过若干组合问题的求解方法。有关问题域的知识再次成为比较有效的求解方法的关键。智能组合调度与指挥方法已被应用于汽车运输调度、列车的编组与指挥、空中交通管制以及军事指挥等系统。它已引起有关部门的重视。

十五、智能检索

随着科学技术的迅速发展，出现了"知识爆炸"的情况。对国内外种类繁多和数量巨大的科技文献之检索远非人力和传统检索系统所能胜任。研究智能检索系统已成为科技持续快速发展的重要保证。

数据库系统是储存某学科大量事实的计算机软件系统，它们可以回答用户提出的有关该学科的各种问题。数据库系统的设计也是计算机科学的一个活跃的分支。为了有效地表示、存储和检索大量事实，已经发展了许多技术。

智能信息检索系统的设计者们将面临以下几个问题。首先，建立一个能够理解以自然语言陈述的询问系统本身就存在不少问题。其次，即使能够通过规定某些机器能够理解的形式化询问语句来回避语言理解问题，仍然存在一个如何根据存储的事实演绎出答案的问题。最后，理解询问和演绎答案所需要的知识都可能超出该学科领域数据库所表示的知识。

十六、系统与语言工具

除了直接瞄准实现智能的研究工作外，开发新的方法也往往是人工智能研究的一个重要方面。人工智能对计算机界的某些最大贡献已经以派生的形式表现出来。计算机系统的一些概念，如分时系统、编目处理系统和交互调试系统等，已经在人工智能研究中得到发展。一些能够简化演绎、机器人操作和认识模型的专用程序设计和系统常常是新思想的丰富源泉。几种知识表达语言（把编码知识和推理方法作为数据结构和过程计算机的语言）已在 20 世纪 70 年代后期开发出来，以探索各种建立推理程序的思想。20 世纪 80 年代以来，计算机系统，如分布式系统、并行处理系统、多机协作系统和各种计算机网络等，都有了长足发展。在人工智能程序设计语言方面，除了继续开发和改进通用和专用的编程语言新版本和新语种外，还研究出了一些面向目标的编程语言和专用开发工具。对关系数据库研究所取得的进展，无疑为人工智能程序设计提供了新的有效工具。

第三章
互联网智能

在网络智能方面长期成功的关键是发展能够以自然方式通信和进行交互学习的系统。传统计算智能课题的研究人员可通过直接专注于网络来促进智能的、用户友好的互联网系统的发展。对于互动的、信息丰富的万维网的需求会给那些经验丰富的从业者带来巨大挑战。要求具有万维网特性的解决方案的问题数量巨大，这就需要持续不断地推进对机器学习的基础研究，并将学习的功能结合到互联网的每一种交互中。本章介绍语义网与本体、Web技术、Web挖掘和集体智能等内容。

第一节　概　述

众多的信息资源通过互联网连接在一起，形成全球性的信息系统，并成为可以相互交流、相互沟通、相互参与的互动平台。

1962年，美国国防部高级研究计划署的Licklider等提出通过网络将计算机互联起来的构想。1969年12月，ARPANET将美国西南部的加州大学洛杉矶分校、斯坦福大学研究学院、加州大学圣芭芭拉分校和犹他州大学的4台主要的计算机连接起来。到1970年6月，麻省理工学院、哈佛大学、BBN和加州圣达莫尼卡系统发展公司加入进来。1972年，ARPANET对公众展示，并出现了E-mail。1983年，ARPANET完全转移到TCP/IP协议。1995年，美国国家科学基金会组建的NSFNET与全球共50 000个网络互联，互联网已经初具规模。

互联网从诞生到现在的四十多年可以分为4个阶段，即计算机互联、网页互联、用户实时交互和语义互联。

（1）计算机互联阶段：20世纪60年代第一台主机连接到ARPANET上，标志着互联网的诞生和网络互联发展阶段的开始。在这一阶段，伴随着第一台基于集成电路的通用电子计算机IBM360的问世、第一台个人电子计算机的问世、UNIX操作系统和高级程序设计语言的诞生，计算机逐渐得到了普及，形成了相对统一的计算机操作系统，有了方便的计算机软件编程语言和工具。人们尝试将分布在异地的计算机通过通信链路和协议连接起来，创造了互联网，形成了网络互联和传输协议的通用标准TCP/IP协议，在网络地址分配和域名解析等方面也形成了全球通用的、统一的标准。基于互联网，人们可以在其上开发各种应用。

例如，这一阶段出现了远程登录、文件传输以及电子邮件等简单、有效且影响深远的互联网应用。

（2）网页互联阶段：1989 年 3 月，欧洲量子物理实验室 Berners-Lee 开发了主从结构分布式超媒体系统（Web）。人们只要采用简单的方法，就可以通过 Web 迅速方便地获得丰富的信息。在使用 Web 浏览器访问信息资源的过程中，用户无须关心技术细节，因此 Web 在互联网上一经推出就受到欢迎。1993 年，Web 技术取得突破性进展，解决了远程信息服务中的文字显示、数据连接以及图像传递的问题，使得 Web 成为 Internet 上非常流行的信息传播方式。全球范围内的网页通过文本传输协议连接起来，成为这一阶段互联网发展的显著特征。通过这一阶段的发展，形成了统一资源定位符（URL）、超文本标记语言（HTML）以及超文本传输协议（HTTP）等通用的资源定位方法、文档格式和传输标准。WWW 服务成为互联网上流量最多的服务，开发了各种各样的 Web 应用。

（3）用户交互阶段：随着计算机和互联网的发展，连接在互联网上的计算设备和存储设备能力有了大幅提升。到 20 世纪 90 年代末，万维网已经不再是单纯的内容提供平台，而是朝着提供更加强大和更加丰富的用户交互能力的方向发展，如博客、QQ、维基和社会化书签等。该阶段与第二阶段的网页互联不同，是以各类资源的全面互联，尤其以应用程序的互联为主要特征，任何应用系统都会或多或少地依赖互联网和互联网上的各类资源，应用系统逐渐转移到互联网和万维网上进行开发和运行。

（4）语义互联阶段：语义互联是为了解决在不同应用、企业和社区之间的互操作性问题。这种互操作性是通过语义来保证的，而互操作的环境是异质、动态、开放、全球化的 Web。每一个应用都有自己的数据，例如，日历上有行程安排，Web 上有银行账号和照片。要求致力于整合的软件能够理解网页上的数据，这些软件能够检索并显示照片网页，发现这些照片的拍摄日期、时间及其描述；需要理解在线银行账单申请的交易；理解在线日历的各种视图，并且清楚网页的哪些部分表示哪些日期和时间。数据必须具有语义才能够在不同的应用和社区之间实现互操作。通过语义互联，计算机能读懂网页的内容，在理解的基础上支持用户的互操作。

语义网可使机器阅读数据。机器阅读数据更快更准确，还可以借助机器学习，让机器理解数据含义。这样就可以将寻找数据的任务交给机器，然后阅读机器寻找到的答案即可。但是机器可以理解数据含义，却不能理解文章的含义，因为它没有思想，所以要达到理想状态还需要走很长的路。机器可以快速地处理数据。数据在数据库中有一定的上下文环境，进而可以让数据链接起来，建立关于数据的参考信息。

XML 可用于建立语义数据，结果描述文件为 RDF。通过语义数据，可以将关系数据与非关系数据联系在一起。这将改变我们使用数据的方式，并最终形成一个全球的数据库。

例如，在英国一些违反社会行为规则（ASBO）的人不会进监狱，而是被限制出入某些范围。一个手机应用就可以通过公开的政府数据显示某个区域有多少这样的人存在。还有的手机应用可显示某些区域有多少牙医。

怎样才能让自己的数据成为语义数据呢？首先要将数据上网；其次将它作为结构化数据提供；再次使用开放的标准格式；然后使用 URL 来标识事物；最后将你的数据链接到其他人的数据。最终数据实现全球化的链接。链接的力量是非常强大的，我们需要将能源消耗、健康、医药、人口增长等数据在全球范围内链接起来，这件事情在未来几年内将变得重要起来。

随着互联网的大规模应用，出现了各种各样基于互联网的计算模式。近几年来云计算引起广泛的关注。云计算是分布式计算的一种范型，它强调在互联网上建立大规模数据中心等信息技术基础设施，通过面向服务的商业模式为各类用户提供基础设施能力。在用户看来，云计算提供了一种大规模的资源池，资源池管理的资源包括计算、存储、平台和服务等各种资源，资源池中的资源经过了抽象和虚拟化处理，并且是动态可扩展的。云计算具有下列特点：

（1）面向服务的商业模式：云计算系统在不同层次可以看成"软件即服务"（SaaS）、"平台即服务"（PaaS）和"基础设施即服务"（IaaS）等。在 SaaS模式下，应用软件统一部署在服务器端，用户通过网络使用应用软件，服务器端根据和用户之间可达成细粒度的服务质量保障协议提供服务。服务器端统一对多个租户的应用软件需要的计算、存储和带宽资源进行资源共享和优化，并且能够根据实际负载进行性能扩展。

（2）资源虚拟化：为了追求规模经济效应，云计算系统使用了虚拟化的方法，从而打破了数据中心、服务器、存储和网络等资源在物理设备中的划分，对物理资源进行抽象，以虚拟资源为单位进行调度和动态优化。

（3）资源集中共享：云计算系统中的资源在多个租户之间共享，通过对资源的集中管控实现成本和能耗的降低。云计算是典型的规模经济驱动的产物。

（4）动态可扩展：云计算系统的一大特点是可以支持用户对资源使用数量的动态调整，而无须用户预先安装和部署，并能运行峰值用户请求所需的资源。

第二节　语义网与本体

1999 年 Web 的创始人 Berners-Lee 首次提出了"语义网"的概念。2001 年 2 月，W3C 正式成立"Semantic Web Activity"来指导和推动语义网的研究和发展，语义网的地位得以正式确立。2001 年 5 月，Berners-Lee 等在 *Scientific American* 杂志上发表文章，提出语义网的愿景。

一、语义网的层次模型

语义网提供了一个通用的框架，允许跨越不同应用程序、企业和团体的边界共享和重用数据。语义网以资源描述框架（RDF）为基础。RDF 是以 XML 作为语法、URI 作为命名机制，将各种不同的应用集成在一起，对 Web 上的数据所进行的一种抽象表示。语义网所指的"语义"是"机器可处理的"语义，而不是自然语言语义和人的推理等目前计算机所不能够处理的信息。

语义网要提供足够而又合适的语义描述机制。从整个应用构想来看，语义网要实现的是信息在知识级别上的共享和语义级别上的互操作性，这需要不同系统间有一个语义上的"共同理解"才行。Berners-Lee 等给出"语义网不是另外一个 Web，它是现有 Web 的延伸，其中信息被赋予了适当的含义，从而使计算机可以更好地和人协同工作"。本体自然地成为指导语义网发展的理论基础。2001 年，Berners-Lee 给出最初的语义网体系结构。2006 年，Berners-Lee 给出了新的语义网层次模型，如图 2-1 所示。

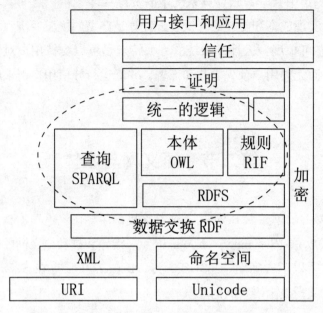

图 3-1　语义网层次模型

新的 Web 层次模型共分为 7 层，即 Unicode 和 URI 层、XML 和命名空间层、RDF＋RDFS 层、本体层、统一逻辑层、证明层和信任层，下面简单介绍每层的功能。

（1）Unicode 和 URI 层：Unicode 和 URI 是语义网的基础，其中 Unicode 处理资源的编码，保证使用的是国际通用字符集，以实现 Web 上信息的统一编码。统一资源标识符（URI）是统一资源定位符（URL）的超集，支持语义网上对象和资源的标识。

（2）XML 和命名空间层：该层包括命名空间和 XML Schema，通过 XML 将 Web 上资源的结构、内容与数据的表现形式进行分离，支持与其他基于 XML 标准的资源进行无缝集成。

（3）RDF＋RDFS 层：RDF 是语义网的基本数据模型，定义了描述资源以及陈述事实的 3 类对象：资源、属性和值。资源是指网络上的数据，属性是指用来描述资源的一个方面、特征、属性以及关系，陈述则用来表示一个特定的资源，它包括一个命名的属性及其对应资源的值，因此一个 RDF 描述实际上就是一个三元组：<object[resource], attribute[property], value[resource or literal]>。RDFS 提供了将 Web 对象组织成层次的建模原语，主要包括类、属性、子类和子属性关系、定义域和值域约束。

（4）本体层：本体层用于描述各种资源之间的联系，采用本体描述语言 OWL 表示。本体揭示了资源以及资源之间复杂和丰富的语义信息，将信息的结构和内容分离，对信息做完全形式化的描述，使 Web 信息具有计算机可理解的语义。

（5）统一逻辑层：统一逻辑层主要用来提供公理和推理规则，为智能推理提供基础。可以进一步增强本体语言的表达能力，并允许创作特定领域和应用的描述性知识。

（6）证明层：证明层涉及实际的演绎过程以及利用 Web 语言表示证据，对证据进行验证等。证明注重于提供认证机制，证明层执行逻辑层的规则，并结合信任层的应用机制来评判是否能够信任给定的证明。

（7）信任层：信任层提供信任机制，保证用户 Agent 在 Web 上提供个性化服务，以及彼此之间安全可靠的交互。基于可信 Agent 和其他认证机构，通过使用数字签名和其他知识才能构建信任层。当 Agent 的操作是安全的，而且用户信任 Agent 的操作及其提供的服务时，语义网才能充分发挥其价值。

从语义网层次模型来看，语义网重用了已有的 Web 技术，如 Unicode、URI、XML 和 RDF 等，所以它是已有 Web 的延伸。语义网不仅涉及 Web、逻辑和数据库等领域，层次模型中的信任和加密模块还涉及社会学、心理学、语言学和法律等学科和领域。因此，语义网的研究属于多学科交叉领域。

二、本体的基本概念

在人工智能研究中有两种研究类型：面向形式的研究（机制理论）及面向内容的研究（内容理论）。前者处理逻辑与知识表达，而后者处理知识的内容。近来，面向内容的研究已逐渐引起更多的关注，因为许多现实世界的问题的解决，如知识的重用、主体通信、集成媒体和大规模的知识库等，不仅需要先进的理论或推理方法，而且还需要对知识内容进行复杂的处理。

目前，阻碍知识共享的一个关键问题是不同系统使用不同的概念和术语来描述其领域知识。这种不同使得将一个系统的知识用于其他系统变得十分复杂。如果可以开发一些能够用作多个系统的基础的本体，这些系统就可以共享通用的术语以实现知识共享和重用。开发这样的可重用本体是本体论研究的重要目标。类似地，如果可以开发一些支持本体合并以及本体间互译的工具，那么即使是基于不同本体的系统也可以实现共享。

（一）本体的定义

以下是本体的几个代表性定义：

（1）本体论是一个哲学术语，意义为"关于存在的理论"，特指哲学的分支学科。研究自然存在以及现实的组成结构。它试图回答"什么是存在"、"存在的性质是什么"等。从这个观点出发，形式本体论是指这样一个领域，它确定客观事物总体上的可能的状态，确定每个客观事物的结构所必须满足的个性化的需求。形式本体论可以定义为有关存在的一切形式和模式的系统。

（2）本体是关于概念化的明确表达。1993年，美国斯坦福大学知识系统实验室（KSL）的Gruber给出了第一个在信息科学领域广泛接受的本体的正式定义。Gruber认为：概念化是从特定目的出发对所表达的世界所进行的一种抽象的、简化的观察。每一个知识库、基于知识库的信息系统以及基于知识共享的主体都内含一个概念化的世界，它们是显式的或是隐式的。本体是对某一概念化所做的一种显式的解释说明。本体中的对象以及它们之间的关系是通过知识表达语言的词汇来描述的，因此可以通过定义一套知识表达的专门术语来定义一个本体，以人们可以理解的术语描述领域世界的实体、对象、关系以及过程等，并通过形式化的公理来限制和规范这些术语的解释和使用。因此严格地说，本体是一个逻辑理论的陈述性描述。根据Gruber的解释，概念化的明确表达是指一个本体是对概念和关系的描述，而这些概念和关系可能是针对一个主体或主体群体而存在的。这个定义与本体在概念定义中的描述一致，但它更具普遍意义。在这个意义上，本体对于知识共享和重用非常重要。Borst对Gruber的本体定义稍微做了一点修改，认为本体可定义为被共享的概念化的一个形式的规格说明。

（3）本体是用于描述或表达某一领域知识的一组概念或术语。它可以用来组织知识库较高层次的知识抽象，也可以用来描述特定领域的知识。把本体看作知识实体，而不是描述知识的途径。本体这一术语有时候用于指描述某个领域的知识实体。比如，Cyc常将它对某个领域知识的表示称为本体。也就是说，表示词汇提供了一套用于描述领域内事实的术语，而使用这些词汇的知识实体是这个领域内事实的集合。但是，它们之间的这种区别并不明显。本体被定义为描述某个领域的知识，通常是一般意义上的知识领域，它使用上面提到的表示性词汇。

这时，一个本体就不仅仅是词汇表，而是整个上层知识库（包括用于描述这个知识库的词汇）。这种定义的典型应用是 Cyc 工程，它以本体定义其知识库，为其他知识库系统所用。Cyc 是一个巨型的多关系型知识库和推理引擎。

（4）本体属于人工智能领域中的内容理论，它研究特定领域知识的对象分类、对象属性和对象间的关系，它为领域知识的描述提供术语。

可以看出，不同的研究者站在不同的角度，对本体的定义会有不同的认识。但是，基本上来讲，本体应该包含如下的含义：

（1）本体描述的是客观事物的存在，它代表了事物的本质。

（2）本体独立于对本体的描述。任何对本体的描述，包括人对事物在概念上的认识，人对事物用语言的描述，都是本体在某种媒介上的投影。

（3）本体独立于个体对本体的认识。本体不会因为个人认识的不同而改变，它反映的是一种能够被群体所认同的一致的"知识"。

（4）本体本身不存在与客观事物的误差，因为它就是客观事物的本质所在。但对本体的描述，即任何以形式或自然语言写出的本体，作为本体的一种投影，可能会与本体本身存在误差。

（5）描述的本体代表了人们对某个领域的知识的公共观念。这种公共观念能够被共享和重用，进而消除不同人对同一事物理解的不一致性。

（6）对本体的描述应该是形式化的、清晰的、无二义的。

（二）本体的种类

根据本体在主题上的不同层次，将本体分为顶层本体、领域本体、任务本体和应用本体。顶层本体研究通用的概念，如空间、时间、事件、行为等，这些概念独立于特定的领域，可以在不同的领域中共享和重用。处于第二层的领域本体则研究特定领域（如图书、医学等）下的词汇和术语，对该领域进行建模。与其同层的任务本体则主要研究可共享的问题求解方法，其定义了通用的任务和推理活动。

领域本体和任务本体都可以引用顶层本体中定义的词汇来描述自己的词汇。处于第三层的应用本体描述具体的应用，它可以同时引用特定的领域本体和任务本体中的概念。

三、本体描述语言 OWL

OWL 是目前本体的标准描述语言。OWL 建立在 RDF 基础上，以 XML 为书写工具。OWL 主要用来表达需要计算机应用程序来处理的文件中的知识信息，而不是呈递给人的知识。OWL 能清晰地表达词表中各词条的含义及其关系，这种表达被称为本体。OWL 相对于 XML、RDF 和 RDF Schema 拥有更多的机制来表达语义。

OWL 形成了 3 个子语言：OWL Full、OWL DL 和 OWL Lite。3 个子语言的限制由少到多，其表达能力依次下降，但可计算性（指结论可由计算机通过计算自动得出）依次增强。

（1）OWL Full：支持那些需要在没有计算保证的语法自由的 RDF 上进行最大程度表达的用户，从而任何推理软件均不能支持 OWL Full 的所有 feature。OWL 允许本体扩大预定义词汇的含义，即它允许一个本体在预定义的（RDF，OWL）词汇表上增加词汇，但 OWL Full 基本上不可能完全支持计算机自动推理。

（2）OWL Lite：提供最小的表达能力和最强的语义约束，适用于只需要层次式分类结构和少量约束的本体，如词典。因为 OWL Lite 语义较为简单，比较容易被工具支持。

（3）OWL DL：得名于它的逻辑基础——描述逻辑。OWL DL 处于 OWL Full 和 OWL Lite 之间，兼顾表达能力和可计算性。OWL DL 支持所有的 OWL 语法结构，但在 OWL Full 之上加强了语义约束，能够提供计算完备性和可判定性。OWL DL 支持那些需要在推理系统上进行最大程度表达的用户，这里的推理系统能够保证计算完全性和可判定性。

四、本体知识管理框架

本体是语义网的基础，本体可以有效地进行知识表达、知识查询或不同领域知识的语义消解。本体还可以支持更丰富的服务发现、匹配和组合，提高自动化程度。本体知识管理可实现语义级知识服务，提高知识利用的深度。本体知识管理还可以支持对隐性知识进行推理，方便异构知识服务之间实现互操作，方便融入领域专家知识及经验知识结构化等。

本体知识管理一般要求满足以下基本功能：

（1）支持本体多种表示语言和存储形式，具有本体导航功能。

（2）支持本体的基本操作，如本体学习、本体映射和本体合并等。

（3）提供本体版本管理功能，支持本体的可扩展性和一致性，它由3个基本模块构成。

① 领域本体学习环境 OntoSphere：主要功能包括 Web 语料的获取、文档分析、本体概念和关系获取、专家交互环境，最终建立满足应用需求的高质量领域本体。

② 本体管理环境 OntoManager：提供对已有本体的管理和修改编辑。

③ 基于主体的知识服务 OntoService：提供面向语义的多主体知识服务。

按照本体知识管理框架，中国科学院计算技术研究所智能科学实验室史忠植等人研制了知识管理系统 KMSphere。下面分别介绍美国和德国的本体知识管理系统 Protege 和 KAON。

五、本体知识管理系统 Protege

美国斯坦福大学斯坦福医学信息学实验室开发了 Protege 系统，它是开源的，可以从 Protege 网站（http：//protege.Stanford.edu/）免费下载使用。

（一）体系结构

Protege 是一个基于 Java 的单机软件，它的核心是本体编辑器。Protege 采用了一种可扩展的体系结构，使得它非常容易添加和整合新的功能。这些新的功能以插件（plugin）方式加入系统。它们一般是 Protege 的标准版本之外的功能，如可视化、新的格式的导入导出等。目前有 3 种类型的插件，即 Tab、Slot Widgets 和 Backends。Tab 插件是通过添加一个 Tab 的方式扩展 Protege 的本体编辑器；Slot Widgets 被用于展示和编辑那些没有默认展示和编辑工具的槽值；Backends 主要用于使用不同的格式导入和导出本体。

（二）知识模型

Protege 的知识模型是基于框架和一阶逻辑的。它的主要建模组件为类、槽、侧面和实例。其中类以类层次结构的方式进行组织，并且允许多重继承。槽则以槽的层次结构进行组织。另外，Protege 的知识模型允许使用 PAL（KIF 的子集）语言表示约束和允许表示元类。Protege 也支持基于 OWL 语言的本体建模。

（三）本体编辑器

本体编辑器提供界面来浏览和编辑本体，如类层次结构、定义槽、连接槽和类、建立类的实例等。它同时提供搜索、复制、粘贴和拖曳等功能。另外，它可以产生多种本体文档。

一些其他研究机构提供的插件可以对本体进行可视化编辑，如 OntoViz。

（四）互操作性

一旦使用 Protege 建立了一个本体，本体应用可以有多种方式访问它。所有的本体中的词项可以使用 ProtegeJavaAPI 进行访问。Protege 的本体可以采用多种方式进行导入和导出。标准的 Protege 版本提供了对 RDF/RDFS、XML、XMLSchema 和 OWL 编辑和管理。

六、本体知识管理系统 KAON

KAON 是德国 Karlsruhe 大学开发的本体知识管理系统，分别用 Karlsruhe 和 Ontology 的前两个字母组成，KAON 网站为 http://kaon.semanticweb.org/。KAON 是一个面向语义驱动的业务处理流程的开放源码的本体管理架构，它提供了一个完整的实现，可以帮助领域工程师较为容易地对本体进行管理和应用。KAON 由 OI-Modeler、KAON API 和 RDFAPI 等组件构成。

（一）OI-Modeler

OI-Modeler 是本体构建和维护的一种工具。该工具可用于编辑大型本体论以及合并一些已完成的有用的本体论。OI-Modeler 的图形运算法则基于一个开放的 TouchGraph 数据库。使用 OI-Modeler，可以创建一个新的本体论或打开一个已存在的本体论，提供了本体的不同浏览方式，可以检查它的组成（概念、实例、属性和词汇），位于屏幕上半部的图示窗口，显示本体的实体和本体间的关系。

OI-Modeler 的重要特点之一是支持多人在局域网上同时构建同一本体。本体的合并功能也是构建大型本体的一种方法，但合并以后需要对其中的语义含义和词间关系进行修改和校正，尤其是一些相互矛盾的语义，如果是联机同时构建，在试图建立与已有语义矛盾的关系时，则系统会提示不能进行此操作，并给出原因。但将本体合并时则将矛盾的地方留了下来，只能经过查找显示后人工进行修改。

（二）KAONAPI

KAONAPI 可以用来访问本体中的实体。例如，在下列针对概念的接口 Concept、针对属性的接口 Property 和针对实例的接口 Instance 中分别包含了对本体中概念、属性和实例的访问。通过使用这些 API，可以对本体演化起到一定的帮助作用。

（1）演化日志：负责跟踪本体在演化过程中的变化，以便在适当的时候进行可逆操作，进一步而言，还可以利用演化日志对分布的本体进行演化。

（2）修改可逆性：为本体演化提供取消（undo）和再次实施（redo）操作，可以使已经执行了修改操作的本体回溯到对实施修改操作之前的状态。

（3）演化策略：负责确保对本体的进行变化操作后本体保持一致的状态，并预防非法操作。此外，演化策略还允许本体工程师定制本体的演化过程。

（4）演化图示：为本体工程师提供对本体演化过程中本体局部的修改展示。

（5）本体包含：与依赖演化相关，负责管理多个本体的演化去重处理。

（6）修改改变：通过一组工具发现本体中存在的问题，并为解决所发现的问题提供决策信息。

（7）使用日志：负责跟踪终端用户在与基于本体的应用交互时产生的新的需求，以便使得本体能够立即演化以适应新的需要。

（三）RDFAPI

RDFAPI 提供了使用 RDF 模型的程序，包括模块化、RDF 解析器和 RDF 串接器等处理组件。RDFAPI 允许使用 RDF 知识库，为 KAONAPI 提供了最初的存储机制，而且可被 RDF Server 连接使用，从而实现多用户对 RDF 知识库的处理和使用。一个显著的特点是支持模型的包含功能，允许每个模型包含其他的模型。RDFAPI 性能良好，已经用于 AGROVO（二本体的测试，这是一个大于 32MB 的 RDF 文件）。RDFAPI 还包含一个 RDF 解析器，符合 RDF 标准。它支持 xml: base 指令，也支持模型包含指令。但不支持 rdf: aboutEach 和 rdf: aboutEachPrefix 指令。RDFAPI 的 RDF 串接器可以编写 RDF 模型，同样支持 xmhbase 指令，也支持模型包含指令。

第三节 web 技术的演化

20 世纪 90 年代初，Berners-Lee 提出 HTML、HTTP 和 WWW，为全世界的人们提供一个方便的信息交流和资源共享平台，将人们更好地联系在一起。由于应用的广泛需求，Web 技术飞速发展，Web 技术的演化路线图如图 2-2 所示。图中横坐标表示社会连接语义，即人和人之间的连接程度；纵坐标表示信息连接语义，即信息之间的连接程度；带箭头的虚线表示 Web 技术的演化过程，包括 PC 时代、Web1.0、Web2.0、Web3.0 和 Web4.0。Web4.0 将是智能 Web。在云平台的基础设施上，通过跨媒体、分布式搜索，高效地获取所需知识。

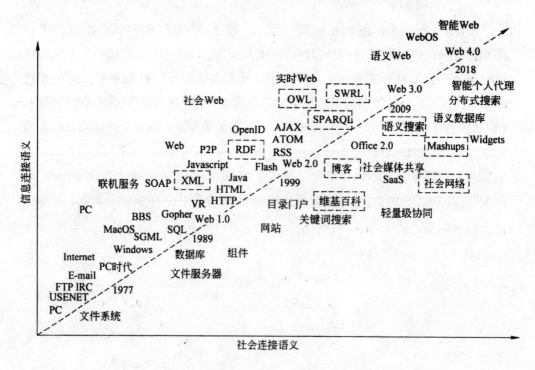

图 2-2 Web 技术的演化路线图

一、Web1.0

Web 将互联网上高度分布的文档通过链接联系起来，形成一个类似于蜘蛛网的结构。文档是 Web 最核心的概念之一。它的外延非常广泛，除了包含文本信息外，还包含了音频、视频、图片和文件等网络资源。

Web 组织文档的方式称为超文本，连接文档之间的链接称为超链接。超文本是一种文本，与传统文本不同的是对文本的组织方式。传统文本采取的是一种线性的文本组织方式，而超文本的组织方式则是非线性的。超文本将文本中的相关内容通过链接组织在一起，这很贴近人类的思维模式，从而方便用户快速浏览文本中的相关内容。

Web 的基本架构可以分为客户端、服务器以及相关网络协议 3 个部分。服务器承担了很多烦琐的工作，包括对数据的加工和管理、应用程序的执行和动态网页的生成等。客户端主要通过浏览器来向服务器发出请求，服务器在对请求进行处理后，向浏览器返回处理结果和相关信息。浏览器负责解析服务器返回的信息，并以可视化的方式呈现给用户。支持 Web 正常运转的常见协议如下：

（一）编址机制

URL 是 Web 上用于描述网页和其他资源地址的一种常见标识方法。URL 描述了文档的位置以及传输文档所采用的应用级协议，如 HTTP 和 FTP 等。

（二）通信协议

HTTP 是 Web 中最常用的文档传输协议。HTTP 是一种基于请求—响应范式的、无状态的传输协议。它能将服务器中存储的超文本信息高效地传输到客户端的浏览器中去。

（三）超文本标记语言

Web 中的绝大部分文档都是采用 HTML 编写的。HTML 是一种简单的、功能强大的标记语言，具有良好的可扩展性，并且与运行的平台无关。HTML 通常由浏览器负责解析，根据 HTML 描述的内容，浏览器可以将信息可视化地呈现给用户。此外，HTML 中还内嵌了对超链接的支持，在浏览器的支持下，用户可以快速地从一个文档跳转到另一个文档上。

二、Web2.0

2003 年之后互联网走向 Web2.0 时代。Web2.0 是对 Web1.0 的继承与创新，在使用方式、内容单元、内容创建、内容编辑、内容获取和内容管理等方面，Web1.0 较 Web2.0 有很大的改进。

（一）博客

博客（blog）又称网络日志，由 Web log 缩写而来。博客的出发点是用户"织网"，发表新知识，链接其他用户的内容，博客网站对这些内容进行组织。博客是一种简易的个人信息发布方式。任何人都可以注册，完成个人网页的创建、发布和更新。

博客的模式充分利用网络的互动和即时更新的特点，让用户以最快的速度获取最有价值的信息与资源。用户可以发挥无限的表达力，即时记录和发布个人的生活故事和闪现的灵感。用户还可以文会友，结识和汇聚朋友，进行深度交流沟通。博客分为基本的博客、小组博客、家庭博客、协作式博客、公共社区博客和商业、企业、广告型的博客等。

博客大致可以分成两种形态：

（1）个人创作。

（2）将个人认为有趣的或有价值的内容推荐给读者。博客由于张贴内容的差异、现实身份的不同而有各种称谓，如政治博客、记者博客和新闻博客等。

（二）维基

维基（Wiki）是一种多人协作的写作工具。Wiki 站点可以由多人维护，每个人都可以发表自己的意见，或者对共同的主题进行扩展和探讨。Wiki 是一种超文本系统，这种超文本系统支持面向社区的协作式写作，同时也包括一组支持这种写作的辅助工具。可以对 Wiki 文本进行浏览、创建和更改，而且其运行代价远比 HTML 文本小。Wiki 系统支持面向社区的协作式写作，为协作式写作提供必要帮助。Wiki 的写作者自然构成一个社区，Wiki 系统为这个社区提供简单的交流工具。Wiki 具有使用方便及开放的特点，有助于在社区内共享知识。

Wiki 一词来源于夏威夷语的 "wee kee wee kee"，原本是"快点快点"的意思，这里是特指维基百科。Wiki 著名的例子是维基百科（Wikipedia），是由 Wales、Sanger 等于 2001 年 1 月 15 日创建的。截至 2009 年初，维基百科在世界上拥有超过 250 种语言的版本，共有超过 6 万名的作者贡献了超过 1000 万条条目。至 2008 年 4 月 4 日，维基百科条目数第一的英文维基百科（http: //en.wikipedia.org）已有 231 万个条目。中文维基百科于 2002 年 10 月 24 日正式成立，截至

2008年4月4日，中文维基百科已拥有171 446个条目。

百度百科（http：//baike.baidu.com）开始于2006年4月。截至2010年1月10日，百度百科已收录的词条数为1 955 936。

（三）混搭

混搭指整合互联网上多个资料来源或功能，以创造新服务的互联网应用程序。常见的混搭方式除了图片外，一般利用一组开放编程接口（open API）取得其他网站的资料或功能，如Amazon、Google、Microsoft和Yahoo等公司提供的地图、影音及新闻等服务。由于对于一般使用者来说，撰写程序调用这些功能并不容易，所以一些软件设计人员开始制作程序产生器，替使用者生成代码，然后网页制作者就可以很简单地以复制—粘贴的方式制作出混搭的网页。例如，一个用户要在自己的博客上加上一段视频，一种方便的做法就是将这段视频上传至YouTube或其他网站，然后取回嵌入码，再贴回自己的博客。

（四）社会化书签

社会化书签又称网络收藏夹，是普通浏览器收藏夹的网络版，提供便捷、高效且易于使用的在线网址收藏、管理和分享功能。它可以让用户把喜爱的网站随时加入自己的网络书签中。人们可以用多个标签而不是分类来标识和整理自己的书签，并与他人共享。用户收藏的超链接可以供许多人在互联网上分享，因此也有人称之为网络书签。

社会化书签服务的核心价值在于分享。每个用户不仅仅能保存自己看到的信息，还能与他人分享自己的发现。每一个人的视野和视角是有限的，再加上空间和时间分割，一个人所能接触到的东西是片面的。知识分享可以大大降低所有参与用户获得信息的成本，使用户更加轻松地获得更多数量、更多角度的信息。保存用户在互联网上阅读到的有收藏价值的信息，并作必要的描述和注解，积累形成个人知识体系。人们通过知识分类，可以更快地结交到具有相同兴趣和特定技能的人，形成交流社区，通过交流和分享互相增强知识，满足沟通和表达等社会性需要。社会化书签可以满足个人收藏和展示的个性需求。

Web2.0赢得了人们普遍的关注，软件开发者和最终用户使用Web的方式发生了变化。对于Web1.0应用来说，用户和Web之间的交互方式仅限于内容的发布和获取，而对于Web2.0应用来说，用户和Web之间的交互方式从内容的发布和获取，已经扩展到对Web内容的参与创作、贡献以及丰富的交互上。在

Web2.0 中，用户的作用将越来越大，他们提供内容，并建立起不同内容之间的相互关系，还利用各种网络工具和服务来创造新的价值。Web2.0 的特色可以概括为以下 4 点：

1. 用户广泛参与

Web2.0 改变了过去用户只能从网站获取信息的模式，鼓励用户向网站提供新内容，对网站的建设和维护做出直接贡献。当前，很多 Web2.0 应用都支持用户直接向网站中发布新的内容，如博客、Wiki 等。

2. 新的应用开发模式

Web2.0 倡导了一种新的应用开发模式，即由用户通过重用并组合 Web 上的不同组件来创建新的应用。当前流行的混搭就是这样一类技术，它可以让用户利用网站提供的 API 和服务进行二次开发。

3. 利用集体智慧

Web 应用的创建和内容的丰富将不再仅依赖于开发人员的智慧，用户的知识也会对应用构建产生直接影响，集体智慧将扮演越来越重要的角色。Wiki 是这类应用的典型代表，它的目的是依赖大众的智慧来完善 Wiki 网站的内容建设。因此，它又被看作一种人类知识的网络系统。

4. 具有社会性特点

社会性是人类的根本属性。人存在各种各样的社会性需求，如交友、聊天互动等。当前，Web2.0 应用也越来越具有社会性特点。例如，Facebook 这类社交网站的主要功能就是提供向好友推荐、邀请好友加入等服务。社会性为网站带来了更丰富的内容，对用户产生了巨大的吸引力。

三、Web3.0

Radar 网络公司的 Spivack 认为，互联网（Internet）的发展以十年为一个周期。在互联网的头十年，发展重心放在了互联网的后端即基础架构上。编程人员开发出我们用来生成网页的协议和代码语言，在第二个十年，重心转移到了前端，Web2.0 时代就此拉开帷幕。现在，人们使用网页作为创建其他应用的平台。他们还开发聚合应用，并且尝试让互联网体验更具互动性的诸多方法。目前我们正处于 Web2.0 周期的末端，下一个周期将是 Web3.0，重心会重新转移到后端。编程人员会完善互联网的基础架构，以支持 Web3.0 浏览器的高级功能。一旦这个阶段告一段落，我们将迈入 Web4.0 时代，重心又将回到前端，我们会看到成千上万的新程序使用 Web3.0 作为基础。

Web3.0 最本质的特征在于语义的精确性。实质上 Web3.0 是语义网系统，实现更加智能化的人与人和人与机器的交流功能，是一系列应用的集成。它的主要特点是：

（1）网站内的信息可以直接和其他网站相关信息进行交互，能通过第三方信息平台同时对多家网站的信息进行整合使用。

（2）用户在互联网上拥有自己的数据，并能在不同网站上使用。

（3）完全基于 Web，用浏览器就可以实现复杂的系统程序才具有的功能。

Web3.0 将互联网本身转化为一个泛型数据库，具有跨浏览器、超浏览器的内容投递和请求机制，运用人工智能技术进行推理，运用 3D 技术搭建网站甚至虚拟世界。Web3.0 会为用户带来更丰富、相关度更高的体验。Web3.0 的软件基础将是一组应用编程接口（API），让开发人员可以开发能充分利用某一组资源的应用程序。

BBN 技术公司的 Hebeler 等给出了语义网的主要组件和相关的工具。语义网的核心组件包括语义网陈述、统一资源标识符（URI）、语义网语言、本体和实例数据，形成了相互关联的语义信息。工具可以分为 4 类：建造工具用于语义网应用程序的构建和演化、询问工具用于语义网上的资源探查、推理机负责为语义网添加推理功能、规则引擎可以扩展语义网的功能。语义框架最终将这些工具打包成一个集成套件。

四、web4.0

虽然 Web4.0 的概念早已提出，其互联网信息技术体系也正在形成；然而，大家对于 Web4.0 内涵的理解，仍比较陌生，没有清晰的了解和认识。通过核心理念、用户参与、信息交互、网络环境、技术特点和应用案例等方面的对比与分析，可以更好地了解什么是 Web4.0。

可以说，Web4.0 是以"智慧化"为核心的新一代互联网信息技术，它倡导智慧互联网服务人们的生活，是具备共生网络、大规模网络、同步网络和智慧网络等特征的下一代互联网络；它是海量的、同步的、共生的、智慧的网络，是全面向下兼容的互联网形式，具有比以往任何网络技术时代更高的智慧化程度，它是一个连接一切的、无处不在的、智慧的网络操作系统。Web4.0的主要特征如下：

1. 共生网络

在未来Web4.0互联网的世界里，人、网络、信息和生活，更像一个不可分割的有机整体，彼此共存共生。人们利用互联网能方便、快捷、舒适的生活；网络能够根据使用者的身份信息和思维意图，通过智能化的人机界面做出判断、做出决定，并正确地执行人们的想法。智慧化的、极其复杂的用户界面技术（UI），使得人与网络之间能进行虚拟现实与情境感知的合作与交流。共生网络使人与网络之间，彼此联系、相互依存、不可分割、浑然一体。

2. 大规模网络

未来的大规模网络，犹如人类的大脑和超复杂的网络操作系统，能负责大规模的网络运行、计算和应用。大规模网络在网络的数据体量、表现形式、用户对象、交互方式等方面，呈现出大规模性；其中，网络的数据体量呈现出PB级别甚至更高，并且数据的增长更加迅速、类型更为复杂多样，表现形式不仅限于传统的PC浏览器、移动终端和智能手机，还包括诸如三维投影、穿戴设备、无人驾驶汽车、飞行器等新的智能互联网设备呈现；此外，网络的服务用户对象和网络的信息交互，也呈现出大规模的趋势。

3. 同步网络

Web4.0时代也将是一个实时网络同步的时代。用户一旦接入互联网并完成身份认证和权限识别，便立即开始网络同步，这种信息同步涉及生活、学习、娱乐、社会、工作和社交等各个层面，也涵盖政治、经济、生活等各个领域；网络的大规模承载力和共生能力将极大限度地面向用户的参与，为用户提供参与、合作、交流和使用的一切生产、生活和消费等资源，并同时建立虚拟空间、现实设备，以及人之间的互联网通信和信息的桥梁；而且，这种信息的同步网络是读、写、运行三者同时，可以并行运算的同步网络。

4. 智慧网络

Fowler和Rodd等认为，Web4.0更像是超智能的电子代理人，能根据人们讨论的兴趣分析信息，并创造新的思维和理论，即使人们身处千里、万里之遥的异地，也能通过身边合适的未来情境感知和虚拟现实设备，进行交流和互动。未来Web4.0时代是智慧的网络空间，它将不断模糊人、虚拟世界、现实社会三者间的界限，在身边无处不在、无时不在、共生共处。Web4.0从链接信息转向连通一切，从封闭单向浏览转向开放多维交互，从 PC 互联到所有设备互联，从网络服务转向智慧网络生活。

Web4.0 绝不是包含互联网技术发展的一切形态，也不是互联网技术应用发展的终极形态，当前 Web4.0 时代，主要的技术应用见下表。

Web4.0 时代主要的技术应用一览表

序号	名称	内容	解释	Web4.0 特征			
				共生网络	大规模网络	同步网络	智慧网络
1	Project Glass	谷歌眼镜（穿戴智能设备）	微型投影仪＋摄像头＋传感器＋存储传输＋操控设备的结合体通过电脑化的镜片将信息以智能手机的格式实时展现在用户眼前。	√	√	√	√
2	无人驾驶汽车	轮式移动机器人	利用传感器，感知道路、位置和障碍物等信息，控制车辆，使之安全、可靠地行驶。	√	√	√	√
3	VR 博物馆	虚拟现实博物馆	通过网络大范围的利用虚拟技术，更加全面、生动、逼真地展示文物。	√	√	√	√
4	谷歌气球	谷歌无线覆盖	谷歌 X 实验室推出"热气球网络计划"计划让全世界都能连接无线网络。	√	√	√	√
5	RoBoHoN	机器人型手机	通话、短信，还可以行走、舞蹈，也可以人语对话。	√	√	√	√
6	电子代理人	网上自动交易系统	无须审查或操作，独立地发出、回应电子记录，履行基于身份认证合同的互联网应用。	√	√	√	√

第四节　web 挖掘

Google 于 2008 年在报告中指出，互联网上的 Web 文档已超过 1 万亿个，Web 已经成为各类信息资源的聚集地。在这些海量的、异构的 Web 信息资源中，蕴涵着具有巨大潜在价值的知识。人们迫切需要能够从 Web 上快速、有效地发现资源和知识的工具，提高在 Web 上检索信息和利用信息的效率。

Web 知识发现已经引起学术界、工业界和社会学界的广泛关注，也是语义网和 Web 科学发展的重要基础。Web 挖掘是指从大量 Web 文档的集合 C 中发现隐含的模式 p。如果将 C 看作输入，将 p 看作输出，那么 Web 挖掘的过程就是从输入到输出的一个映射 $\xi : C \rightarrow p$。

Web 知识发现（挖掘）是从知识发现发展而来，但是 Web 知识发现与传统的知识发现相比有许多独特之处。首先，Web 挖掘的对象是海量、异构、分布式的 Web 文档。我们认为以 Web 作为中间件对数据库进行挖掘，以及对 Web 服务器上的日志和用户信息等数据展开的挖掘工作，仍属于传统数据挖掘的范畴。其次，Web 在逻辑上是一个由文档节点和超链构成的图，因此 Web 挖掘所得到的模式可能是关于 Web 内容的，也可能是关于 Web 结构的。最后，由于 Web 文档本身是半结构化或无结构的，且缺乏机器可理解的语义，而数据挖掘的对象局限于数据库中的结构化数据，并利用关系表格等存储结构来发现知识，因此有些数据挖掘技术并不适用于 Web 挖掘，即使可用也需要建立在对 Web 文档进行预处理的基础之上。这样，开发新的 Web 挖掘技术以及对 Web 文档进行预处理以得到关于文档的特征表示，便成为 Web 挖掘的研究重点。

在逻辑上，可以把 Web 看作位于物理网络上的一个有向图 $G = (N, E)$，其中节点集 N 对应于 Web 上的所有文档，而有向边集 E 则对应于节点之间的超链。对节点集做进一步的划分，$N = \{N_1, N_2\}$。所有的非叶节点 N_{nl} 是 HTML 文档，其中除了包括文本以外，还包含了标记以指定文档的属性和内部结构，或者嵌入了超链接以表示文档间的结构关系。叶节点 N_1 可以是 HTML 文档，也可以是其他格式的文档，如 PostScript 等文本文件，以及图形、音频等媒体文件。如图 2-3 所示，N 中每个节点都有一个 URL，其中包含了关于节点所位于的 Web 站点和目录路径的结构信息。

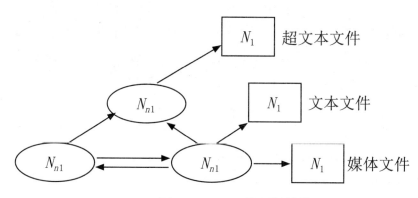

图 2-3 Web 的逻辑结构

Web 上信息的多样性决定了 Web 知识发现的多样性。按照处理对象的不同，一般将 Web 知识发现分为 3 类：Web 内容发现、Web 结构发现和 Web 使用发现。Web 知识发现常称为 Web 挖掘。

一、Web 内容挖掘

Web 内容挖掘是指对 Web 上大量文档集合的内容进行总结、分类、聚类和关联分析，以及利用 Web 文档进行趋势预测等，是从 Web 文档内容或其描述中抽取知识的过程。Web 上的数据既有文本数据，也有声音、图像、图形和视频数据等多媒体数据；既有无结构的自由文本，也有用 HTML 标记的半结构的数据和来自数据库的结构化数据。根据处理的内容可以分为两个部分，即文本挖掘和多媒体挖掘。Web 文本挖掘和通常意义上的平面文本挖掘的功能和方法相似，但是有其自己的特点。Web 文本挖掘的对象除了平面的无结构的自由文本外，还包含半结构化的 HTML 文本。Web 文本挖掘是以计算语言学和统计数理分析为理论基础，结合机器学习和信息检索技术，从大量的文本数据中发现和提取隐含的、事先未知的知识，最终形成用户可理解的、有价值的信息和知识的过程。

文本摘要是指从文档中抽取关键信息，用简洁的形式对文档内容进行摘要或解释。这样，用户不需要浏览全文就可以了解文档或文档集合的总体内容。文本总结在有些场合十分有用，例如，搜索引擎在向用户返回查询结果时，通常需要给出文档的摘要。目前，绝大部分搜索引擎采用的方法是简单地截取文档的前几行。

文本分类是指按照预先定义的主题类别，为文档集合中的每个文档确定一个类别。这样，用户不但能够方便地浏览文档，而且可以通过限制搜索范围来使文档的查找更为容易。目前，Yahoo 通过人工来对 Web 上的文档进行分类，这大大影响了索引的页面数目（Yahoo 索引的覆盖范围远远小于 Alta-vista 等搜索引擎）。利用文本分类技术可以对大量文档进行快速、有效的自动分类。目前，文本分类的算法有很多种，比较常用的有 TFIDF 和 Naive Bayes 等方法。

文本聚类与分类的不同之处在于，聚类没有预先定义好的主题类别，它的目标是将文档集分成若干类，要求同一类内文档内容的相似度尽可能大，而不同类间的相似度尽可能地小。Hearst 等的研究已经证明了"聚类假设"，即与用户查询相关的文档通常会聚类得比较靠近，而远离与用户查询不相关的文档。因此，可以利用文本聚类技术将搜索引擎的检索结果划分为若干个类，用户只需要考虑那些相关的类，大大缩小了所需要的浏览结果数量。目前有多种文本聚类算法，大致可以分为两种类型：以 G-HAC 等算法为代表的层次凝聚法和以 C 均值等算法为代表的平面划分法。

关联分析是指从文档集合中找出不同词语之间的关系。Brin 提出了一种从大量文档中发现一对词语出现模式的算法，并用来在 Web 上寻找作者和书名的出现模式，从而发现了数千本在 Amazon 网站上找不到的新书籍。Wang 等以 Web 上的电影介绍作为测试文档，通过使用 OEM 模型从这些半结构化的页面中抽取词语项，进而得到一些关于电影名称、导演、演员和编剧的出现模式。

分布分析与趋势预测是指通过对 Web 文档的分析得到特定数据在某个历史时刻的情况或将来的取值趋势。Feldman 等使用多种分析模式对路透社的两万多篇新闻进行了发现，得到主题、国家、组织、人和股票交易之间的相对分布，揭示了一些有趣的趋势。Wvthrich 等通过分析 Web 上出版的权威性经济文章，对每天的股票市场指数进行预测，取得了良好的效果。需要说明的是，Web 上的文本发现和通常的文本发现的功能和方法比较类似，但是 Web 文档中的标记（如 <Title>、<Heading> 等）蕴涵了额外的信息，可以利用这些信息来提高 Web 文本发现的性能。

二、Web 结构挖掘

Web 结构包括页面内部的结构以及页面之间的结构。Web 文档结构及其链接关系中蕴藏着大量潜在的、有价值的信息。Web 结构挖掘主要是从 Web 组织结构和链接关系中推导信息和知识。通常的 Web 搜索引擎等工具仅将 Web 看作一个平面文档的集合，而忽略了其中的结构信息。Web 结构挖掘的目的在于揭示蕴涵在这些文档结构信息中的有用模式。

文档之间的超链接反映了文档之间的某种联系，如包含和从属等。超链中的标记文本（anchor）对链宿页面也起到了概括作用，这种概括在一定程度上比链宿页面作者所做的概括（页面的标题）要更为客观、准确。1998 年，Brin 和 Page 在第七届国际万维网大会上提出 PageRank 算法，通过综合考虑页面的引用次数和链源页面的重要性来判断链宿页面的重要性，从而设计出能够查询与用户请求相关的"权威"页面的搜索引擎，创立了搜索引擎 Google 公司。

在互联网上，如果一个网页被很多其他网页所链接，说明它受到普遍的承认和信赖，那么它的排名就高。这就是 PageRank 的核心思想。当然 Google 的 PageRank 算法实际上要复杂得多。Google 的两位创始人 Page 和 Brin 把这个问题变成了一个二维矩阵相乘的问题，并且用迭代的方法解决了这个问题。他们先假定所有网页的排名是相同的，并且根据这个初始值算出各个网页的第一次迭代排名，然后再根据第一次迭代排名算出第二次的排名。他们从理论上证明了不论初始值如何选取，这种算法都能保证网页排名的估计值能收敛到它们的真实值。值得一提的是，这种算法是完全没有任何人工干预的。PageRank 于 2001 年 9 月被授予美国专利。

在第九届年度 ACM–SIAM 离散算法研讨会上，Jon Kleinberg 提出 HITS 算法。该算法的研究工作启发了 PageRank 算法的诞生。HITS 算法的主要思想是网页的重要程度是与所查询的主题相关的。HITS 算法基于主题来衡量网页的重要程度，相对不同主题，同一网页的重要程度也是不同的。例如，Google 对于主题"搜索引擎"和主题"智能科学"的重要程度是不同的。HITS 算法使用了两个重要的概念：权威网页（authority）和中心网页（hub）。例如，Google、Baidu、Yahoo、Bing、Sogou 和 Soso 等这些搜索引擎相对于主题"搜索引擎"来说就是权威网页，因为这些网页会被大量的超链接指向。这个页面链接了这些权威网页，则这个页面可以称为主题"搜索引擎"的中心网页。HITS 算法发现，在很多情况下，同一主题下的权威网页之间并不存在相互的链接。所以，权威网页通常都是通过中心网页发生关联的。HITS 算法描述了权威网页和中心网页之间的一种依赖关系：一个好的中心网页应该指向很多好的权威网页，而一个好的权威网页应该被很多好的中心网页所指向。

每个 Web 页面并不是原子对象，其内部有或多或少的结构。Spertus 对 Web 页面的内部结构做了研究，提出了一些启发式规则，并用于寻找与给定的页面集合 $\{P_1, \cdots, P_n\}$ 相关的其他页面。Web 页面的 URL 可能会反映页面的类型，也可能会反映页面之间的目录结构关系。Spertus 提出了与 Web 页面 URL 有关的启发式规则，并用于寻找个人主页，或者寻找改变了位置的 Web 页面的位置。

三、Web 使用挖掘

Web 使用挖掘，是指通过挖掘 Web 日志记录来发现用户访问 Web 页面的模式。通过分析和探讨 Web 日志记录中的规律，可以识别电子客户的潜在客户，增强对最终用户的因特网信息服务的质量和交付，并改进 Web 服务器系统的性能。

Web 服务器的 Weblog 项通常保存了对 Web 页面的每一次访问的 Web 日志项，它包括了所请求的 URL、发出请求的 IP 地址和时间戳。Weblog 数据库提供了有关 Web 动态的丰富信息。因此研究复杂的 Weblog 挖掘技术是十分重要的。Chen 和 Mannila 等在 20 世纪 90 年代末期提出了将数据挖掘运用于 Web 日志领域，从用户的日志中挖掘出用户的访问行为。经过 10 年的发展，如今在 Web 使用挖掘上已经取得进展和应用。

目前在 Web 使用挖掘中，主要的研究热点集中在日志数据预处理、模式分析算法的研究（如关联规则算法和聚类算法）、网页推荐模型、网站个性化服务与自适应网站的构建、结果可视化研究等。Chen 提出最大向前引用路径，将用户会话分割到事务层面，在事务的基础上进行用户访问模式的挖掘。IBM 公司 Watson 实验室采用 Chen 的思想构建了日志挖掘系统 SpcedTracer，该系统首先重建用户访问路径识别用户会话，在此基础上进行数据挖掘。

Perkowitz 等提出自适应网站（adaptive Web site）的概念，指出用户理想的网站是自适应的，从网站的主页开始。不同用户在浏览网站时，整个网站的内容像是专门根据他的兴趣而定制的一样。目前，对网站个性化服务的探索仍然是 Web 使用挖掘的一个热点研究方向，国外已经出现不少的原型系统，如 PageGather、Personal、WebWatcher，WebPersonalizer 和 Websift 等。

WUM 是一个被较多人熟知的系统，主要是用于分析用户的浏览行为，并提出一种类似于 SQL 的数据挖掘语言 MINT，根据用户要求挖掘满足要求的结果，WUM 主要包括两个模块：聚合服务和 MINT 处理器。聚合服务主要是将采集来的用户日志组成事务，再将事务转换为序列。MINT 处理器主要是从聚合数据中抽取出用户感兴趣的、有用的模式与信息。WebMiner 系统提出了一种 Web 挖掘的体系结构，用聚类的方法将 Web 日志划分为不同的事务，并采用关联规则和序列模式对结果进行分析。Webtrend 是一个具有商业应用价值的日志挖掘系统，能够统计每个页面用户访问的频度以及时间分布，还能统计出有关联关系的页面。

随着 Web 使用挖掘技术的不断成熟，在数据采集、数据预处理、模式发现和模式分析等方面，不断有新的改进算法被提出。由于 Weblog 数据提供了访问的用户信息和访问的 Web 页面信息，因此 Weblog 信息可以与 Web 内容和 Web 结构挖掘集成起来，用于 Web 页面的等级划分、Web 文档的分类和多层次 Web 信息库的构造。

四、数据挖掘的应用

美军非常重视数据挖掘技术在反恐作战中的应用。恐怖分子通常以小组为单位分散行动，并尽量采用不容易被识别的活动方式，以防止被发现。然而，数据挖掘技术能够辨别非显而易见的关联情况并提供与对敌作战有关的情报，因而特别适用于反恐作战。对于在伊拉克和阿富汗街道上巡逻的美军小分队来说，数据挖掘意义重大。在通过网络实现与庞大数据库的连接后，他们就能在电话号码和 E-mail 地址等少量孤立信息中找出有价值的东西。如果能近实时地完成上述操作，他们将实现以"非常规"优势对抗"非常规"敌人的目的。

美国特种作战司令部负责实施的高密级情报项目"A 级威胁"计划就是应用数据挖掘技术的典型事例。2005 年 12 月，原美国参谋长联席会议主席休·谢尔顿将军首次对该项目发表公开评论，并证实早在"9·11"事件之前"A 级威胁"项目就已确立。谢尔顿建议他的继任者组建一个小组，充分利用因特网，努力搜寻追捕本·拉登的途径或其资金来源之类的信息。基于试验的目的，从全军挑选了一批真正的计算机精英组成了"A级威胁"小组。

一位"A级威胁"小组成员于2005年9月在参议院司法委员会的一次听证会上称，"A级威胁"小组成员对基地组织恐怖分子的网络实施了数据挖掘和分析，并且整个过程中不断与特种作战司令部和其他机构进行协调。"A级威胁"小组使用"节点分析法"对开放源信息进行分类筛选，以确定基地组织内部的薄弱环节、关键节点及关联情况。"A级威胁"小组从一个宽泛的对象总体中搜寻特定组成员（如基地组织），不断对这个总体进行细化区分，直到组成员得到确定。

由于数据挖掘注重确认事件规律和发现模式特征，因而，在满足全球反恐作战的各种复杂情报需求方面（比如，找出恐怖分子关联及潜在威胁方面的线索），其重要作用日益显著。

五、互联网信息可信度问题

信息可信度是信息或信息源被信任的程度，通常利用计算技术从互联网上挖掘佐证，对信息可信度进行评估。

Web2.0时代的来临极大地降低了在网络上发布信息的门槛，"用户贡献的内容"（UGC）大量涌现，各种垃圾、虚假、错误和过时的信息开始泛滥成灾，网络信息的质量令人担忧。不可信的信息带来的后果包括用户受骗、浪费用户时间和影响社会稳定等。

"信"不等于"真"，"真"是客观的，"信"是主观的"可信"，只是说"值得信任"，并不代表经过了实地考察或实验验证，所以不是"真"。研究"可信信息"的目标是对互联网信息进行去粗取精、去伪存真的计算，挑选出可信的信息，对可信信息进行搜索和管理。

信息可信度评估的对象包括信息，也包括信息源。信息又包括文本信息和多媒体信息。文本信息有主观和客观两种。客观信息包括主词条和新闻，主观信息包括评论和排名等。

多媒体信息有图片（如周正龙的华南虎照片的真伪鉴别）、语音（某段录音是不是剪接而成）、视频（是不是剪接合成的？是虚拟还是现实的？）和地图（由于地址常常变动，导致地图信息的可信度问题较为突出）。

信息源包括网站、个人和机构等。对信息源可信度的评估主要是根据信息源发布的信息是否可信来判断。有时，尽管信息源并未发布信息，也可以根据用户对信息源信誉的网络评论直接推断信息源的可信度。

信息可信度研究内容包括以下 6 个方面：

（1）作者分析：作者意图发现、对作者和出版者名誉的评估。

（2）面向各种媒体的可信度评估：新闻的可信度、UGC 的可信度评价、在线广告的可信度、Web 垃圾（Spam）检测、多媒体内容的可信度以及社会网络中的可信度评估。

（3）时空分析：Web 可信度的时间、空间特征分析，估计信息的时间、出处和有效性。

（4）用户研究：信息可信度评估中的社会学和心理学、信息可信度评估中的用户研究。

（5）可信信息搜索：Web 搜索结果的可信度、Web 上可信内容的搜索模型。

（6）面向可信度评估的 Web 内容分析。

第五节　集体智能

集体智能也称为集体智慧或群体智能，是一种共享的或者集体的智能，它是从许多个体的合作与竞争中涌现出来的，并没有集中的控制机制。集体智能在细菌、动物、人类以及计算机网络中形成，并以多种形式的协商一致的决策模式出现。

集体智能的规模有大有小，可能有个体集体智能、人际集体智能、成组集体智能、活动集体智能、组织集体智能、网络集体智能、相邻集体智能、社团集体智能、城市集体智能、省级集体智能、国家集体智能、区域集体智能、国际组织集体智能和全人类集体智能等，这些都是在特定范围内的群体所反映出来的智慧。

集体智能的形式可以是多种多样的，有对话型集体智能、结构型集体智能、基于学习的进化型集体智能、基于通信的信息型集体智能、思维型集体智能、群流型集体智能、统计型集体智能和相关型集体智能。

Tapscott 等认为，集体智能是大规模协作，为了实现集体智能，需要存在 4 项原则，即开放、对等、共享以及全球行动。开放就是要放松对资源的控制，通过合作来让别人分享想法和申请特许经营，这将使产品获得显著改善并得到严格检验。对等是利用自组织的一种形式，对于某些任务来说，它可以比等级制度工作得更有效率。越来越多的公司已经开始意识到，通过限制其所有的知识产权，导致他们关闭了所有可能的机会。而分享一些知识产权则使得他们可以扩大其市场，并且能够更快地推出产品。通信技术的进步已经促使全球性公司和全球一体化的公司将不受地域限制，而有全球性的联系，使他们能够获得新的市场、理念和技术。

一、社群智能

互联网和社会网络服务正在快速增长。各种内嵌传感器的移动手机大量涌现，全球定位系统（GPS）接收器在日常交通工具中逐步普及，静态传感设施（如Wi-Fi、监控摄像头等）在城市大面积部署，人类日常行为的轨迹和物理世界的动态变化情况正以前所未有的规模、深度和广度被捕获成为数字世界。我们把收集来的各种数字轨迹形象地称为"数字脚印"。通过对这些数字脚印进行分析和处理，一个新兴的研究领域——"社群智能"正在逐步形成。

社群智能的研究目的在于从大量的数字脚印中挖掘和理解个人和群体活动模式、大规模人类活动和城市动态规律，把这些信息用于各种创新性的服务，包括社会关系管理、人类健康改善、公共安全维护、城市资源管理和环境资源保护等。下面以"智慧校园"为例说明社群智能给我们的工作和生活带来的影响。在大学校园里，学生 A 经常会遇到一些困扰：当他想去打球时，不知道谁有时间能陪他去玩；要去上自习时，不知道在哪个教学楼里可以找到空位。另外，作为人口密集场所，当严重流感来袭时，如何寻求有效办法限制其传播？当确定 B 患上某疑似病例后，需要及时地把最近接触过 B 的人找到。在现有条件下，获取这些有关个人活动情境、空间动态、人际交互的信息还没有较好的技术解决方案，需依赖耗时且易出错的人工查询来完成。例如，A 需要通过电话或网上通信方式和多个朋友联系，来确定谁可以一起去打球。社群智能的出现将改变这一切。上面提到的问题都可以通过分析来自校园的静态传感设施和移动电话感知数据（蓝牙、加速度传感器等）以及发布在社会万维网（Web）上的人与人之间关系信息来解决。以流感防控问题为例，记录谁和 B 接触过、接触时的距离以及时间长短、社会关系（如亲戚、朋友或陌生人）等是非常重要的，这些信息可以通过分析移动电话感知数据得到。

社群智能是在社会计算、城市计算和现实世界挖掘等相关领域发展基础上提出来的。从宏观角度讲，它隶属于社会感知计算范畴。社会感知计算是通过人类生活空间逐步大规模部署的多种类传感设备，实时感知和识别社会个体的行为，分析挖掘群体社会交互特征和规律，辅助个体的社会行为，支持社群的互动、沟通和协作。社群智能主要侧重于智能信息挖掘，具体功能包括：

（1）多数据源融合，即要实现多个多模态、异构数据源的融合。综合利用3类数据源：互联网与万维网应用、静态传感设施、移动及可穿带感知设备，来挖掘"智能"信息。

（2）分层次智能信息提取，利用数据挖掘和机器学习等技术从大规模感知数据中提取多层次的智能信息：在个体级别识别个人情境信息，在群体级别提取群体活动及人际交互信息，在社会级别挖掘人类行为模式、社会及城市动态变化规律等信息。

社群智能为开发一系列创新性的应用提供了可能。从用户角度来看，它可以开发各种社会关系网络服务来促进人与人之间的交流。从社会和城市管理角度来看，它可以实时感知现实世界的变化情况来为城市管理、公共卫生、环境监测等多个领域提供智能决策支持。

二、集体智能系统

集体智能系统一般是复杂的大系统，甚至是复杂的巨系统。20世纪90年代，钱学森提出了开放的复杂巨系统（OCGS）的概念，并提出从定性到定量的综合集成法作为处理开放的复杂巨系统的方法论，着眼于人的智慧与计算机的高性能两者结合，以思维科学（认知科学）与人工智能为基础，用信息技术和网络技术构建综合集成研讨厅的体系，以可操作平台的方式处理与开放的复杂巨系统相联系的复杂问题。随着互联网的广泛普及，这种综合集成研讨厅就可以是以互联网为基础的集体智能系统。

20世纪90年代以来，多Agent系统迅速发展，为构建大型复杂系统提供了良好的技术途径。史忠植等将智能Agent技术和网格结构有机结合起来，研制了主体网格智能平台（AGrIP）。AGrIP由底层集成平台MAGE、中间软件层和应用层构成。该软件创建协同工作环境，提供知识共享和互操作，成为开发大规模复杂的集成智能系统良好的工具。AGrIP的主要功能特点如下：

（1）开放性：AGrIP 面向服务提供开放式平台，而不是一个工具集。使得任何一个应用可以把"智能"嵌入到它的核心功能中，或者任何一个分析工具和主体网格的接口中。提供使用系统工具和外部应用的无缝集成模式。

（2）自主性：Agent 是一个粒度大、智能性高、具有自主性的软件实体。

（3）协同性：AGrIP 支持多组织群体协同完成一个任务，系统中角色动态化、流程柔性化、表单多样化，具有面向服务的、灵活的数据接口，提供协同工作的环境。

（4）可复用：AGrIP 为软件复用提供了有效途径，利用粒度大、功能强的可视化 Agent 开发环境 VAStudio 开发应用系统，可以提高应用软件的开发效率，支持应用系统集成，可伸缩性好，提高软件可靠性，有效缩短开发时间及降低成本。

（5）分布性：AGrIP 分布式计算平台构建在 Java RMI 之上，隐藏底层实现细节，呈现给用户的是统一的分布式计算环境。

（6）智能性：AGrIP 提供多种智能软件，包括多策略知识挖掘软件 MSMiner、专家系统工具 OKPS、知识管理系统 KMSphere、案例推理工具 CBRS、多媒体信息检索软件 MIRES 等，全面支持智能应用系统的开发。

三、全球脑

人脑是由神经网络（硬件）和心智系统（软件）构成的智能系统。互联网已成为人们共享全球信息的基础设施。在互联网的基础上通过全球心智模型（World Wide Mind，WWM）就可实现全球脑（World Wide Brain，WWB）——拥有全球丰富的信息和知识资源的脑。

全球心智模型由心智模型（CAM）和万维网构成。CAM 分为记忆、意识和高级认知行为 3 个层次。在 CAM 中，按照信息记忆的持续时间长短，记忆包含 3 种类型：长时记忆、短时记忆和工作记忆。记忆的功能是保存各种类型的信息。长时记忆中保存抽象的知识，如概念、行为和事件等；短时记忆存储当前世界（环境）的知识或信念，以及系统拟实现的目标或子目标等；工作记忆存储了一组从感知器获得的信息，如照相机拍摄的视觉信息，从 GPS 获得的特定信息。这些记忆的信息用于支持 CAM 的认知活动。

意识是采用有限状态自动机建模，它对应于人的心理状态，如快乐、愤怒或伤心等。

为了模拟人类决策过程的心智状态，在 CAM 中利用状态的效用函数，赋予每个状态执行的优先值。

高层认知功能部分包括事件检测和行动规划等。这些高层次认知功能的执行由 CAM 的记忆与意识的组件提供了基本的认知动作，通过服务动作序列实现。

互联网通过语义互联，计算机能读懂网页的内容，在理解的基础上支持用户的互操作。这种互操作性是通过语义来保证的，而互操作的环境是异质、动态、开放、全球化的 Web。这样，就可以通过互联网语义互联，将人脑扩展成为全球脑，拥有全球丰富的信息和知识资源，为科学决策提供强大的支持。

第六节　网络应用

一些来自有关计算智能的方案开始在网络应用中出现。

一、推荐系统

推荐系统通过学习用户的偏好来给出信息源、产品和服务的建议。主导的两种方法学是：

（1）协同（群体）过滤方法：将曾经做出过与当前用户相似的选择的那些用户的偏好作为"推荐"的基础。亚马逊网站（Amazon.com）多年来一直使用这种方法。

（2）基于内容的方法：使用条目的特征信息来表示不同产品领域间独有的适应对象。财富人口统计就是一个例子。

在协同过滤方面，未来的研究工作可以合并信息源来改进分析和后续的推荐。

基于内容的推荐系统为嵌入式 ELEM2 提供了一个独特的应用。在单词提取阶段，应用程序可以利用从一组文档中（如网页和新闻组消息等）提取到的信息，以便开发一组服务于用户训练集合的样例。然后，ELEM2 的规则归纳方法可以提取用户概况，并对余下的样例进行相应的排序。排序靠前的样例可作为推荐的条目。这种方法有助于为个人提供个性化的推荐系统。

二、Agent 系统

互联网是一个海量的、分布式的、异构的信息源。用户通过一组基于点对点的 TCP/IP 通信链接的应用程序来感知互联网。许多应用程序需要在信息空间（包括 Telnet 站点、新闻站点、FTP 站点以及网络文件等）中找到相关的文件或者其他的站点。

在自然语言处理中，我们试图将用户查询的语义与检索结果文件的语义进行匹配。

这就需要明确"概念"是指什么，如何从自然语言的文本中提取它，以及如何将一个概念与其他类似的概念相匹配。现有的系统效率低下，但把自然语言处理与多 Agent 系统在互联网上结合起来，或许会产生一种新的分散处理开销的方法，从而使自然语言信息检索技术与持续增长的信息财富以及现有的可用资源保持同步发展。

调整现有的计算智能方法并不总是适合网络智能，但一旦适合，解决方法就必须结合更具鲁棒性的学习观念。这种学习会随万维网而调整，以适应个别用户的需求并使接口个性化。

三、舆情分析

互联网技术为舆情分析提供了全新的技术路线，通过对各种社会媒体的跟踪与挖掘，结合传统的舆论分析理论，可以有效地观察社会的状态，并能辅助决策，及时发出预警。

在社会与公共安全领域，中国科学院自动化研究所情报安全信息学研究团队与国家相关业务部门合作，研发了大规模开源情报获取与分析处理系统，对社会情报进行实时监控、分析、预警以及决策支持与服务，应用于相关部门的实际业务和安全相关领域的实战中。社会文化计算已开始应用于安全和反恐决策预警中。

四、基于内容的人际关系挖掘

互联网中蕴含着大量公开的人名实体和人际关系信息。利用文本信息抽取技术可以自动地抽取人名，识别重名，自动计算出人物之间的关系，进而找出关系描述词，形成一个互联网世界的社会关系网。微软亚洲研究院的"人立方"就是一个典型系统。

五、微博应用

如果说人人网是中国的 Facebook，那么新浪微博则是中国的 Twitter。近来新浪微博发展迅猛，2010 年 11 月时，用户数为 5000 万，到 2011 年 3 月，用户数已突破 1 亿，在 4 个月内翻了一番。微博同时具有"社会网络"和"媒体平台"的属性，它催生了信息生产和传播方式的革命，对社会事件和人们的意识已产生了很大影响。微博明确地定位为平台，它提供开放的 API 接口，积极支持第三方应用的发展，基于微博的研究与开发必将成为未来一段时期学术界和产业界的热点。

六、情境感知服务

物联网技术可以将现实世界和信息世界进行覆盖与融合，为信息采集、传递和服务决策提供强有力的技术支撑。以此为基础，通过实时获取情境感知信息并据此做出综合判断，进而由软件系统主动地为用户提供合适的服务，这就是情境感知服务。这种新的服务方式能够极大地改善人们的生活。例如，通过感知用户进入和离开会议室的情景变化，手机可在正常模式和会议模式之间自动切换。

情境是指能够表征一个实体的活动的信息。情境信息包括与系统功能和用户行为密切相关的各种信息，例如用户的基本资料、位置、时间、自然环境和计算环境等。通过情境信息可以对当前所进行的活动给出一个综合判断。

情境感知服务，是指根据服务对象所处情境的变化来为其提供准确的服务。过程包括：

（1）通过传感器采集/感知被服务对象的情境信息。

（2）根据情境信息分析判断被服务对象当前的状况。

（3）选择并提供适当的业务服务。

情境感知服务可以广泛地应用于现代服务的各个行业，如智能家居、智慧城市、智能交通和智能旅游等，为人类的生产和生活带来便利，实现智慧生活。

第四章
物联网的传感器技术

第一节　传感器的概念与分类

一、传感器的概念

国家标准 GB7665—2005 中传感器的定义是能够感受规定的被测量并按照一定规律转换成可用输出信号的器件或装置。"传感器"概念一般包括如下 4 个方面的含义：

（1）传感器是测量装置，能完成检测任务，例如温室大棚的温湿传感器，能准确获取温室的温度、湿度等信息。

（2）传感器的输入量是某一被测量，可以是物理量、化学量、生物量等。

（3）传感器的输出量是某种物理量，一般为便于传输、转换、处理、显示的主要是电量（电压、电流、电阻、电感）。

（4）传感器的输出输入有对应关系，且应有一定的精确程度，比如养殖场环境控制系统，如果信号检测误差大，后端控制设备则无法满足控制指标要求，将有可能造成极大的经济损失。

通常情况下，传感器由敏感元件、转换元件和信号转换电路组成。

（1）敏感元件：直接感受被测非电量并按一定规律转换成与被测量有确定关系的其他量的元件。

（2）转换元件：又称变换器，能将敏感元件感受到的非电量直接转换成电量，如电阻 R、电感 U、电容 C 或电流、电压等的器件。

（3）信号转换电路：将转换元件输出的电路参数接入信号转换电路并将其转换成易于处理的电压、电流或频率量。常用的信号转换电路有电桥、放大器、变阻器、振荡器等。

此外，辅助电路通常包括电源等。

近年来，随着科学技术和经济的发展及生态平衡的要求，传感器的应用领域不断扩大。

（1）工业自动化系统：以传感器与计算机结合为核心的自动检测与控制系统使设备自动化程度有所提高。

（2）航空航天：实时对飞行速度方向、飞行姿态进行检测，以保证提高运输的效率与防止事故的发生。

（3）资源探测与环境保护：陆地与海底资源探测以及空间环境、气象等方面的测量，如大气、水质污染、放射性、噪声的检测。

（4）医疗卫生：利用传感器全天候对患者温度、血压及腔内压力、血液微量元素等的测量，实现自动检测与监护。

（5）家用电子产品：实现离子敏感器件的各种生物电极，用于微量元素测量、食品卫生检疫等，是生物工程理论研究的重要测试装置。

（6）军事领域：包括战场侦察与监视，战场态势感知，战场目标跟踪，核、生、化监测等。

二、传感器的分类

传感器有多种分类方法，常用的分类方法有：

（1）按输入物理量分为：温度传感器、湿度传感器、压力传感器、位移传感器、流量传感器、液位传感器、力传感器、加速度传感器、转矩传感器等。

（2）按工作原理分为：电阻式传感器、电容式传感器、电感式传感器、磁电式传感器及电涡流式传感器等。

（3）按输出信号的性质分为：模拟式传感器和数字式传感器。即模拟式传感器输出模拟信号，数字式传感器输出数字信号。

（4）按能量转换原理分为：有源传感器和无源传感器。有源传感器将非电量转换为电能量，如电动势、电荷式传感器等；无源程序传感器不起能量转换作用，只是将被测非电量转换为电参数的量，如电阻式、电感式及电容光焕发式传感器等。

第二节 物联网常用传感器

一、温度传感器

温度传感器的概念：利用物质各种物理性质随温度变化的规律把温度转换为电量的传感器，即用以度量温度数值的传感器，属于热电式传感器。温度传感器的分类：

（1）按照测量方法分为：接触式温度传感器、非接触式温度传感器。接触式温度传感器利用热传导原理测温，非接触式温度传感器利用热辐射原理测温。

（2）按照工作原理分为：热电式（热电耦）、热阻式（热电阻、半导体陶瓷热敏电阻）、PN结式（热敏二极管、热敏三极管、集成温度传感器）。

①热电耦式温度传感器，将两种不同材料的导体或半导体A和B焊接起来，构成一个闭合回路，当导体A和B的两个执着点之间存在温差时，两者之间便产生电动势，因而在回路中形成一个大小的电流，这种现象称为热电效应。温度传感器热电耦就是利用这一热电效应进行测温。

②热阻式温度传感器，导体的电阻值随温度变化而改变，通过测量其阻值推算出被测物体的温度，利用此原理构成的传感器就是电阻温度传感器，使用日本进口薄膜铂电阻元件制作而成，具有精度高、稳定性好、可靠性强、产品寿命长等优点，适用于小管道（0.5 ~ 8英寸）以及狭小空间高精度测温领域。

③半导体陶瓷热敏电阻式温度传感器，采用金属氧化物为原料，利用陶瓷工艺制备的具有半导体特性的热敏电阻进行测温。

④硅电阻温度传感器，利用半导体材料电阻率随温度变化的特性进行温度测量。

⑤半导体热敏二极管，利用半导体PN结的正向压降与温度关系实现温—电转换。

⑥集成温度传感器。传统的模拟温度传感器，如热电耦、热敏电阻等传感器

对温度的监控，在一些温度范围内需要进行冷端补偿或引线补偿；热惯性大，响应时间慢；集成模拟温度传感器与之相比，具有灵敏度高、线性度好、响应速度快等优点，而且它将驱动电路、信号处理电路以及必要的逻辑控制电路集成在单片 IC 上，集成度高，设计使用时非常方便。常见的模拟温度传感器有 LM3911、LM335、LM45、AD22103 电压输出型、AD590 电流输出型等。

温度传感器在农业养殖方面的应用。

动物防疫在农业养殖产业中占有重要地位，而动物的体表温度是防疫的关键依据，红外温度检测仪能检测动物发射的红外线而输出电信号，操作简便快捷并且可以连续测量，成本低廉，在小规模养殖场中得到广泛应用。在选择温度传感器时，应考虑到诸多因素，如被测对象的湿度范围，传感器的灵敏度、精度和噪声、响应速度，使用环境，价格等。

二、湿度传感器

湿度传感器是人们测量环境湿度的依据，在精密仪器、半导体集成电路与元器件制造场所，气象预报、医疗卫生、食品加工等行业都有广泛的应用。

湿度传感器是能够感受外界湿度变化，并通过器件材料的物理或化学性质变化，将湿度转换为有用信号的器件，属于化学与生物传感器。

湿度是指大气中含有的水蒸气，通常有如下 3 种表示方法：

（1）绝对湿度：大气中水汽的密度，即单位大气中所含水汽的质量，给出了水分在空气中的具体含量。

（2）相对湿度：空气中水汽压与饱和水汽压的百分比。湿空气的绝对湿度与相同温度下可能达到的最大绝对湿度之比，表明大气的潮湿程度。

（3）露点（温度）：使空气里原来所含的未饱和水蒸气变成饱和时的温度值。

湿度传感器分类如下：

（一）电阻湿度传感器

利用器件电阻值随湿度变化的基本原理，敏感元件为湿敏电阻，采用电解质、半导体、多孔陶瓷、有机物及高分子聚合物等原材料。

（二）电容湿度传感器

利用器件电容值随湿度变化的基本原理，敏感元件为湿敏电容，采用高分子聚合物、金属氧化物、陶瓷等原材料。这些材料对水分子有较强的吸附能力，吸附水分的多少随环境湿度而变化。

（三）其他湿度传感器

光纤湿敏传感器、界限电流湿敏传感器、二极管式、石英振子湿敏传感器等。湿敏传感器的主要参数包括感湿特性、湿度量程、灵敏度、湿滞特性、响应时间、感湿温度系数、老化特性。

在农业生产与日常生活中，温室大棚对湿度测量的要求越来越普遍，传统的干湿泡湿度计和毛发湿度计已不能满足快速、准确、方便测量的要求。新型便携式湿度计得到广泛应用，具有体积小、响应快、制造简单、成本低的特点。

三、光电传感器

光电传感器是利用光电转换元件的光电效应将光通量转换为电量的传感器。当光照射某一物体，类似于物体受到一连串光子的轰击，组成这物体的材料吸收光子能量而发生相应电效应的物理现象称为光电效应。光电效应通常可以分为3类，有外光电效应、内光电效应和光生伏特效应。

（1）外光电效应：光线的作用使电子（光电子）逸出物体的表面所产生的效应。基于外光电效应的光电元件有光电管、紫外光电管、光电倍增管、光电摄像管等。

（2）内光电效应：受光照的物体导电率发生变化，或产生光生电动势的效应。基于内光电效应的光电元件有光敏电阻、光敏二极管、光敏三极管、光敏达林顿管及光敏晶闸管等。

（3）光生伏特效应：简称为光伏效应，指光照使不均匀半导体或半导体与金属组合的不同部位之间产生电位差的现象。光电池（太阳能电池）就是利用光生伏特效应把光直接转变成电能的器件。

目前红外凝视系统是光电传感器的应用热点。农业有机畜禽生产是对养殖全过程的科学管理，避免应激，逐步减少药物和部分化学物质的使用，提高畜禽产品质量，保持良好的生态平衡。根据动物的种类采取自然的饲养方式，提供必要的天然采食场地，然而随着天然采食场地空间的扩大，对畜禽的管理带来一定的难度，为了防止过度日照、极端温度、风、雨和雪等对畜禽的不利影响，对畜禽的位置寻找识别尤为重要。通过红外成像扫描仪可以透过烟雾、尘、雾、雪，并且具有识别伪装的能力，不受天然采食场地上光照等干扰而致盲，从而做到远距离、全天候监控畜禽。

第三节　智能传感器技术

　　所谓智能传感器就是由传感器和微处理器（或微计算机）及相关的电路组成的传感器。智能传感器是将被测量信号转换成相应的电信号，然后送到信号转换电路进行滤波、放大、模—数转换，最后送到微计算机进行处理。微计算机是智能传感器的核心，计算机充分发挥了各种软件的功能，完成硬件难以实现的目标，对传感器测量的数据实现计算、存储、处理，还通过反馈回路对传感器进行调整，从而降低了传感器的制造难度，提高了传感器的性能，降低了成本。

　　1. 智能传感器的功能

　　（1）自补偿功能。通过软件对传感器的非线性、温漂、时漂、响应时间等进行自动补偿。

　　（2）自校准功能。操作者输入零值或某一标准量值后，自校准软件可以自动地对传感器进行在线校准。

　　（3）自诊断功能。接通电源后，可以对传感器自检各部分是否正常。在内部出现操作问题是，能够立即通知系统通过输出信号表明传感器发生故障，并可诊断发生故障的部件。

　　（4）数值处理功能。国际内部的程序自动处理数据，例如进行统计处理，剔除异常数据等。

　　（5）双向通信功能。智能传感器的微处理器与传感器之间构成闭环，微处理器不但接受、处理传感器的数据，还可以将信息反馈至传感器，对测量过程进行调节和控制。

　　（6）信息存储和记忆功能。

　　（7）数字量输出功能。智能传感器输出数字信号，可以方便地与计算机或接口总线相连。此外，新兴的智能传感器技术还包括遥控设定、可编程序以及防止非法侵袭等特征，在性能上更加完整和先进。

2.智能传感器分类

（1）按照功能可分为：具有判断能力的传感器、具有学习能力的传感器、具有创造能力的传感器。

（2）按照结构可分为：模块式智能传感器、混合式智能传感器、集成式智能传感器。

①模块式智能传感器：由许多相互独立的模块组成，将微计算机、信号调理电路模块、输出电路模块、显示电路模块和传感器装配在同一个壳体内，便组成了模块式智能传感器。具有集成度低、体积大的特点，是一种比较实用的智能传感器。

②混合式智能传感器：将传感器、微处理器和信号处理电路制作在不同的芯片上，由此便构成了混合式智能传感器。它作为智能传感器的主要种类而被广泛应用。

③集成式智能传感器：将一个或多个敏感器件与微处理器、信号处理电路集成在同一硅片上。它的结构一般采用立体结构，在平面集成电路的基础上一层一层向立体方向制作多层电路，制作方法基本上就是采用集成电路的制作工艺，最终在硅衬底上形成具有多层集成电路的立体器件及敏感器件，同时制作微处理电路芯片，还可以将太阳能电池电源制作在其上，这样便形成了集成式智能传感器。

近年来，智能传感器已经广泛应用在航天、航空、国防、科技和工农业生产等各个领域中，特别是随着高科技的发展，智能传感器备受青睐，例如在智能机器人的领域中有着广泛的应用前景，智能传感器如同人的五官，可以使机器人具有各种感知功能。

第四节　生物传感器

从 20 世纪 60 年代中期报道的最早的生物传感器——葡萄糖传感器至今，已有多种生物传感器问世。20 世纪 80 年代以来，新原理、新技术的不断采用，使生物传感器的发展取得了长足的进步，并被广泛地应用于生物学、环境科学、医学等领域。

生物传感器是利用生物因子或生物学原理来检测或计量化合物的装置。通常由敏感元件（分子识别单元）和信号传导器组成。分子识别单元用以识别被测对象，它是可以引起某种物理或化学变化的主要功能部件，也是传感器选择性的基础。信号传导器，是电、光信号转换装置（换能器），由其把被测物所产生的化学反应转换成便于传输的电信号或光信号，所得到的电信号再经电子技术的处理，即可在仪器上显示或记录下来。

生物传感器通常利用纯化的酶、免疫物质、组织、细胞器或完整细胞作为催化剂。这些催化剂通常被固定化，并与物化仪器相结合使用，物化仪器可监测被分析物质在固定的催化剂作用下所发生的化学变化，并转换成电信号，是获取与量化各种信息的重要手段。近十年来，生物传感器技术同现代生物技术与物理学、化学等多学科、多领域相交叉和结合，已经开发了一系列能测定有机化合物或生物分子，如糖类、有机酸、氨基酸、蛋白质、DNA、各种抗原抗体以及激素、激素受体等生物传感器。

生物传感器按照敏感元件（分子识别单元）和待测物质之间的相互作用，分为以下几种类型：

（1）将化学变化转变成电信号（间接型）。

（2）将热变化转换为电信号（间接型）。

（3）将光效应转变为电信号（间接型）。

（4）直接产生电信号方式（直接型）。

依据不同研究角度，生物传感器的分类方式有很多：

（1）根据传感器输出信号的产生方式分为生物亲和型生物传感器和代谢型或催化型生物传感器。

（2）根据生物传感器中分子识别单元上的敏感物质不同分为酶传感器、微生物传感器、组织传感器、细胞器传感器、免疫传感器和DNA生物传感器等。

（3）根据生物传感器的信号转换方式分为电化学生物传感器、离子场效应生物传感器、半导体生物传感器、热敏传感器、光电传感器、声学生物传感器、压电传感器等。

我国是世界上最早使用农药防治农作物有害生物的国家之一，也是农药生产和使用大国。虽然农药在保护农作物、防治病虫草害、改善人类生存环境、控制疾病等方面发挥了巨大作用，然而，随着农药使用范围的逐渐扩大和使用量的不断增加，导致很多粮食产品中农药残留超标，已经严重威胁了食品安全，导致生态环境和农产品的污染日趋严重。控制农药残留量，提高农产品的质量直接关系到人民身体健康和我国农产品在国内外市场的竞争力，这就对我国农药残留的检测技术提出了很高的要求。

农药残留分析常用的生物传感器是酶传感器和免疫传感器。酶传感器技术主要是利用标靶酶，如乙酰胆碱醋酶或丁酰胆碱醋酶，根据农药对其的特异性抑制作用研制而成的；免疫传感器就是利用抗原（抗体）对抗体（抗原）的识别功能而研制成的生物传感器。

将免疫传感器用于农药快速检测领域的具体实例是免疫层析试纸条，其原理是：将用作配体的抗体或抗原以线状包被固化在微孔薄膜上，胶体金标记另一配体或其他物质以干态固定在吸水材料上，通过毛细作用使样品溶液在层析条上泳动，当泳动至胶体金标记物处时，如样品中含有待检受体，则发生第一步免疫反应，形成的免疫复合物继续泳动至线状包被区时发生第二步特异性的免疫反应，形成的免疫复合物被截留在包被的线状区，通过标记的胶体金而显有色条带，而游离标记物则越过检测带与结合标记物自动分离。

第五节　无线传感器网络

无线传感器网络是指在环境中布置的传感器节点以无线通信方式组织成网络，传感器节点完成数据采集，节点通过传感器将数据发送至网络，并最终由特定的应用接收。

传感器的节点集成传感器件、数据处理单元和通信模块，并通过自组织的方式构成网络。借助于传感器节点中内置的形式多样的传感器件，可以测量所在周边环境中的热、红外、声呐、雷达和地震波等信号，从而探测包括温度、湿度、噪声、光强度、压力、土壤成分、移动物体的大小、速度和方向等众多探测量。总之，无线传感器网络是一种全新的信息获取和信息处理模式。

无线传感器网络的研究对象是无线传感器网络的"节点"和无线传感器网络的"网络"。从"节点"角度主要考虑如何在成本低廉、资源有限的条件下采用适合于应用背景的硬件和软件布局以及它们相互的关系，包括操作系统、能量控制等；从"网络"的角度，则需要考虑网络的拓扑结构以及网络通信协议的各个层次，包括无线媒介的选择、编码调制方式、媒体接入控制和链路控制、网络层的路由选择以及上层的传输协议等。此外，还有网络覆盖和拓扑控制理论技术、时间同步理论技术、节点定位理论技术、网络安全理论技术、数据管理和融合等支撑技术。

（1）无线传感器网络"节点"：无线传感器网络的组成基础，传感器"节点"具有微型化、低成本、灵活扩展、性能稳定等特点。传感器"节点"的选择直接决定着无线传感器网络性能。目前，使用最为广泛的传感器节点是 Smart dust 和 Mica 系列。Smart dust 是美国 DARPA/MTOMENS 支持研究的项目，结合 MENS 技术和集成电路技术，研制体积不超过使用太阳能电池、具有光通信能力的自治传感器节点。Mica 系列节点是加州大学伯克利分校研制的用于无线传感器网络研究的演示平台节点。

（2）无线传感器"网络"：无线传感器网络通信协议主要包括物理层、数据链路层、网络层和传输层。物理层负责载波频率产生、信号的调制解调等，载波媒体可选择红外线、激光和无线电波，目前国内外的节点都是基于无线射频通信方式。数据链路层负责媒体访问和错误控制，媒体访问控制（MAC）协议保证可靠的点对点和点对多通信，主要分为基于竞争的媒体访问控制协议、基于调度的媒体控制协议和混合的媒体访问控制协议；错误控制能够保证源节点发出的信息可以完整、无误到达目标节点。网络层负责路由发现和维护，目前研究人员提出了多种平面路由协议和分簇路由协议，典型的平面路由算法有 DD、SAR、SPIN 等；分簇路由协议则是将传感器节点进行分簇，通过簇内通信完成数据的融合，由簇头节点把聚集的数据传送给汇聚节点，具有拓扑管理方便、能量利用高效、数据融合简单等优点，目前主要有 LEACH、EECS、HEED 等几种重要的路由协议。传输层协议实现无线传感器网络与外网相连，将网络中的数据提供给外部网络。目前针对无线传感器网络开发的传输层协议主要有 PSFQ、RMST、ESRT 等。

无线传感器网络系统一般由传感器节点、汇聚节点和管理节点等部分组成。

在无线传感器网络中，通过人工埋置、机器布撒和火箭弹射等手段，在监控区域内大量部署无线传感器节点。节点通过无线自组织形式组成一个感知网络，把采集到监测区域内的特定信息，经过多跳方式在网络中进行传输或处理，最后传递到汇聚节点，管理节点则采用卫星、互联网和移动通信网等手段对传感器网络进行配置和管理，收集监测数据和发布监测任务。

随着传感器技术的发展，众多种类传感器得以研制成功，采集的环境信息更加完善。相对于传统的环境监测，无线传感器网络在环境监测中具有极大的优势，主要包括以下几点：

（1）"节点"体积小，独立供电，无线通信，克服了布线的困难。

（2）自组织和高密度部署使无线传感器网络具有自动配置和容错的能力，使环境监测系统具备较好的可靠性、容错性和鲁棒性。

（3）无线传感器"节点"本身具备一定的通信处理能力和存储能力，可以根据环境的变化，来调节网络自身变化，进行较为复杂的监测。

（4）无线传感器网络节点功耗低，耗电量小，适用于人员不能到达以及供电不方便的环境监测。

无线传感器网络在精准农业的应用。运用无线传感器网络一方面可以检测温室大棚的环境参数，实现智能控制环境参数；另一方面可以监测农作物中的害虫、土壤的酸碱度和施肥状况等，实现智能灌溉施肥以及消除病虫害。通过对温室大棚环境数据的采集和分析，利用如风扇、遮阳篷、水帘等联动装置，实时调节温室大棚环境，将有利于温室作物环境生长；通过监测农作物中的害虫、土壤的酸碱度和施肥状况的数据采集和分析，可以掌握农业生产作物生长状况的实时情况，分析作物的生物指标信息及土壤的相关指标，利用自动灌溉及除病虫害装置，做到及时处理和预防。值得一提的是，通过广泛的部署传感器节点在监控区域，掌握监控区域内的温、湿、光、土壤、病虫害等情况，起到预警指导作用，对灾情实施科学有效的预防和处置，是无线传感器网络在精准农业中发挥的重要作用。

第六节　无线传感器网络的安全技术

无线传感器网络安全一方面受到电池能量、节点 CPU、内存、存储容量以及缺乏足够的篡改保护等来自传感器节点本身的限制；另一个方面受到通信带宽、延时、数据包的大小等来自无线网络本身的限制，以下针对网络协议的安全技术问题做详细阐述。

无线传感器网络协议栈由物理层、数据链路层、网络层、传输层和应用层组成。物理层处理信号的调制、发射和接收。数据链路层负责数据流的多路传输、数据帧检测、媒介访问控制和错误控制。网络层负责数据的路由。传输层维持给定的数据流。对各层协议所面临的安全问题及采取的安全技术阐述如下：

（1）无线传感器网络安全问题：物理层的安全问题，无线通信的干扰和节点的沦陷。无线通信的干扰所引发的安全问题是攻击者可以用 K 个节点去干扰并阻塞 N 个节点的服务（K《N）。节点的沦陷是另一种类型的物理攻击，攻击者取得节点的秘密信息，从而可以代替该节点进行通信。

链路层或者介质访问控制层为相邻节点提供了可靠的通信通道。在介质访问控制协议中，节点通过监测相邻节点是否发送数据来确定自身是否能访问通信信道，这种载波监听的方式极易遭到拒绝服务攻击（DoS）。在某些介质访问控制协议中使用载波监听的方法同相邻节点协调使用信道，当发生信道冲突时，节点使用二进制指数倒退算法来确定重新发送数据的时机，攻击者只需产生一个字节的冲突就可以破坏整个数据包的发送，这样通过有计划的反复冲突，可以使节点不断倒退，从而导致其信道阻塞。相对于节点载波监听的耗能，攻击者所消耗的能量非常小，而能量有限的接收节点却会被这种攻击很快耗尽能量。

整个无线传感器网络系统，网络层路由协议为其提供了关键的路由服务，针对路由的攻击可能导致整个网络的瘫痪。

传输层负责无线传感器网络与 Internet 或外部网络端到端的连接。由于无线传感器网络节点的限制，节点无法保存维持端到端连接的大量信息，而且节点发送应答消息会消耗大量能量，因此，目前还没有关于传感器节点传输层协议的研究。

应用层提供如数据聚集、任务分发、目标跟踪等服务均需要安全机制。数据聚集服务是无线传感器网络的重要特性，数据聚集的特性使数据加密不易实现，给无线传感器网络安全设计带来了极大的挑战；安全机制都需要建立在密钥的基础上，对整个无线传感器网络安全提供支持的基础设施的研究，即密钥管理也是应用层的安全研究问题。

（2）无线传感器网络安全技术：介质访问控制协议采用时分多路复用算法

　　为每个节点分配了传输时间片，在传输每一帧之前不需要进行协商，这个方法避免了倒退算法中由于冲突而导致信道阻塞的问题，但它也容易受到 DoS 攻击。一个恶意节点会利用介质访问控制协议的交互实施攻击。可以通过对 MAC 的准入控制进行限速，网络自动忽略过多的请求，从而不必对于每个请求都应答，节省了通信的开销。

　　路由算法直接影响了无线传感器网络的安全性和可用性，因此是整个无线传感器网络安全研究的重点。目前，国内外研究人员提出了许多安全路由协议，这些方案一般采用链路层加密和认证、多路径路由、身份认证、双向连接认证和认证广播等机制有效抵御外部伪造的路由信息、Sybil 攻击和 HELLO flood 攻击。通常这些方法可以直接应用到现有的路由协议，从而提高路由协议的安全性。

　　基站节点是传感器网络与外部网络的接口，传输层协议一般采用传统网络协议，其安全技术和传统网络采用的安全技术基本相同。

　　应用层提供的部分服务均需要安全机制，传感器网络的诸多限制，使传统的密钥管理方法不能适用于传感器网络中，因此传感器网络密钥管理也是应用层的安全问题之一。

　　传感器网络在网络协议的各个层次可能受到的攻击方法和相应的防御手段如下表所示。

网络分层的传感器网络攻防

网络层次	攻击方法	防御手段
物理层	拥塞攻击	宽频（调频）、优先级消息、低占空比
	物理破坏	破坏证明、节点伪装和隐藏
	碰撞攻击	纠错码
链路层	耗尽攻击	设置竞争门限
	非公平竞争	短帧策略和非优先级策略
	丢弃和贪婪破坏	冗余路径、探测机制

网络层次	攻击方法	防御手段
网络层	汇聚节点攻击	加密和逐跳认证机制
	方向误导攻击	出口过滤；认证、监视机制
	黑洞攻击	认证、监视、冗余机制
传输层	洪泛攻击	客户端谜题
	失步攻击	认证

第七节　多传感器网络的数据融合

传统的单一传感器收集信息存在不完善、不确定性，甚至也可能引起错误，多传感器网络的数据融合能以较小的代价得到相对精确的目标特征。因此，多传感器网络融合对于得到研究对象全面信息的重要不言而喻。

多传感器网络的数据融合就是对各传感器收集的数据采取综合处理，从而得到新的、更贴近目标特征的信息。数据融合是通过协同处理多源信息，进行相关、估计以及综合来获得目标的状态、特征以及态势评估的信息处理过程，其最终目的是利用多传感器联合操作优势，提升系统的有效性，就像人的大脑处理信息一样，利用采集得到的资源，通过对资源的合理支配使用，依据规则，对在空间或时间上互补冗余的信息进行组合，从而获得被测量的一致性描述。

数据融合的硬件平台是多传感器系统，进行操作的对象则是来自外部的采集数据，带有最优预期的算法则是数据融合的核心。多传感器的数据融合法则如下：

（1）多种类型如温度、红外等传感器对待测信息进行采集。

（2）对这些数据进行特征提取，提取出代表待测数据的特征矢量。

（3）对这些特征矢量进行模式识别处理（如自适应神经网络、聚类算法等），完成每个传感器关于目标的说明。

（4）在某种规则下，分组这些说明数据，即关联。

（5）通过一定的融合手段，合成关联后的数据，从而获取目标的最为精确的解释。

数据融合方法适用于日常生活的很多方面，如辨别某些事物，我们可以通过视觉、嗅觉、触觉、听觉等获得信息，综合各感官的信息并做出准确判断，得到对事物的准确描述。

数据融合的模型分为功能模型、数学模型以及结构模型。功能模型基于融合的过程，说明融合的功能以及系统各个部分间的互相作用过程、数据库；数学模型基于综合逻辑和融合的算法；结构模型则从组成出发，说明整个系统的软硬件部分以及数据流和人机界面等。

（1）基于分布式数据库的应用层数据融合：无线传感器网络是以数据为中心的网络，应用层的设计过程应注重用户良好的互动，用户只要根据习惯操作收集数据，没必要了解底层实现的方式；对于多任务应用的要求，应用层提供简便的查询提交方法；数据处理的能耗远低于无线通信的能耗，应用层的数据应尽量以容易进行网内处理的形式表示以降低能耗。

（2）与网络层相结合的数据融合：网络层的数据融合均与路由协议相结合，通过路由协议使传感器节点采集的数据在网络中沿着指定的路径传送，并在中间节点进行数据融合操作，最终传送给汇聚节点。当监测区域有突发状况发生时，其附近的很多传感器节点都会监测到，并将数据传送给汇聚节点，而如果这些节点都各自传送其监测的信息，将带给网络巨大的通信量，过快消耗网络的能量资源。数据传送路径的合理规划，并且在传送过程中结合恰当的数据融合方法，将各个传感器节点采集的大量的数据经过融合处理后再发送给汇聚节点，能有效降低网络的数据通信量，从而节省有限的网络能源，延长网络生存时间。

（3）独立的数据融合层：数据融合技术在应用层和网络层的实现在一定程度上破坏了网络各层的独立性，造成相邻协议层之间的不透明性。网内对数据的融合处理虽然减少了数据通信量，但有可能会导致信息丢失，并且时间的延迟也可能随之加大。此外，跨层协议增加了设计难度。为此，研究人员提出了独立于应用的数据融合方法 AIDA，将其灵活融入现有的无线传感器网络协议栈中。AIDA 实质上就是在 MAC 层与网络层中间加入一个独立的数据融合层，在该层中对网络中的数据包进行融合处理。AIDA 并不关心数据本身，而是根据多跳的路由信息来合并数据，通过将多个数据进行合并来减少数据包封装头部的信息量，从而有效减少了通信的数据量。该方法也能减少 MAC 层数据传输的冲突，最终达到减少能量消耗的目的。独立的数据融合方法还可以根据网络负载来调节数据融合的程度，灵活应对不同的网络负载。然而，在应用密切相关的无线传感器网络中，该方法同应用独立，所以无法利用应用语义来对数据进行筛选过滤，这将导致融合率相对较低。

第八节　无线传感器网络的应用

（1）农业应用：在农业应用领域中，无线传感器网络有着非常卓越的技术优势，能够对农作物的生产环境因素（如温度、空气湿度、光照强度、土壤酸碱度等）实时进行监测，这给传统的农业生产带来了重大的改变。2002 年，英特尔公司应用无线传感器网络在俄勒冈州构建了世界上第一个无线网络管理葡萄园，系统将传感器节点安置在葡萄园内需要监测的地点，对土壤的温度和湿度等每隔一分钟采集一次数据，从而确保葡萄的健康生长。北京市科委计划的"蔬菜生产智能网络传感器体系研究与应用"项目正式把无线传感器网络应用于温室农作物生产中。Digital Sun 公司研发了利用无线传感器网络建立自动洒水系统，传感器节点采集土壤的水分，并且在设定的条件下与控制中心通信，控制灌溉系统的阀门关闭或者打开，达到灌溉并自动节水的目的。澳大利亚养殖农业利用无线传感器网络系统来监测在牧场中牛的活动，目的是为了防止两头公牛互相打斗。

（2）环境监测应用：无线传感器网络在环境监测中的应用，特别是在高危险区域或者人类难以到达的区域，能够完成人类难以完成的任务，其中应用领域主要包括：洪水监测、森林火灾监测、植物生长环境监测、动物活动环境监测、生化监测等。加州大学在加利福尼亚南部圣哈辛托山建设了具有可扩展性的无线传感器网络系统，用来监测局部环境的小气候、植物以及动物的生态模式，整个监测区域划分为 100 多个小区域，每个小区域包括各种不同类型的传感器节点，传感器采集的数据再由网关传送给基站。加州大学的伯克利分校应用无线传感器网络监测大鸭岛的生态环境，系统的传感器节点采用 Berkeley 大学开发的 Micamote 节点，传感器节点包括对环境监测所需的湿度、温度、大气压力和光强等多种传感器，利用无线传感器网络系统来监测其周围的生存环境，主要监测周围的温度、空气湿度、太阳光照强度（光合作用）等变化。

我国是农业大国，农作物生产对国家的经济有着重大和深远的意义。在农业监测方面，无线传感器网络有着非常卓越的技术优势。构建应用于温室大棚环境监测的无线传感器网络远程智能监控系统，可以解决目前远程监控中存在的数量、成本、通信、建设等方面的诸多问题。

根据温室大棚的特点，构建无线传感器网络应用系统时，需要考虑以下几个方面：

（1）低成本：农业生产的收益本身就比较低，因此要求该系统的硬件必须是低成本，不仅从微控制器、无线传输单元考虑，而且所需的传感器也要采用相对价格较低的产品。

（2）低功耗：蔬菜大棚的生产环境比较特殊，有些地方不能提供公共生活用电系统，所以在该农业监控系统通常采用普通的电池供电，因此要求系统硬件和网络都必须是低功耗的，保证无线传感器网络的生命周期能尽量长。

（3）实时监测：系统监测到的信息需要能实时传送到控制管理中心，方便工作人员能实时查询获知温室大棚内作物生长环境的情况。

（4）节点无线通信：由于蔬菜大棚的特殊性，不便于建设有线网络，如Internet、有线局域网等，所以需要节点把采集的数据无线传输到网关，再由网关传输给计算机。

（5）精度：传感器决定了采集数据的精度，在蔬菜大棚生产环境中，对于精度的要求不是很高，同时又考虑到传感器节点的成本问题，所以传感器采集数据的精度可以在规定的范围内存在一定程度的误差，故传感器可以选用价格比较低的型号。

根据温室大棚环境特点，提出的监测系统的整体架构，根据温室大棚的使用面积布置一定数量的节点，各个传感器节点将监测到的环境信息通过初步的数据处理和信息融合后发送给远端的控制监测中心。数据传送的过程是通过相邻节点以多跳的方式传送给基站，然后通过基站以特定频率的信道方式传送给控制中心。因此，节点在网络中可以充当数据采集者、数据中转站或者簇头节点的角色。

监测节点是整个无线传感器网络的基础，只有监测节点设计合理，才能为后续协议的改进打下良好的基础。由于每个节点都是采用电池供电，因此选择整体匹配的低功耗元器件是关键所在，根据温室大棚环境的特点，监测节点的具体硬件部件由低功耗微处理器、微功耗无线收发器、传感器、电源组成。

硬件电路是整个无线传感器网络监控系统的支柱，而软件则是整个系统的思想，控制着整个系统的运行，具体可采用 Keil 软件，运用 C 语言编制而成。监测节点软件完成多传感器的数据采集以及同控制中心进行数据通信两大功能。

数据采集软件的设计。各个传感器的数据采集、监测节点与控制中心的通信都是采用中断的方式完成。程序由中断服务程序和主程序两个部分组成，中断服务程序包括外部中断 0 或 1 中断程序和串口中断服务程序，外部 0 中断服务程序用来读取转换结果，外部 1 中断服务程序用来检测各个传感器的异常情况报告信号；主程序进行各个部件的初始化，包括单片机的定时初始化、串口初始化、中断服务系统初始化、变量初始化、A/D 转换初始化。

通信模块软件的功能是监测节点与控制中心的通信。监测节点与控制中心有两种通信模式：应答模式，在周围环境有异常情况发生时，由控制中心先发送命令，监测节点才把采集的数据发回控制中心；驱动模式，在有突发情况时监测节点立即向控制中心传输信息，不管是否收到控制中心的命令。

第五章
物联网通信技术

第一节　物联网的接入技术

物联网网络可以分为外部网络、ZigBee 网关和内部网络 3 部分。外部网络可以是 Internet、电话网、GPRS、局域网和有线电视网等，组网技术已经非常成熟。内部网络需要将各种终端设备和控制系统连接起来，实现对农业环境的监测以及设备控制，同时通过网关与外部网络互联进行信息交换及控制。农业物联网内部网络组网形式分为有线组网技术和无线组网技术两种方式。

一、有线组网技术

典型的应用于有线组网的方式主要有：以太网组网、电话线组网和电力线组网等。

以太网是常用的局域网组网技术，使用常用的双绞线作为传输介质，外围设备通过 RJ45 接口连接以太网。优点是便于建立，技术成熟简单、可靠，较低的成本，可扩充性好，便于网络升级；缺点是，以太网需要使用网线把所有的终端设备和集线器或交换机连接起来，以便和服务器连接。同时，为了保持网络的连通性，需要始终保持物理上的连通性，增加了布线上的难度以及成本。

电话线组网（HomePAN）与以太网相似，使用现有的电话线路作为传输介质，与以太网的差别主要有：HomePAN 对于电缆类型、拓扑结构和连接端口无特殊要求，同时 HomePAN 可以共享介质，不需要交换机或者集线器。与以太网相比，HomePAN 在用户线路上的投资成本几乎没有，其网络建设的总成本明显低于以太网。

电力线组网（PLC）是利用现有的电力线形成网络化的控制，PLC 的好处是不用铺设专用的网络电线，省去布线的麻烦以及成本，可靠性也比较好。PLC 的不足在于其网络安全及网络性能方面仍然存在着不少问题，利用电力线组网的技术还不够成熟。

二、无线组网技术

物联网无线网络技术包括了无线个域网、无线广域网、无线局域网和无线城域网。它以互联网为核心，无线个域网、无线广域网、无线局域网、无线城域网作为补充网络扩展互联网的覆盖范围，使更多的物体和人加入到物联网中，从而实现物与物、物与人之间的互联互通。

其中，互联网作为物联网的核心网络，其正在部署的 IPv6 替代 IPv4 的计划扫清了可接入网络的终端设备在数量上的限制，同时，也为物联网的实施提供了平台和技术支持。

无线局域网与无线城域网因其采用的技术有覆盖范围广、传输速度快的特点，为物联网提供了高速可靠廉价且不受接入设备位置限制的互联手段。

无线广域网等移动通信网络成为"全面、随时、随地"传输信息的有效平台，它能够高效、实时、高覆盖率、多元化地处理多媒体数据，为"物品触网"创造了条件。

无线个域网是为了在 POS 范围内提供一种高效、节能的无线通信方式，其中 POS 是指以无线设备为中心半径 10m 内的球形区域。它为物联网的网络层提供了覆盖半径小、业务类型多样、无线无缝的连接，有效地解决"最后的几米电缆"的问题。

传统的有线方式在应用上存在着布线烦琐、对个人计算机 PC 依赖程度大和通信接口标准不统一等缺点，而无线方式在组网方面有着得天独厚的优势，无线网络可以提供更大灵活性、移动性能，省去在布线上的精力和成本。

第二节　近距离无线通信技术

近年来短距离无线数据业务呈现巨大的发展潜力，也极大推进了短距离无线通信技术的发展。现在近距离无线通信技术主要有：红外技术、蓝牙技术、无线局域网技术（Wi-Fi）、超宽带技术 UWB、射频识别技术（RFID）、近距离无线传输（NFC）及 ZigBee 技术等。

一、红外技术

红外技术是一种利用红外线进行点对点通信的技术，是第一个应用于无线个人局域网（PAN）的技术。它通过数据电脉冲和红外光脉冲之间相互转换实现无线的数据收发，主要是用来取代点对点的线缆连接。

红外线是波长在 $0.70\mu m \sim 1mm$ 的电磁波，它的频率高于微波而低于可见光，是一种人的眼睛看不到的光线。由于红外线的波长较短，对障碍物的衍射能力差，所以更适合应用在短距离无线通信的场合，进行点对点的直线数据传输。

红外通信有着成本低廉、连接方便、简单易用和结构紧凑的特点，因此在小型的移动设备中获得了广泛的应用。这些设备包括笔记本电脑、掌上电脑、机顶盒、游戏机、移动电话、计算器、寻呼机、仪器仪表、MP3 播放机、数码相机以及打印机之类的计算机外围设备等。

为了建立一个统一的红外数据通信的标准，1993 年，由 HP、COMPAQ、INTEL 等二十多家公司发起成立了红外数据协会（IrDA）。

红外通信一般采用红外波段内的近红外线，波长在 $0.75 \sim 25\mu m$。红外数据协会（IrDA）成立后，为了保证不同厂商的红外产品能够获得最佳的通信效果，红外通信协议将红外数据通信所采用的光波波长的范围限定在 $850 \sim 900$ mn。目前 IrDA 在全球拥有 160 个会员，参与的厂商包括计算机及通信软、硬件及电话公司等。IrDA 不需申请频道使用执照，成本低，组件来得便宜，传输速度越来越快，已由 115.2kb/s 发展到 4Mb/s，最快达 16Mb/s。具有成本低、体积小、功耗低、简单易用等特点。在一些对电力要求极为严格、苛刻的手提式设备的使用上，如移动电话、PDA 等，IrDA 仍然是最佳的选择。IrDA 缺点在于它是一种视距传输技术，两个相互通信的设备之间必须对准，中间不能被其他物体阻隔，只能用于 2 台设备之间的连接。IrDA 目前的研究方向是如何解决视距传输问题及提高数据传输率。

二、蓝牙技术

蓝牙作为一种新的短距离无线通信技术标准，已经成为便携式设备与微型计算机台式机外设之间无线互连的一种全球统一的技术标准。蓝牙无线通信技术可以使用户不用电缆就能在许多设备之间进行数据交换及文件同步。简单的数据交换可以是从移动电话向掌上电脑交换名片和日程安排信息，或是在掌上电脑与台式机之间同步个人信息，以上这些只要是两个设备互相进入彼此的范围之内就可实现。因为这种无线连接可以在 10 m 的范围内实现，故可以给用户带来很大的灵活性。

经过连接到局域网的蓝牙接入点，就可实现到有线局域网的无线数据连接。一旦用这种接入点建立了无线数据连接，移动终端设备就可以通过无线的方式，随时访问网络上的各种资源，如打印机、数据库等。

自从瑞典的爱立信公司 1994 年提出此项技术以来，目前世界范围内已有超过 2000 多家公司成为蓝牙技术联盟（Bluetooth SIG）的成员，并根据此项无线技术标准开发产品，共同致力于将此项新技术推向市场。

（一）技术特性

蓝牙作为一种新兴的近距离无线传输技术，在技术特性上和传统的无线传输技术有所不同，具有以下特性：

蓝牙工作在全球通用的 2.4 GHz 的 ISM（即工业、科学、医学）频段，频段范围 2.402 ～ 2.480 GHz，中心频率为 2.45GHz。蓝牙结合电路交换和分组交换两种传输方式，分别提供同步定向链路（SCO）和非实时的异步不定向连接（ACL），其中，SCO 信道支持 64kb/s 的连接速度；ACL 连接的传输速度和传输包的时隙数有关，多时隙的包因为节省了包头的信息，传输速度明显优于单时隙的包，它可以满足众多设备之间语音 / 数据信息的交换。

蓝牙技术采用跳频技术增加抗干扰性和安全性；蓝牙的跳频技术遵循两种不同的规定：一是北美和欧洲（除法国和西班牙）等国使用的 79 跳系统，二是法国和西班牙等国使用的 23 跳系统，我国采用 79 跳的蓝牙系统规则。蓝牙无线通信技术同时支持语音和数据传输，这样就使得各种支持语音或数据的设备，或者是两者都支持的设备件间能够互相通信，是统一各类短距离通信的理想选择，同时，它也支持点到点和点到多点两种传输方式。

（二）拓扑结构

蓝牙支持点对点和点对多点的通信，最基本的网络组成是匹克网（Pico-net）。匹克网实际上是一种个人区域网，这是一种以个人区域为应用环境的网络架构。需要指出的是，匹克网并不能代替局域网，它只是用来代替或简化个人区域中的电缆连接。匹克网由主设备单元和从设备单元构成。其中，主设备单元负责提供时钟同步信号和跳频序列，而从设备单元一般是受控同步的设备单元，并接受主设备单元的控制。但应当注意的是，在一个匹克网中，所有设备都是级别相同的单元，具有相同的权限；所有设备单元均采用同一跳频序列，一个匹克网中一般只有一个主设备单元，而从设备单元目前最多可以有 7 个。

（三）蓝牙协议体系结构

蓝牙协议体系结构由底层硬件模块、中间层和高端应用层三大部分组成。

1. 蓝牙的底层模块

底层模块是蓝牙技术的核心模块，所有嵌入蓝牙技术的设备都必须包括底层模块。它主要由链路管理层 LMP、基带层 BB 和射频 RF 组成。其功能是：无线连接层（RF）通过 2.4 GHz 无须申请的 ISM 频段，实现数据流的过滤和传输；它主要定义了工作在此频段的蓝牙接收机应满足的需求；基带层提供了 SCO 和 ACL 两种不同的物理链路，负责跳频和蓝牙数据及信息帧的传输，且对所有类型的数据包提供了不同层次的前向纠错码 FEC 或循环沉余度差错校验 CRC；LMP 层负责两个或多个设备链路的建立和拆除及链路的安全和控制，如鉴权和加密、控制及协商基带包的大小等，它为上层软件模块提供了不同的访问入口；蓝牙主机控制器接口 HCI 由基带控制器、连接管理器、控制和事件寄存器等组成。它是蓝牙协议中软硬件之间的接口，提供了一个调用下层 BB、LM、状态和控制寄存器等硬件的统一命令，上、下两个模块接口之间的消息和数据的传递必须通过 HCI 的解释才能进行。HCI 层以上的协议软件实体运行在主机上，而 HCI 以下的功能由蓝牙设备来完成，二者之间通过传输层进行交互。

2. 中间协议层

中间协议层由逻辑链路控制与适配协议 L2CAP、服务发现协议 SDP、串口仿真协议或称线缆替换协议 RFCOMM 和二进制电话控制协议 TCS 组成。L2CAP 是蓝牙协议栈的核心组成部分，也是其他协议实现的基础。它位于基带之上，向上层提供面向连接和无连接的数据服务。它主要完成数据的拆装、服务质量控制、协议的复用、分组的分割和重组及组提取等功能。L2CAP 允许高达 64Kb 的数据分组。SDP 是一个基于客户 / 服务器结构的协议。它工作在 L2CAP 层之上，为上层应用程序提供一种机制来发现可用的服务及其属性，而服务属性包括服务的类型及该服务所需的机制或协议信息。RFCOMM 是一个仿真有线链路的无线数据仿真协议，符合 ETSI 标准的 TS07.10 串口仿真协议。它在蓝牙基带上仿真 RS-232 的控制和数据信号，为原先使用串行连接的上层业务提供传送能力。TCS 是一个基于 ITU-TQ.931 建议的采用面向比特的协议，它定义了用于蓝牙设备之间建立语音和数据呼叫的控制信令，并负责处理蓝牙设备组的移动管理过程。

3. 高端应用层

高端应用层位于蓝牙协议栈的最上部分。高端应用层是由选用协议层（PPP、TCP、IP、UDP、OBEX、WAP、WAE）组成。选用协议层中的 PPP 是点到点协议，由封装、链路控制协议、网络控制协议组成，定义了串行点到点链路应当如何传输因特网协议数据，它要用于 LAN 接入、拨号网络及传真等应用规范；TCP/IP（传输控制协议/网络层协议）、UDP（Protocol 用户数据报协议）是 3 种已有的协议，它定义了因特网与网络相关的通信及其他类型计算机设备和外围设备之间的通信。蓝牙技术采用或共享这些已有的协议去实现与连接因特网的设备通信，这样，既可提高效率，又可在一定程度上保证蓝牙技术和其他通信技术的互操作性；OBEX 是对象交换协议，它支持设备间的数据交换，采用客户/服务器模式提供与 HTTP（超文本传输协议）相同的基本功能。该协议作为一个开放性标准还定义了可用于交换的电子商务卡、个人日程表、消息和便条等格式；WAP 是无线应用协议，它的目的是要在数字蜂窝电话和其他小型无线设备上实现因特网业务。它支持移动电话浏览网页、收取电子邮件和其他基于因特网的协议。WAE 是无线应用环境，它提供用于 WAP 电话和个人数字助理 PDA 所需的各种应用软件。

蓝牙核心协议由 SGI 制定的蓝牙指定协议组成，绝大部分蓝牙设备都需要核心协议（加上无线部分），而其他协议根据应用的需要而定。

三、无线局域网技术 Wi-Fi

Wi-Fi 也称 IEEE802.11，是一种无线通信协议。最初的 IEEE802.11 规范是于 1997 年提出的，为了能够统一各商家的无线局域网设备，推动无线局域网的快速发展，作为全球局域网领域权威的 IEEE 组织推出了 IEEE802.11 标准，成为第一个在国际上认可的无线局域网标准。当时，数据传输速率最高只能达到 2Mb/s，远低于有线的水平，不能满足人们的需求。在不断研究之后，于 1999 年 9 月推出 IEEE802.11a 和 IEEE802.11b 标准，传输速率分别可达 54Mb/s 和 11Mb/s。2002 年，

IEEE802.11g 的标准获得通过，允许最大传输速率为 54Mb/s，工作于 2.4GHz 频段，与 IEEE802.11b 标准兼容。其主要目的是提供 WLAN 接入，该技术使用的是 2.4 GHz 附近的频段，使用直接序列扩频技术，速率最高可达 11Mb/s，电波的覆盖范围可达 100 m 左右。

（一）网络拓扑结构

IEEE802.11 的网络拓扑结构如下图所示。其中，可寻址的单元是一个站点 STA，而基本服务集 BSS 是 IEEE802.11 无线局域网中的基本构件，至少包含两个 STA。BSS 覆盖了一个无线频率 RF 区域，在图中用一个椭圆表示，在该椭圆范围内的 STA 之间可以进行相互之间的通信。

无线接入点 AP，类似蜂窝网络中的基站，除了具备普通 STA 的功能之外，还负责完成对同一 BSS 中非 AP 的 STA 站点的接入访问、控制管理以及系统之间的桥接功能。在无线局域网中，每个 AP 都分配一个服务集标识 SSID 用于对不同的 AP 进行标记。

IEEE802.11 标准规定了两种网络拓扑结构：对等（AdHoc）拓扑结构和基础拓扑结构，并且支持多个 BSS 互联成一个无线局域网以覆盖更大的区域。两种网络拓扑结构如图 4-1（a）和 4-1（b）所示。

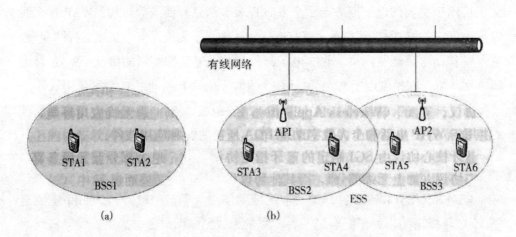

图 4-1　Wi-Fi 网络拓扑结构

如图 4-1（a）所示，Ad Hoc 网络中各 STA 之间是平等的，能够直接进行通信，是 IEEE802.11 标准中一种比较简单的组网方式。由于网络中的 STA 只能访问同一 BSS 中其他 STA 的资源，所以这样的 BSS 又称为独立基本服务集 IBSS。这种网络多应用于随机组建的临时网络中，只要是各个 STA 处于互相覆盖的范围之内就可以进行点对点之间的通信，所以又称为点对点网络或 Ad Hoc 网络。

基础结构的网络具有相对 Ad Hoc 网络更多的安全性和网络的扩展能力。IEEE802.11 标准中定义了分发系统 DS 连接多个 BSS，扩展了网络的覆盖范围。通过多个 AP 以有线或无线的方式实现 BSS 之间的连接，形成扩展服务集 ESS，如图 4-1（b）所示。在同一个 ESS 中，每个 AP 必须共享同一个扩展服务集标识符（ESSID），这样整个 ESS 网络相对于 LLC 层来说等同于同一个 BSS，可以实现数据的透明传输。

（二）协议体系

国际标准化组织（ISO）提出的开放系统互连（OSI）的参考模型（RM）包含七层协议，而 IEEE802.11 无线局域网标准中不涉及中转、路由等网络控制的功能，只定义了物理层和媒体访问控制层（MAC）的规则，提供的主要服务是在数据链路层两端的逻辑链路控制层（LLC）设备之间提供 MAC 服务数据单元，使得站点之间数据的无线传输对于高层是透明的，从而做到支持站点移动的功能。

四、超宽带技术

UWB（Ultra Wide Band）超宽带，是一种无载波通信技术，利用纳秒至微秒级的非正弦波窄脉冲传输数据。UWB 源于 20 世纪 50 年代末，主要作为军事技术在雷达探测和定位等应用领域中使用，超宽带早期的名称有脉冲无线电、基带、无载波等，直到 1989 年，美国国防部才正式使用 UWB 这一术语，其工作频段范围为 3.1 ~ 10.6GHz，工作带宽为 7.5GHz，数据传输速率可达 1.5Gb/s，传输距离为 10 m。UWB 之所以引起人们的高度重视，是因为可以通过在较宽的频谱上传送极低功率的信号，UWB 能在 10 m 左右的范围内实现数百 Mb/s 至数 Gb/s 的数据传输速率。UWB 具有抗干扰性能强、传输速率高、带宽极宽、消耗电能小、发送功率小等诸多优势，主要应用于室内通信、高速无线 LAN、家庭网络、无绳电话、安全检测、位置测定、雷达等领域。

与蓝牙和 WLAN 等带宽相对较窄的传统无线系统不同，UWB 能在宽频上发送一系列非常窄的低功率脉冲。较宽的频谱、较低的功率、脉冲化数据，意味着 UWB 引起的干扰小于传统的窄带无线解决方案，并能够在室内无线环境中提供与有线相媲美的性能。

UWB 具有以下特点：

（1）抗干扰性能强：UWB 采用跳时扩频信号，系统具有较大的处理增益，在发射时将微弱的无线电脉冲信号分散在宽阔的频带中，输出功率甚至低于普通设备产生的噪声。接收时将信号能量还原出来，在解扩过程中产生扩频增益。因此，与 IEEE802.11a、IEEE802.11b 和蓝牙相比，在同等码速条件下，UWB 具有更强的抗干扰性。传输速率高。UWB 的数据速率可以达到几十 Mb/s 到几百 Mb/s，有望高于蓝牙 100 倍，也可以高于 IEEE802.11a 和 IEEE802.11b。

（2）带宽极宽：UWB 使用的带宽在 1GHz 以上，高达几个 GHz。超宽带系统容量大，并且可以和目前的窄带通信系统同时工作而互不干扰。这在频率资源日益紧张的今天，开辟了一种新的时域无线电资源。

（3）消耗电能小：通常情况下，无线通信系统在通信时需要连续发射载波，因此要消耗一定电能。而 UWB 不使用载波，只是发出瞬间脉冲电波，也就是直接按 0 和 1 发送出去，并且在需要时才发送脉冲电波，所以消耗电能小。

（4）保密性好：UWB 保密性表现在两方面。一方面是采用跳时扩频，接收机只有已知发送端扩频码时才能解出发射数据；另一方面是系统的发射功率谱密度极低，用传统的接收机无法接收。

（5）发送功率非常小：UWB 系统发射功率非常小，通信设备可以用小于 1mW 的发射功率就能实现通信。低发射功率大大延长系统电源工作时间。而且，发射功率小，其电磁波辐射对人体的影响也会很小，应用面就广。

由于 UWB 具有强大的数据传输速率优势，同时受发射功率的限制，在短距离范围内提供高速无线数据传输将是 UWB 的重要应用领域，在军用方面地质勘探及可穿透障碍物的传感器；汽车防冲撞传感器等；家电设备及便携设备之间的无线数据通信等。UWB 标准化的工作还没有完成，一些技术问题需要不断完善，但它将可能成为新一代 WLAN 的技术基础，从而实现超高速宽带无线接入。

五、近距离无线传输（NFC）

近距离无线传输 NFC 技术，最早是在 2002 年由芬兰诺基亚、索尼等著名厂商联合主推的一种近距离非接触式识别和互联技术，由原有的 13.56 MHz 非接触式射频识别 RFID 技术和无线互联技术整合 RFID 读写器、RFID 标签和点对点通信功能演变而来，能与兼容设备在短距离内进行识别和数据交换。

（一）NFC 技术的标准化

飞利浦、诺基亚和索尼主推的 NFC 技术标准是 NFCIP-1，并向国际组织欧洲计算机制造联合会 ECMA 提交标准草案。这项开放技术规格 NFCIP-1 被认可为 ECMA-340 标准，并由 ECMA 向 ISO/IEC 提交标准，2003 年 12 月 8 日被 ISO/IEC 批准纳入 ISO/IEC18092，同年 NFCIP-1 被 ETSI 批准为 TS 102 190 v1.1.1。为了兼容非接触式智能卡，2004 年 NFC 论坛又推出了 NFCIP-2 规范，并被相关组织批准为 ECMA-352、ISO/IEC 21481 和 ETSI TS 102 312 v1.1.1。

NFCIP-1 标准详细规定 NFC 设备的调制解调方案、编码方式、传输速度与 RF 接口的帧格式，以及有源与无源 NFC 通信模式初始化过程中，数据冲突控制所需的初始化方案和条件。此外，这些标准还定义了传输协议，其中包括协议启动和数据交换方法等。NFCIP-2 则指定了一种灵活的网关系统，用来检测和选择三种操作模式之一：读写器模式、卡模拟模式和 NFC 模式。选择既定模式以后，按照所选的模式进行后续动作。网关标准还具体规定了 RF 接口测试方法（ISO/IEC 22536 和 ECMA-356）和协议测试方法（ISO/IEC 23917 和 ECMA-362）。这意味着符合 NFCIP-2 规范的产品将可以用作 ISO/IEC 14443A 和 B 以及 Felica 和 ISO 15693 的读写器。

表 4-1 详细列出了 NFC 相关的各个协议对应关系和现行版本情况。

表 4-1　NFC 最新国际标准

批准组织协议名称	ISO/IEC	ECMA	ETSI
NFCIP-1	ISO/IEC 18092 Edition：1，2004	ECMA-340 Edition：2，2004	ETSI TS 102 190 v1.1.1，2003
NFCIP-2	ISO/IEC 21481 Edition：1，2005	ECMA-352 Edition：2，2010	ETSI TS 102 312 v1.1.1，2004
NFCIP-1 RF Interface Test Methods	ISO/IEC 22536 Edition：1，2005	ECMA-356 Edition：1，2004	ETSI TS 102 345 v1.3.1，2008

续表

批准组织协议名称	ISO/IEC	ECMA	ETSI
NFCIP–1 Protocol Test Methods	ISO/IEC 23917 Edition：1，2005	ECMA–362 Edition：2，2005	—
NFC Wired Interface	ISO/IEC 28361 Edition：1，2004	ECMA–373 Edition：1，2006	—

（二）工作模式

NFC 设备有多种工作模式，采用半双工的通信方式。工作频率 13.56 MHz，工作距离 20 cm 以内，典型数据传输速率有 106Kb/s、212Kb/s 和 424Kb/s。

（1）卡模式：这个模式其实就是相当于一张采用 RFID 技术的 IC 卡。可以替代现在大量的 IC 卡（包括信用卡）、公交卡、门禁管制、车票、门票等。此种方式下，有一个极大的优点，那就是卡片通过非接触读卡器的 RF 域来供电，即便是寄主设备（如手机）没电也可以工作。

（2）点对点模式（P2P Mode）：这个模式和红外线差不多，可用于数据交换，只是传输距离较短，传输创建速度较快，传输速度也快些，功耗低（蓝牙也类似）。将两个具备 NFC 功能的设备链接，能实现数据点对点传输，如下载音乐、交换图片或者同步设备地址簿。因此通过 NFC，多个设备如数位相机、PDA、计算机和手机之间都可以交换资料或者服务。

（3）读卡器模式（Reader/Writer Mode）：作为非接触读卡器使用，比如从海报或者展览信息电子标签上读取相关信息。

NFC 设备可以用作非接触式智能卡、智能卡的读写器终端以及设备对设备的数据传输链路，其应用主要可分为以下 4 个基本类型：用于付款和购票、用于电子票证、用于智能媒体以及用于交换、传输数据。

六、ZigBee 技术

ZigBee 是一种新兴的短距离、低功耗、低速率、低成本的双向无线通信技术，是一种介于无线标记技术和蓝牙之间的技术方案，主要用于近距离无线连接，ZigBee 的基础是 IEEE802.15.4，这是 IEEE 无线个人局域网（PAN）工作组的一项标准，被称作 IEEE802.15.4 技术标准。相对于现有的各种无线通信技术，ZigBee 技术是最低功耗和成本的技术之一。

（一）ZigBee 技术的特点

ZigBee 技术的特点包括以下几个方面：

（1）低速率：ZigBee 工作在 20 ~ 250Kb/s 的较低速率，分别提供 250Kb/s（2.4 GHz）、40Kb/s（915MHz）和 20Kb/s（868MHz）的原始数据吞吐率，满足低速率传输数据的应用需求。

（2）近距离：传输范围一般介于 10 ~ 100 m，在增加发射功率后，也可增加到 1 ~ 3km。这指的是相邻节点间的距离。如果通过路由和节点间通信的接力，传输距离将可以更远。

（3）低时延：ZigBee 的响应速度较快，一般从睡眠转入工作状态只需 15ms，节点连接进入网络只需 30 ms。进一步节省了电能。相比较，蓝牙需要 3 ~ 10 s、Wi-Fi 需要 3s。

（4）低功耗：在低耗电待机模式下，2 节 5 号干电池可支持 1 个节点工作 6 ~ 24 个月，甚至更长，这是 ZigBee 的突出优势。

（5）高安全：ZigBee 提供了三级安全模式，包括无安全设定、使用访问控制清单（ACL）防止非法获取数据以及采用高级加密标准（AES128）的对称密码，以灵活确定其安全属性。

（6）低成本：通过大幅简化协议，降低了对通信控制器的要求，而且 ZigBee 免协议专利费，这意味着较低的设备费用、安装费用和维护费用。

（7）网络容量高：基于 TEEE802.15.4 标准的物理层和 MAC 层。ZigBee 可采用星状、片状和网状网络结构，由一个主节点管理若干子节点，最多一个主节点可管理 254 个子节点；同时主节点还可由上一层网络节点管理，最多可组成 65 000 个节点的大网。

所以，ZigBee 可归为低速率的短距离无线通信技术。

（二）ZigBee 协议栈框架

ZigBee 是一种低速短距离传输的无线网络协议。ZigBee 协议从下到上分别为物理层（PHY）、媒体访问控制层（MAC）、传输层（TL）、网络层（NWK）、应用层（APL）等。其中物理层和媒体访问控制层遵循 IEEE802.15.4 标准的规定，而网络层和应用层标准则由 ZigBee 联盟制定。每一层向它的上层提供数据和管理服务。ZigBee 的应用层由应用支持子层（APS）、ZigBee 设备对象（ZDO）和制造商定义的应用对象组成。

（三）ZigBee 网络拓扑结构

ZigBee 支持包含有主从设备的星型、树簇型和对等拓扑结构。星型网络中各节点彼此并不通信，所有信息都是通过协调器节点进行转发；树簇型网络中包含协调器节点、路由节点和终端节点，终端节点的信息可以直接发给协调器，也可以通过路由节点转发后才到达协调器节点，路由器节点完成数据的路由功能，协调器负责网络的管理；对等网络中节点彼此互联互通，数据转发一般以多跳方式进行，每个节点都有转发功能，是一种比较复杂的网络结构。通常情况下星型网和树簇型网络是一点对多点，常用在短距离信息采集和监测领域，而对于大面积监测通常要通过对等网络来完成。

七、常用近距离无线通信技术比较

基于对上述短距离无线通信技术的介绍，从通信频段、传输距离、系统功耗、系统开销、通信速率等几个方面做简单的比较，如表 4-2 所示。通过表 4-2 对几种短距离无线通信技术的比较，可以发现这几种短距离无线通信技术都具有各自的优点。新 NFC 技术的出现目标并非完全取代蓝牙、Wi-Fi 等原有无线通信技术，而是在不同的场合、不同的领域起到相互补偿的作用。在需要个人特制网络、点到点交换的场合，采用 IrDA 技术是最合适的；如果需要低功率音频或全向连接，Bluetooth 技术占有优势；在需要与网络长时间连接的情况下，使用 Wi-Fi 有优势；而 UWB 最适于视频消费娱乐个人无线局域网；ZigBee 以其低成本、低功耗和低速率优势占据无线通信市场的空缺，与其他标准在应用上几乎无交叉，其成功关键在于丰富而便捷的应用，而不是技术本身，其应用领域可以涵盖自动控制、家居自动化、军事领域、环境科学、医疗健康、空间探索、商业应用等诸多领域。

表 4-2 几种短距离无线通信的比较

技术	红外	蓝牙	Wi-Fi	UWB	NFC	ZigBee
发起时间		1998 年初			1970 年末开始民用	2002 年下半年

续表

技术	红外	蓝牙	Wi-Fi	UWB	NFC	ZigBee
通信频段	980 nm	2.4 GHz	2.4 GHz	2.4 GHz	13.56 MHz	2.4 GHz 868/915MHz
传输距离	1 m	10 m	100 m	10 m	20 cm	75 m
功耗	几 nW	100mW	100mW	250mW	15mW	1～3mW
传输速率	16Mb/s	1Mb/s	54Mb/s	400Mb/s	106/212/424Mb/s	20～250Mb/s
节点	2	7	100	100＋	2	65500
使用权	免费	需资格	需费用			免费
优点	短距离	中低速、低成本、易操作	高速、适应性强	定位精确到厘米	可靠、低速、低成本	可靠、低成本、低功耗、安全
典型应用	手机和笔记本计算机等设备	语音和数据传输，无线联网	数据，图像，语音	数字家庭，超宽带视频传输	门禁,物流管理,电子钱包,高速公路收费	无线传感网络,工业监测,定位

第三节　3G 通信技术

一、3G 技术发展简介

3G（3rd Generation 的缩写）是第三代移动通信技术，将无线通信与国际互联网等多媒体通信结合的新一代移动通信系统。它能够处理图像、音乐、视频流等多种媒体形式，提供包括网页浏览、电话会议、电子商务等多种信息服务。为了提供这种服务，无线网络必须能够支持不同的数据传输速度，也就是说在室内、室外和行车的环境中能够分别支持至少 2Mb/s、384Kb/s 以及 144Kb/s 的传输速度。

CDMA（码分多址）是第三代移动通信系统的技术基础。第一代移动通信系统采用频分多址 FDMA 的模拟调制方式，这种系统的主要缺点是频谱利用率低，信令干扰话音业务。第二代移动通信系统主要采用时分多址 TDMA 的数字调制方式，提高了系统容量，并采用独立信道传送信令，使系统性能大大改善，但

TDMA 的系统容量仍然有限，越区切换性能仍不完善。CDMA 系统以其频率规划简单、系统容量大、频率复用系数高、抗多径能力强、通信质量好、软容量、软切换等特点显示出巨大的发展潜力。

二、技术标准

目前 3G 存在 4 种标准：CDMA2000、WCDMA、TD-SCDMA、WiMAX。

（1）WCDMA：全称为 Wideband CDMA，也称为 CDMA Direct Spread，意为宽频分码多重存取，它可支持 384 kb/s 到 2Mb/s 不等的数据传输速率，这是基于 GSM 网发展出来的 3G 技术规范，是欧洲提出的宽带 CDMA 技术。该标准提出了 GSM（2G）–GPRSEDGE–WCDMA（3G）的演进策略。这套系统能够架设在现有的 GSM 网络上，对于系统提供商而言可以较轻易地过渡。预计在 GSM 系统相当普及的亚洲，对这套新技术的接受度会相当高。因此 WCDMA 具有先天的市场优势。WCDMA 已是当前世界上采用的国家及地区最广泛的、终端种类最丰富的一种 3G 标准，占据全球 80％以上市场份额。

（2）CDMA2000：是由窄带 CDMA（CDMAIS95）技术发展而来的宽带 CDMA 技术，也称为 CDMA Multi–Carrier，它是由美国高通北美公司为主导提出的，摩托罗拉、Lucent 和后来加入的韩国三星都有参与，后来韩国成为该标准的主导者。这套系统是从窄频 CDMAOne 数字标准衍生出来的，可以从原有的 CDMAOne 结构直接升级到 3G，建设成本低廉。但使用 CDMA 的地区只有日、韩和北美，所以 CDMA2000 的支持者不如 WCDMA 多。不过 CDMA2000 的研发技术却是目前各标准中进度最快的，许多 3G 手机已经率先面世。该标准提出了从 CDMA1S95（2G）—CDMA20001x—CDMA20003x（3G）的演进策略。CDMA20001x 被称为 2.5 代移动通信技术。CDMA20003x 与 CDMA20001x 的主要区别在于应用了多路载波技术，通过采用三载波使带宽提高。

（3）TD–SCDMA：全称为 Time Division–Synchronous CDMA（时分同步 CDMA），该标准是由中国独自制定的 3G 标准，1999 年 6 月 29 日，中国原邮电部电信科学技术研究院（大唐电信）向 ITU 提出，但技术发明始于西门子公司，TD–SCDMA 具有辐射低的特点，被誉为绿色 3G。该标准将智能无线、同步 CDMA 和软件无线电等当今国际领先技术融于其中，在频谱利用率、对业务支持具有灵活性、频率灵活性及成本等方面独特优势。另外，由于中国庞大的市场，该标准受到各大主要电信设备厂商的重视，全球一半以上的设备厂商都宣布可以支持 TD-SCDMA 标准。该标准提出不经过 2.5 代的中间环节，直接向 3G 过渡，非常适用于 GSM 系统向 3G 升级。相对于另两个主要 3G 标准 CDMA2000 和 WCDMA 来说，它的起步较晚，技术不够成熟。

（4）WiMAX 的全名是微波存取全球互通（Worldwide Interoperability for MicrowaveAccess），又称为 802.16 无线城域网，是又一种为企业和家庭用户提供"最后一英里"的宽带无线连接方案。将此技术与需要授权或免授权的微波设备相结合之后，由于成本较低，将扩大宽带无线市场，改善企业与服务供应商的认知度。2007 年 10 月 19 日，国际电信联盟在日内瓦举行的无线通信全体会议上，经过多数国家投票通过，WiMAX 正式被批准成为继 WCDMA、CDMA2000 和 TD-SCDMA 之后的第四个全球 3G 标准。

CDMA2000、WCDMA 和 TD-SCDMA 同属 3G 的主流技术标准，但在技术上 CDMA2000 和 WCDMA 是 FDD 的标准，而 TD-SCDMA 则是一个 TDD 标准。WCDMA 和 CDMA2000 都满足 IMT-2000 提出的全部技术要求，包括支持高比特率多媒体业务、分组数据和 IP 接入等。这两种系统的无线传输技术均基于 DS-CDMA 作为多用户接入技术，单就技术来说，WCDMA 和 CDMA2000 在技术先进性和发展成熟度上各具优势，但总体来看，WCDMA 似乎更胜一筹，WCDMA 具备一定优势，各家电信企业也因此更加倾向于采用该标准。另外，在传统网络基础和市场推广上，WCDMA 占据着更大的优势。由于全球移动系统有 85％ 都在用 GSM 系统，而 GSM 向 3G 过渡的最佳途径就是历经 GPRS 演进到 WCDMA，所以传统网络上的绝对优势使得 CDMA2000 难以对 WCDMA 形成真正的挑战。TD-SCDMA 技术的优点是能够为网络运营商提供从第二代网络向通过现有的传输链接提供第三代业务的网络的渐进、无缝的转换，频谱的利用率可能会比普通 GSM 高出 3 到 5 倍，能够在一个移动连接过程中大幅度地调节分配给上行链路和下行链路通信的时间比例，是 TD-SCDMA 的一个独一无二的性能。这种特性最大限度地提高了频谱的利用率。

三、网络结构

一个 3G 网络由核心网（CN）、无线接入网（RAN）和用户设备（UE）组成。实际应用的两套 3G 标准：WCDMA 和 CDMA2000。3G 核心网的主要功能是为用户通信进行转交和寻址，核心网被分为电路交换域（CS）和分组交换域（PS）。电路交换域的成员包括移动服务中心（MSC），归属位置寄存器（HLR）以及网关 MSC（GMSC），它们在 WCDMA 和 CDMA2000 标准中是相同的。而分组交换域的成员在这两种标准中有所不同。GGSN 是到达外部数据网的网关，并且执行对用户的鉴权和 IP 地址分配功能；SGSN 提供会话管理功能；PDSN 节点结合了很多功能，如把分组传送到 IP 网络，动态分配 IP 地址，以及获得点对点协议（PPP）的会话；无线接入网（RAN）为 UE 提供接入网络的空中接口；PCF 主要功能是建立、保持和中止与 PDSN 间的连接。RNC 是无线网络控制器，它是接入网的组成部分，用于提供移动性管理、呼叫处理、链接管理和切换机制。BSC 是 CDMA2000 标准中的基站控制器，它主要负责无线网路资源的管理，小区配置数据管理，功率控制、定位和切换等，同时负责将话音和数据分别转发给 MSC 和 PCF。

第四节　ZigBee 无线网络的设计与实现

一、系统功能需求分析

本文通过设计一个基于 ZigBee 与嵌入式服务器的智能温室系统，在楼宇的不同区域布置相应的 ZigBee 终端节点，采集相关的信息，做出相应的判断处理，并将各种信息传递到控制器端，要求能够通过 Internet 智能监控温室内的温度、光照、湿度、CO_2 浓度等温室状态。该系统应具有以下功能：

（1）节点信息登记：协调器节点建立网络后，ZigBee 终端节点主动扫描信道，获取网络信息，并加入网络。系统记录网络中各个节点的信息，包括其 MAC 地址、网络短地址及其连接状态信息，并将信息保存在节点信息表中。

（2）终端节点信息采集：当 ZigBee 终端节点检测到被控对象有信号发生变化或者有采集数据指令传送过来时，它将触发节点芯片的中断，从而激活节点芯片，节点通过传感器感应采集被控对象的信息，当采集数据结束后，芯片通过无线收发模块，将打包好的数据发送到协调器。

（3）温室系统的智能监控：在 ZigBee 网络运行中，所有终端节点的状态变化信息和采集的传感器信息均传送给控制中心；同时，可根据需要，控制中心发送相应的控制指令给 ZigBee 网络中的终端节点，使节点进行相应的操作。系统有两种控制信息流，第一种是从控制中心出发，远程控制设备要获取温室的实时信息或执行控制指令必须通过 Internet 将请求或控制命令发送到网关服务器，由网关服务器处理并转发给终端设备；第二种是从终端节点开始，终端节点外接各种传感器，可以实时地采集其所在区域的温度、照明、湿度、CO_2 浓度等信息，做出相应的判断处理，然后将数据打包，通过 ZigBee 无线方式发给服务器，由服务器对数据进行处理，并以网页的方式在 PC 上显示出来，远程控制中心可以通过 Internet 访问服务器，进行智能监控。因此，网关服务器必须具有网络接口并实现必要的网络协议。

二、系统总体设计方案

智能温室系统由 Internet 网络、路由器、远程计算机、ZigBee 网关服务器、协调器节点、路由器节点、终端节点等组成。其中远程计算机是通用的 PC 机，用来为操作者提供远程控制的网页交互界面，实现对温室的本地控制及状态显示。ZigBee 网关服务器是 ZigBee 网络和以太网进行数据交换时协议的转换接口，负责 ZigBee 网络与 Internet 的连接，从而实现远程监控。协调器节点是 ZigBee 网络与外部网络的接口，负责 ZigBee 网络的组建与管理，通过它能控制整个网络，以及它与外部网络的连接方式。路由器节点能够扩大 ZigBee 网络覆盖面积，增加节点间的传输距离和节点数量，使数据和指令在传送过程中找到最佳的路径，准确快捷地达到目标，同时，路由器节点也能实现普通终端节点的功能。终端节点由 ZigBee 终端节点加上测控对象组成，测控对象可以是采集温度、照明、湿度、CO_2 浓度等相关参数的传感器节点，也可以是遮光帘、风扇、灯光等设备。

三、ZigBee 节点硬件设计

ZigBee 节点通常由处理器模块、无线通信模块、传感器／执行器模块、电源模块等组成。处理器模块负责数据的存储与计算，控制整个节点的处理操作、功耗管理、路由协议、同步定位与任务管理；无线通信模块则负责节点间的无线通信、收发数据信息与交换控制信息等。本系统采用集成了微处理器和射频收发芯片于一体的 SoC 芯片 CC2530。传感器模块则根据功能需求，添加了温度、照明、湿度、CO_2 浓度等传感器模块。节点电源由两节 1.5V 干电池组成或者由 DC5V 提供，采用 TPS60211 稳压芯片。

四、ZigBee 节点软件设计

ZigBee 节点移植了 Z-Stack 协议栈，在 Z-Stack 协议上进行应用开发，根据应用需要，在应用层上添加自己的应用程序，同时，在操作系统层上注册相应的服务。Z-Stack 采用操作系统的思想来构建，采用事件轮循机制，main 函数在 Zmain.C 中，系统上电后完成两件工作：系统初始化、完成初始化硬件平台和软件架构所需要的各个模块，主要包括初始化系统时钟、检测芯片工作电压、初始化堆栈、初始化芯片各个硬件模块、初始化 Flash 存储、初始化 MAC 层地址、初始化非易失变量、初始化 MAC 层协议、初始化应用帧层协议、初始化操作系统等；完成系统初始化后则开始执行操作系统实体。

启动代码为操作系统的执行做好准备工作后，就开始执行操作系统。操作系统启动后，就不断地查询每个任务中是否有事件发生，如果有发生，就执行相应的函数，如果没有发生，就查询下一个任务。操作系统专门分配了存放所有任务事件的 taskEvem[　　] 数组，每一个单元对应一个任务事件。函数首先通过一个循环遍历 taskEvem[　　]，找到第一个具有事件的任务，然后跳出循环，此时，得到了有事件待处理的最高优先级的任务的序列号 idx，然后通过 eventstaskEvent[idx] 语句，取出该事件，接着调用 taskArr[idx]（idx，events）函数来执行具体的处理函数。处理完事件，继续查询是否有任务事件要发生，有任务事件则执行，如果没有需要任务处理则处理器进入睡眠状态，有事件发生时唤醒系统。

五、ZigBee 通信程序设计

系统上电后，完成硬件初始化，其中包括关总中 osal_int-disable（INTS_ALL）、初始化板上硬件设置 HAL-BOARD_INITO、初始化 I/O 口 InitBoard（OB-COLD）、初始化 HAL 层驱动 HalDriverlnit（）、初始化非易失性存储器 sal_nv_init（NULL）、初始化 MAC 层 ZMadnit（）、分配 64 位地址 zmain-ext-addr（）、初始化操作系统 osal-init-system（）等。完成初始化后，协调器

执行信道能量检测和信道扫描，选择合适的信道，建立 ZigBee 网络。成功建立 ZigBee 网络后，协调器进入聆听状态，若收到子节点加入网络请求，应允许子节点加入，并对加入网络的子节点分配短地址，建立绑定表，绑定端口；同时，等待接收来自网关服务器的控制指令与 ZigBee 终端节点发送的传感器数据。当收到网关服务器通过串口传送的数据时，需要对数据进行解析，提取出控制指令后通过无线方式发送至终端节点。当收到 SgBee 终端节点发送的传感器数据时，将数据进行解析，通过串口发送至网关服务器。ZigBee 终端节点上电初始化后，首先主动进行信道扫描，搜索 ZigBee 网络，寻找可加入的网络信道，选择 PAN 标识符，向选中的网络协调器发送连接请求，加入选择的 ZigBee 网络，通知网络协调器加入该网络。成功加入 ZigBee 网络后，进入聆听状态，等待协调器的指令。当收到采集指令时，开始采集传感器数据，并通过无线方式把数据回发给协调器；当收到控制指令时，子节点则调用相应的设备执行控制指令。

第五节　4G 通信技术

第四代移动电话行动通信标准，指的是第四代移动通信技术，外语缩写：4G。该技术包括 TD–LTE 和 FDD–LTE 两种制式（严格意义上来讲，LTE 只是 3.9G，尽管被宣传为 4G 无线标准，但它其实并未被 3GPP 认可为国际电信联盟所描述的下一代无线通讯标准 IMT-Advanced，因此在严格意义上其还未达到 4G 的标准。只有升级版的 LTE Advanced 才满足国际电信联盟对 4G 的要求）。

4G 是集 3G 与 WLAN 于一体，并能够快速传输数据、高质量、音频、视频和图像等。4G 能够以 100Mbps 以上的速度下载，比家用宽带 ADSL（4 兆）快 25 倍，并能够满足几乎所有用户对于无线服务的要求。此外，4G 可以在 DSL 和有线电视调制解调器没有覆盖的地方部署，然后再扩展到整个地区。很明显，4G 有着不可比拟的优越性。

一、发展历程

从 2009 年初开始，ITU 在全世界范围内征集 IMT-Advanced 候选技术。2009

年 10 月，ITU 共计征集到了六个候选技术。这六个技术基本上可以分为两大类，一是基于 3GPP 的 LTE 的技术，我国提交的 TD–LTE–Advanced 是其中的 TDD 部分。另外一类是基于 IEEE 802.16m 的技术。

ITU 在收到候选技术以后，组织世界各国和国际组织进行了技术评估。在 2010 年 10 月份，在我国重庆，ITU–R 下属的 WP5D 工作组最终确定了 IMT–Advanced 的两大关键技术，即 LTE–Advanced 和 802.16m。我国提交的候选技术作为 LTE–Advanced 的一个组成部分，也包含在其中。在确定了关键技术以后，WP5D 工作组继续完成了电联建议的编写工作，以及各个标准化组织的确认工作。此后 WP5D 将文件提交上一级机构审核，SG5 审核通过以后，再提交给全会讨论通过。

在此次会议上，TD–LTE 正式被确定为 4G 国际标准，也标志着我国在移动通信标准制定领域再次走到了世界前列，为 TD–LTE 产业的后续发展及国际化提供了重要基础。

TD–LTE–Advanced 是我国自主知识产权 3G 标准 TD–SCDMA 的发展和演进技术。TD–SCDMA 技术于 2000 年正式成为 3G 标准之一，但在过去发展的十二年中，TD–SCDMA 并没有成为真正意义上得"国际"标准，无论是在产业链发展，国际发展等方面都非常滞后，而 TD–LTE 的发展明显要好得多。

据了解，2010 年 9 月，为适应 TD–SCDMA 演进技术 TD–LTE 发展及产业发展的需要，我国加快了 TD–LTE 产业研发进程，工业和信息化部率先规划 2570MHz ~ 2620MHz（共 50MHz）频段用于 TDD 方式的 IMT 系统，在良好实施 TD–LTE 技术试验的基础上，于 2011 年初在广州、上海、杭州、南京、深圳、厦门六城市进行了 TD–LTE 规模技术试验；2011 年底在北京启动了 TD–LTE 规模技术试验演示网建设。与此同时，随着国内规模技术试验的顺利进展，国际电信运营企业和制造企业纷纷看好 TD–LTE 发展前景。[1]

2012 年 1 月 18 日，国际电信联盟在 2012 年无线电通信全会全体会议上，正式审议通过将 LTE–Advanced 和 WirelessMAN–Advanced（802.16m）技术规范确立为 IMT–Advanced（俗称"4G"）国际标准，我国主导制定的 TD–LTE–Advanced 同时成为 IMT–Advanced 国际标准。

日本软银、沙特阿拉伯 STC、mobily、巴西 sky Brazil、波兰 Aero2 等众多国际运营商已经开始商用或者预商用 TD–LTE 网络。印度 Augere 预计 2012 年 2 月开始预商用。审议通过后，将有利于 TD-LTE 技术进一步在全球推广。同时，国际主流的电信设备制造商基本全部支持 TD-LTE，而在芯片领域，TD-LTE 已吸引 17 家厂商加入，其中不乏高通等国际芯片市场的领导者。

二、4G 核心技术

4G 通信系统的这些特点，决定了它将采用一些不同于 3G 的技术。对于 4G 中将使用的核心技术，业界并没有太大的分歧。总结起来，有以下几种。

（一）正交频分复用 OFDM 技术

OFDM 是一种无线环境下的高速传输技术，其主要思想就是在频域内将给定信道分成许多正交子信道，在每个子信道上使用一个子载波进行调制，各子载波并行传输。尽管总的信道是非平坦的，即具有频率选择性，但是每个子信道是相对平坦的，在每个子信道上进行的是窄带传输，信号带宽小于信道的相应带宽。OFDM 技术的优点是可以消除或减小信号波形间的干扰，对多径衰落和多普勒频移不敏感，提高了频谱利用率，可实现低成本的单波段接收机。

（二）软件无线电

软件无线电的基本思想是把尽可能多的无线及个人通信功能通过可编程软件来实现，使其成为一种多工作频段、多工作模式、多信号传输与处理的无线电系统。也可以说，是一种用软件来实现物理层连接的无线通信方式。

（三）智能天线技术

智能天线具有抑制信号干扰、自动跟踪以及数字波束调节等智能功能，是未来移动通信的关键技术。智能天线应用数字信号处理技术，产生空间定向波束，使天线主波束对准用户信号到达方向，旁瓣或零陷对准干扰信号到达方向，达到充分利用移动用户信号并消除或抑制干扰信号的目的。这种技术既能改善信号质量又能增加传输容量。

（四）多输入多输出 MIMO 技术

MIMO 技术是指利用多发射、多接收天线进行空间分集的技术，它采用的是分立式多天线，能够有效地将通信链路分解成为许多并行的子信道，从而大大提高容量。信息论已经证明，当不同的接收天线和不同的发射天线之间互不相关时，MIMO 系统能够很好地提高系统的抗衰落和噪声性能，从而获得巨大的容量。在功率带宽受限的无线信道中，MIMO 技术是实现高数据速率、提高系统容量、提高传输质量的空间分集技术。

（五）基于 IP 的核心网

4G 移动通信系统的核心网是一个基于全 IP 的网络，可以实现不同网络间的无缝互联。核心网独立于各种具体的无线接入方案，能提供端到端的 IP 业务，能同已有的核心网和 PSTN 兼容。核心网具有开放的结构，能允许各种空中接口接入核心网；同时核心网能把业务、控制和传输等分开。采用 IP 后，所采用的无线接入方式和协议与核心网络（CN）协议、链路层是分离独立的。IP 与多种无线接入协议相兼容，因此在设计核心网络时具有很大的灵活性，不需要考虑无线接入究竟采用何种方式和协议。

第六章
云计算

物联网中海量数据的智能处理需要云计算技术。依靠云计算的高效、动态、可大规模扩展计算资源处理能力，实现对物联网中各类物品的智能分析和实时动态管理。云计算可助我们更好地利用信息技术精确地调控物质和能量，以提高资源利用率和生产力水平，使人类社会与自然和谐共生并更好地可持续发展。

第一节　云计算

一、信息化与云计算

（一）云计算是信息技术发展和信息社会需求到达一定阶段的必然结果

随着互联网向物联网的扩展，网络将连接更多的人和物，人与自然进一步融合，人类对信息技术的需求进一步提高，需要获得更专业化的信息服务。信息产业逐步走向信息服务的规模化、集约化和专业化，催生了云计算。多核处理器、虚拟化、分布式存储、宽带互联网和自动化管理等技术的发展，为云计算奠定了发展的基础。云计算提供新型计算资源组织分配和使用模式，以满足信息产业专业化转变的需求。

信息技术中的计算机、互联网，改变了人类的生产、生活方式。人们在工作、学习与生活中大量使用个人计算机，为了满足使用要求，硬件配置越来越高，安装的软件越来越多，对使用者的知识水平要求也在提高。但是个人计算机利用率非常低，CPU 和存储空间在大量的时间都是空闲的，而真正需要计算的时候又会觉得计算能力不够。不仅是资源的浪费，也降低了工作、学习的效率。

云计算为用户提供了按需使用服务方式，云计算中心提供软硬件资源及维护管理。在用户发出计算服务请求时提供服务，使用之后就释放资源，由云中心再分配给其他终端使用。这种模式提高了资源的利用率，降低了对用户终端的要求。

（二）云计算定义

至目前为止，云计算尚无统一的定义，但是全球的企业界、科学研究与教育界、政府都把它作为未来的发展方向。

云计算是一种基于互联网的大众参与的计算模式，以应用为目的，通过互联网将大量计算资源必要的硬件和软件按照一定的组织形式连接起来，并根据用户应用需求的变化动态调整组织形式，创建一个内耗最小、功效最大的虚拟资源服务集合，向用户提供计算能力、存储能力、各种软件及交互能力等服务。

"云"的含意被认为源自于以前在对网络结构进行图形表示时，用"云"来表示互联网，"云"代表了网络中包含了巨大的数据资源和计算能力。也有人认为云计算中的"云"是借用了量子物理中的"电子云"概念，强调云计算的弥漫性、无所不在的分布性。从这个角度来看，云计算的概念类似于普适计算或无所不在的计算的概念。

云计算是分布式处理、并行处理和网格计算的发展，或者说是这些计算机科学概念的商业实现。

云计算是一种基于因特网的新一代计算模式与商业模式。其核心部分依然是云后端的数据中心，它使用的硬件设备主要是成千上万的工业标准服务器组成。企业和个人用户通过高速互联网得到计算能力，从而避免了大量的硬件投资。

云计算的基本原理是，将传统的以桌面为核心的任务处理转变为以网络为核心的任务处理，利用互联网实现用户想完成的一切处理任务，通过将计算分布在大量的分布式计算机上，使网络成为传递服务、计算能力和信息的综合媒介，使企业数据中心的运行更加类似于使用互联网，从而使企业能够随时将资源切换到需要的应用上，根据需求访问计算机和存储系统，真正实现按需计算。在远程的数据中心，几万甚至几千万台电脑和服务器连接成一片，具有每秒超过 10 万亿次的运算能力。用户可以通过诸如手机等较简单的硬件装置接入数据中心进行存储和运算，并以低廉的价格获得所需的信息服务。

有了云计算，人们不再需要台式机、笔记本这样笨重的硬件，也不再需要 Windows、IE 浏览器这样的大型软件，不会再被手机有限的运算能力和半导体技术、电池技术的局限性所困扰。只要一个便捷的接入网络的装备，人们就可自由接入网络，从而拥有超级计算机的运算能力和存储能力。

云计算降低了对用户终端的要求，从而使得用户终端尽可能简单、便宜，这更适合于农村。农民不需要关心数据存放在哪里，不用担心数据的安全，不必为安装、升级软件烦恼，不用担心病毒的入侵，一切工作交给云计算中心维护管理，这样就降低了农民参与信息化建设的知识门槛。云计算技术在农村信息化建设中具有巨大的应用场景和应用价值，云计算的出现和发展为中国农村信息化建设提供了有力的技术支持。

二、云计算的构成与任务

（一）云计算资源构成

云计算在资源分布上包括"云"和"云终端"。

"云"是一种计算资源集群，可以自我维护和管理，通常由一些大型服务器集群，包括计算服务器、存储服务器、宽带资源、安全设备、软件等构成，几乎所有的数据和应用软件，都可存储在"云"里。

"云终端"是一种具备简单操作系统、具有交互功能的用户设备，通过网络接入"云"，就可以轻松地使用云中的计算资源。

用户不需要知道服务器在哪里，不用关心内部如何运作，通过高速互联网就可以透明使用各种资源。通过云计算技术，网络服务提供者可以在数秒之内处理数以千万计甚至亿计的信息，达到和"超级计算机"同样强大效能的网络服务。

（二）云计算人员构成

在云计算中包括云服务使用者、云服务提供者和云服务开发者三类角色。

云服务使用者可在不具备专业知识的情况下利用网络通过交互技术以自服务的方式访问云端资源。

云服务提供者作为联系服务使用者和服务开发者的桥梁，以按需使用、按量计费的方式通过网络提供动态可伸缩资源，云服务提供者负责安全管理、运营支撑管理、服务平台以及资源平台，其中服务平台包括软件即服务 SaaS、平台即服务 PaaS、基础设施即服务 IaaS 以及这 3 种服务的组合和管理。

云服务开发者负责将各种软硬件资源封装成服务，并负责服务的创建、发布和维护。

（三）云计算的部署模式

1. 私有云

云基础设施特定为某个组织单独使用而构建，用户自己购买硬件设备，提供对数据、安全性和服务质量的最有效控制，可以是该组织或某个第三方负责管理。云的规模相对比较有限，云计算的高性能和高性价比的优势没有充分体现。私有云的规模很小，是在封闭的内部网络提供服务的系统。这个网络中可能包括企业或者部门机构、作为业务合作伙伴的其他企业、原始资料提供商、经销商、生产链实体以及该企业的上属母公司。由于其特殊的性质，私有云中的安全性更高，而这也正是不少企业打算架构自己的私有云体系的最主要原因。

私有云的不足是规模很小，如果企业有很多应用，或者企业的应用具有暴发性，那么私有云就很难满足企业的需求；随着企业应用规模的扩大，企业将需要在私有云上投入越来越多的成本，这违反了云计算的初衷，即利用云计算获得廉价的弹性 IT 解决方案。

2. 社区云

基础设施被一些组织共享，并为一个有共同关注点的社区服务（如任务、安全要求、政策和遵守的考虑）。

3. 公共云

公共云是云基础设施对公众或某个很大的业界群组提供云服务。基础设施是被一个云服务提供商所拥有。公共云的应用中，用户不需要购买设备和自己维护系统，可按需支付费用给云服务提供商，用户通过网络就可以方便地获取所需的计算、存储等资源，整个服务资源的调度、管理、维护等工作由云服务提供商负责，用户不必关心"云"内部的实现，公共云有着更大的灵活性和成本优势。

公共云的优点是，比一个公司的私有云大很多，因而能够根据需要进行伸缩，并将基础设施风险临时或永久性地从企业转移到云提供商。可以将公共云的部分划出去，以便于独占单个客户端，从而产生一个虚拟专用数据中心。虚拟专用数据中心不是仅限于在公共云中部署虚拟机映像，而是使客户在更大程度上清楚地了解其基础设施。用户不仅可以处理虚拟机映像，而且可以处理服务器、存储系统、网络设备和网络拓扑。利用位于同一场所的所有组件创建一个虚拟专用数据中心，有助于缓解数据位置问题，因为当在同一场所内连接资源时，带宽非常充足，而且一般都可用。

4. 混合云

云基础设施由两个或多个云组成，独立存在，但用标准的或专有的技术将它们组合起来，具有数据和应用程序的可移植性。混合云有助于提供按需和外部供应方面的扩展。混合云把公共云模式与私有云模式结合在一起，有助于提供按需的扩展。用公共云的资源扩充私有云的能力可以在发生工作负荷快速波动时用来维持服务水平，混合云也可以用来处理预期的工作负荷高峰。使用混合云时必须考虑如何在公共云与私有云之间分配应用程序的复杂性，需要解决的问题包括数据存储和资源管理等。

（四）云计算的任务

现在，简单的云计算技术在网络中已经随处可见：搜索引擎、云存储盘等，给使用者提供了极大的使用方便。将来，云计算技术会使智能手机、GPS等有更多的服务功能。从现状来看，云计算是实现信息社会的最有效途径。云计算的主要任务有三大部分，数据传递、数据存储、数据处理。

（1）数据传递包含内部传递和通过端设备进行外部传递两部分。物联网的核心任务就是寻找一种方式，完成数据的外部传递工作。数据传递还涉及一个很重要的内容，就是数据在传递过程中的能量衰减，传递的规则等。

（2）对数据存储的研究主要体现在存储介质的管理形式是集中式管理还是分散式管理。集中式管理的能耗很大，因为服务器大量集中后会导致机房的温度很高，空调设备会消耗大量的能量。分散管理基本上不考虑环境散热问题，因为每台机器分散在不同的地方，采用自然散热方式就可以了，但是最大的难题就是如何管理这些机器。

（3）数据处理是云计算里最重要的部分，它是通过软件方式实现效益最大化，是真正绿色环保低碳的。一个好的方法，可能会让同样的设备提高上千倍、上万倍的效率。

有了云计算，用户无须自购软硬件，只需提出对资源及计算的需求，便可得到有偿的服务。对于大量中小企业而言，不再需要投入大量经费来购买、部署计算机软硬件设备和聘用维护人员，减少了资源重复购置，节约了资金，提高了效益。过去散落在局域网、社区网、城区网、地区网各级信息中心的成千上万台服务器利用率通常在15%左右。云计算的虚拟集群服务器利用率可达85%。对提供云计算服务者来说，资源合理配置并提高利用率，就能促进节能减排、实现绿色计算。

初期的互联网支持尽力而为服务，网络是简单的，边缘是丰富的，使笔记本性能越来越高，硬盘越来越大，利用率却越来越低。现在的云计算实现了社会化、集约化和专业化之后，网络是丰富的，边缘是简单的，交互是智能的，简化了云用户的终端，提高了云资源的利用率。

三、云计算相关技术

云计算的关键技术有效用计算、分布式计算、网格计算及虚拟化技术等。

（一）效用计算

效用计算是一种提供计算资源的商业模式，用户从计算资源供应商获取和使用计算资源并基于实际资源使用量进行付费。与现在人们付费使用自来水、电能一样，用户无须购买大量的硬件资源，只需为他们所需要用到并且已经用到的那部分资源付费，效用计算给用户带来了经济效益。

（二）分布式计算

分布式计算是指在一个松散或严格约束条件下使用一个硬件和软件系统处理任务，这个系统包含多个处理器单元或存储单元、多个并发的过程、多个并发的程序。一个程序被分成多个部分，同时在通过网络连接起来的计算机上运行。分布式计算类似于并行计算，但并行计算通常用于指一个程序的多个部分同时运行于某台计算机上的多个处理器上。分布式计算比起其他算法具有以下优点：稀有资源可以共享，通过分布式计算可以在多台计算机上平衡计算负载，可以把程序放在最适合运行它的计算机上。

（三）网格计算

网格计算是指分布式计算中两类比较广泛使用的子类型。一类是在分布式的计算资源支持下作为服务提供的在线计算或存储；另一类是一个松散连接的计算机网络构成的一个虚拟超级计算机，可以用来执行大规模任务。网格计算的目的，是通过任何一台计算机都可以提供无限的计算能力。这种环境将能够使各企业解决以前难以处理的问题，降低他们计算机资源的拥有和管理总成本。

（四）虚拟化技术

云计算平台利用软件来实现硬件资源的虚拟化管理、调度以及应用。虚拟化是对计算资源进行抽象的一个广义概念。虚拟化对上层应用或用户隐藏了计算资源的底层属性，它既包括把单个的资源（比如一个服务器、一个操作系统、一个应用程序、一个存储设备）划分成多个虚拟资源，也包括将多个资源（比如存储设备或服务器）整合成一个虚拟资源。云计算中的服务器虚拟化使得在单一物理服务器上可以运行多个虚拟服务器。在云计算中利用虚拟化技术可以大大降低维护成本和提高资源的利用率。

四、云计算的体系结构

如前所述，从用户的观点来看，云计算是一个拥有超级计算资源的"云"用户，只要连接到网络中的"云"就可以获得计算资源，用户只需为所使用的资源付费即可。云计算系统内部可以看作是一组服务的集合，云计算的体系结构，由云服务交互与管理、基础设施、计算平台、应用软件、管理与安全策略等部分组成。

（一）云服务交互与管理

用户与云计算服务的交互界面，也是用户使用云计算的入口，用户通过 Web 浏览器等简单的程序进行注册、登录，在取得相应权限（通过付费或其他机制）后，就可以进行定制服务、配置和管理用户等操作。用户在使用云计算服务时的感觉和使用在本地操作的桌面系统一样。

管理系统提供用户管理和服务，对用户进行授权、认证、登录等管理，对云系统中资源的使用情况进行监控和计量。

（二）基础设施

基础设施主要包括计算资源、存储资源和网络通信资源，整个基础设施也可以作为一种服务向用户提供，即基础设施即服务 IaaS。IaaS 向用户提供的不仅包括虚拟化的计算资源、存储，同时还要保证用户访问时的网络带宽等。设施服务是基于虚拟平台的，这个虚拟平台是由虚拟专用的服务器技术演化而来的，提供给用户的是通过缴费使用的物理资源、软件和存储空间等服务。通过这种方式，基础设施即服务可以不用经历从采购、容量规划、安装到配置硬件环境这整个过程，从而降低了成本和节省了时间。例如亚马逊网络服务（AWS）的弹性计算云和简单存储服务 S3。

（三）计算平台

平台即服务 PaaS，提供应用程序运行及维护所需要的一切平台资源。从软件分析设计到软件部署，平台即服务几乎包括了软件生命周期的整个过程。在基础设施之上的平台层可以认为是整个云计算系统的核心层，主要包括并行程序设计和开发环境、结构化海量数据的分布式存储管理系统、海量数据分布式文件系统以及实现云计算的其他系统管理工具，如云计算系统中资源的部署、分配、监控管理、安全管理、分布式并发控制等。平台即服务包括两个独立的层次：编程环境和执行环境。编程环境包括支持开发和测试的工具；执行环境用来部署最终的应用程序。

（四）应用软件

应用软件是各种业务应用程序的实现，这些业务应用程序被部署在云基础设施上，然后通过网络提供给用户使用，称为软件即服务 SaaS。软件即服务（SaaS）是一种软件应用投递模式，用户根据需求通过互联网向厂商订购应用软件服务，服务提供商向用户提供软件的使用、维护和升级等技术支持。在这种服务模式下，用户只需拥有能够接入互联网的终端，支付一定的租赁服务费用，即可通过互联网随时随地享受相应的硬件、软件和维护服务。不再像传统模式那样部署和配置软件，在硬件、软件和人员上投入大量资金。SaaS 的针对性更强，强调服务的可定制性和快速响应，它将某些特定应用软件功能封装成服务，一种最具效益的网络服务运营模式。如 Salesforce 公司提供的在线客户关系管理 CRM 服务。

（五）管理与安全策略

云计算平台规模庞大且结构复杂，要为用户提供高可靠、高可用、低成本的个性化服务，必须有相应的管理与安全策略等进行支撑与保证。云计算提供商要结合云的特点、用户需求等进行动态、实时的智能管理。云计算提供商需要通过云计算安全技术、云计算安全法规、云计算安全审计等方式来保证用户使用云计算服务的安全。

今大，云计算正让信息技术和信息服务实现社会化、集约化和专业化，不需要家家都买计算机，人人都当软件工程师，各部门也不必建自己专门的信息系统，让信息服务成为全社会的公共基础设施。

五、云计算特点

云计算对人类社会将产生影响，与工业革命一样，将会改变人类的生活和整个人类世界。云计算具有以下特点：

（一）超大规模

云计算的计算能力、存储空间以及通信带宽，成为社会的公共基础设施。"云"具有相当的规模，Google 云计算已经拥有 100 多万台服务器，Amazon、IBM、微软、Yahoo 等的"云"均拥有几十万台服务器。企业私有云一般拥有数百上千台服务器。这些云若结合成混合云，其规模更加宏大，云计算中心通过管理这些大规模的服务器来赋予用户前所未有的计算能力和存储能力。

（二）虚拟化

计算资源虚拟化是云计算的核心。云计算支持用户在任意位置、使用各种终端获取应用服务。所请求的资源来自"云"，而不是固定的有形的实体。计算资源的物理位置及底层的基础架构对于用户来说是透明和不相关的，用户通过简单的界面使用资源，并感觉自己独享资源。

虚拟化技术实现了物理资源的逻辑抽象和统一表示，它是指计算元件在虚拟的基础上而不是真实硬件的基础上运行。通过虚拟化技术可以提高资源的利用率，并能够根据用户业务需求的变化，快速、灵活地进行资源部署，实现动态负载均衡；同时与硬件无关的特性带来系统自愈功能，提升系统的可靠性。在云计算实现中，计算系统虚拟化是一切建立在"云"上的服务与应用的基础。虚拟化技术目前主要应用在CPU、操作系统、服务器等多个方面，是提高服务效率的最佳解决方案。

虚拟化技术可实现软件应用与底层硬件的隔离，包括将单个资源划分成多个虚拟资源的分裂模式和将多个资源整合成一个虚拟资源的聚合模式。虚拟化技术根据对象可分成存储虚拟化、计算虚拟化和网络虚拟化等。计算资源的虚拟化组织、分配和使用模式，有利于资源合理配置并提高利用率，促进节能减排、实现绿色计算。

（三）高可靠性

传统模式下，计算机、移动硬盘等硬件一旦毁坏，数据就会丢失，造成较大的麻烦和经济损失。在云计算模式下，用户的数据存储在云中，应用程序在云计算中心运行，计算由云计算中心来处理，所有的服务分布在不同的服务器上，保证了应用和计算的正常进行。用户的所有数据直接存储在云中，在需要的时候直接从云中使用。云使用了数据多副本容错、计算节点同构可互换等措施来保障服务的高可靠性，使用云计算比使用本地计算机更可靠。

（四）动态性

能够监控计算资源，并根据已定义的规则自动地平衡资源的分配。"云"的规模可以动态伸缩，满足应用和用户规模增长的需要。基于服务为导向的架构，动态地分配和部署共享的计算资源。可以将复杂的工作负载分解成小块的工作，并将工作分配到可逐渐扩展的架构中；另外当新增的资源投入使用时，需要增加的管理费用几乎为零。这种弹性服务，避免了因为服务器性能过载或冗余而导致服务质量下降或资源浪费。

（五）绿色低成本

"云"大多采用极其廉价的 80×86 节点来构建，并采用了其特殊的容错措施和自动化的集中式管理，使大量企业无须负担日益高昂的数据中心管理成本。同时，用户使用的服务运行在云端，本地计算需求很少，用户不需要像过去一样不断升级计算机的配置或购买高配置的新计算机，只需要一个廉价的可以上网的终端。用户的软件直接由服务商统一部署，在云中运行，软件升级、维护由服务商完成。云计算通过虚拟化技术提高设备的利用率，降低设备使用数量，关闭空闲资源，减少了能量消耗，实现了绿色节能。

云计算技术应用在农村信息化建设中，不仅降低了农民的使用成本，提高了设备的利用率，同时也为建设节约型社会做出了重大贡献。

（六）自动按需服务

云计算中心采用自动化的集中式管理并可以根据用户需求自动分配资源，以服务的形式为用户提供应用程序、数据存储等服务，并监控用户的资源使用量，根据资源的使用情况对服务计费。这种自动化的按需服务，满足了用户的需求，又大大地降低了云计算中心的人力成本。云计算可以像自来水、电、煤气那样按照使用量进行计费支付，用户可以根据需要付费获得资源服务。

（七）灵活性

可支持多种计算机应用类型，且同时支持消费者应用和商业应用。用户可在任何地点、任意时间、任何设备登录到云计算中心进行计算服务，不必携带体积较大的电脑。同时，云计算中心有规模巨大的计算资源，可根据任务动态调整伸缩，用户不必担心处理速度和存储空间的问题。

云计算中的"云"，无处不在，边界是模糊的；"云"可根据用户的需求动态伸缩，或卷或舒。任何一台个人电脑上的资源和处理能力都无法同网络相比，每一朵"云"都植根在成千上万台服务器组成的集群或虚拟集群上，只要有网络，就能随时随地连接"云"。

云计算早已深入到了我们的日常生活。例如电子邮箱，是通过 Web 技术把邮箱挂在网上，同一个邮箱服务器可以为成千上万的邮箱定制者提供服务，确保用户之间的数据隔离，确保用户的隐私。作为用户，既不关心也不需要知道自己的邮件存放在何处，无论走到哪里，只要有互联网，用户就可以收发电子邮件。

第二节　云计算发展与应用

几个世纪以来，科学技术的发展大大地提高了人们的生活质量，但是这种提高同时也破坏了人类的生存环境，尤其是几十年来，人类对自然资源的掠夺性消耗已经导致了重大危机的出现，气候变暖、气象异常、雾霾笼罩等现象频频出现。

在信息技术领域这种高耗能的现象也在不断出现：如靠提高频率来提高 CPU 的处理速度，这种方式会消耗更多的能量。随着信息技术的快速发展以及互联网应用的迅速普及与深化，互联网中所产生的数据呈爆炸式增长，很多大型的门户网站、搜索引擎以及电子商务网站等网络应用需要处理庞大的数据，数据中心在硬件建设以及管理维护上的成本在不断上升，造成更为大量的资源消耗。

上述现象引起了人们的反思：简单的消耗资源是不可取的，必须寻找一种方法，让有限的资源可以满足人们无限的需要。能够解决这个问题的方法就是云计算，云计算可以极大地提高资源的使用效率。

云计算提供了一种新的信息服务模式，这种新的服务模式不是传统的依靠简单消耗资源来获得利益的商业模式。云计算通过集约化、自动、动态地分配和部署共享的计算资源，提高了计算资源的效率，大大地降低了资源消耗数量。正是基于此，促使云计算快速发展。

一、国外云计算的发展与应用

（一）国外云计算的发展情况

2000 ~ 2001 年，Google 搜索引擎的访问数量呈爆炸式增长，原有的服务器架构已经完全不能满足用户需求，Google 的 Jeff Dean 设计并实现了新的服务器计算架构，这一架构被证明具有非常好的扩展性，可以将数十万台计算机连接成为一个超级计算云，而且其内部的结构和运行对外界是完全透明的，云计算的概念由此诞生。

2003 年，美国国家科学基金（NSF）投资 830 万美元支持由美国七所顶尖院校提出的"网格虚拟化和云计算"项目，由此正式启动了云计算的研发工作。

2006 年 3 月，亚马逊（Amazon）公司将其提供的可租用的计算服务称为"弹性计算云"（EC2），并在商业上取得了成功的应用。2006 年 8 月 9 日，谷歌（Google）首席执行官埃里克·施密特在搜索引擎大会首次提出"云计算"的概念。Google "云端计算"源于谷歌工程师克里斯托弗·比希利亚所做的"Google101"项目。

2007 年 10 月，Google 与 IBM 开始在美国大学校园，包括卡内基梅隆大学、麻省理工学院、斯坦福大学、加州大学柏克莱分校及马里兰大学等，推广云计算的计划，这项计划希望能降低分布式计算技术在学术研究方面的成本，并为这些大学提供相关的软硬件设备及技术支持（包括数百台个人电脑及 Blade Center 刀片服务器与 Systemx 服务器，这些计算平台将提供 1600 个处理器，支持包括 Linux、Xen、Hadoop 等开放源代码平台）。学生可通过网络开发以大规模计算为基础的各项研究计划。

2008 年 1 月 30 日，Google 宣布在中国台湾启动"云计算学术计划"，将与台湾台大、交大等学校合作，将这种先进的大规模、快速计算技术推广到校园。

2008 年 7 月 29 日，雅虎、惠普和英特尔宣布一项涵盖美国、德国和新加坡的联合研究计划，推出云计算研究测试床，推进云计算。该计划要与合作伙伴创建 6 个数据中心作为研究试验平台，每个数据中心配置 1400 ~ 4000 个处理器。这些合作伙伴包括新加坡资讯通信发展管理局、德国卡尔斯鲁厄大学 Steinbuch 计算中心、美国伊利诺伊大学香槟分校、英特尔研究院、惠普实验室和雅虎。

2008 年 8 月 3 日，美国专利商标局网站信息显示，戴尔正在申请"云计算"商标，此举旨在加强对这一未来可能重塑技术架构的术语的控制权。戴尔在申请文件中称，云计算是"在数据中心和巨型规模的计算环境中，为他人提供计算机硬件定制制造"。

美国政府在 IT 政策和战略中加入了云计算因素。2009 年，美国总统奥巴马宣布将执行一项影响深远的长期性云计算政策，利用云计算技术建立联邦政府网站，公开了大量政府数据，部署了医疗卫生、税收跟踪、创新教育等应用服务，试图通过云计算技术降低政府信息技术运行成本，压缩美国政府支出。

美国国家标准技术研究所成立了专门的研究团队，对云计算定义形成了一个专门文档，并开始了一个利用开源技术建设云计算平台的项目。

2010 年 7 月，美国国家航空航天局和包括 Rackspace、AMD、Intel、戴尔等支持厂商共同宣布"OpenStack"开放源代码计划，微软在 2010 年 10 月表示支持 OpenStack 与 Windows Server2008R2 的集成；而 Ubuntu 已把 OpenStack 加至 11.04 版本中。2011 年 2 月，思科系统正式加入 OpenStack，重点研制 OpenStack 的网络服务。OpenStack 提供了一个部署云的操作平台或工具集。其宗旨是帮助组织运行为虚拟计算或存储服务的云，为公共云、私有云提供可扩展的、灵活的云计算。

日本内务部和通信监管机构计划建立一个名为 Kasumigaseki Cloud 的大规模云计算基础设施，以支持所有政府运作所需的信息系统。

英国政府计划从简化桌面、标准化网络、合理化数据中心建设、推广开源软件、建立绿色 IT、保障信息安全等方面入手，建立国家级云计算平台。目前，英国政府云平台已开始运行，超过 2/3 的英国企业开始使用云计算服务。

新加坡、印度政府也纷纷开始实施其云计算发展战略。国际知名 IT 企业把云计算作为引领下一轮信息技术创新的重要产业机遇，纷纷投入巨资进行前沿技术研发和标准研究，希望在云计算领域占据主导地位。Google、IBM、微软、雅虎和亚马逊等企业利用弹性资源分配、绿色节能、海量数据处理等技术建立公共云平台，为用户提供灵活快捷高效的云计算服务。

（二）几个大的云计算平台

目前云计算技术正处于快速发展阶段，云计算技术的优势和价值也被更多地得到认可，云计算技术已经成为目前产业界和学术界的研究热点。已出现大量的商业云计算应用平台，云计算技术也被越来越多的机构所采用。

Google 是云计算的提出者，多年的搜索引擎技术的积累成果使 Google 在云计算技术上处于领先的地位。Google 拥有一套专属的云计算平台，这个平台一开始主要是为 Google 最重要的搜索应用提供服务，现在这一云计算平台已经扩展到其他应用。Google 的云计算基础架构模式主要包括了 4 个相互独立又紧密结合在一起的系统：建立在集群之上、提供海量数据的存储和访问的文件系统（CFS），针对 Google 应用程序的特点提出的 MapReduce 编程模式，保证分布式环境下并发操作同步的分布式锁服务 Chubby，以及 Google 开发的模型简化的大规模分布式数据库 BigTable。

Amazon 是最早提供远程云计算平台服务的公司，亚马逊的云计算被命名为亚马逊网络服务（AWS），目前主要核心服务有：简单存储服务（S3）、弹性计算云 EC2、简单队列服务等。Amazon 将自己的弹性计算云建立在公司内部的大规模集群计算的平台上，用户可通过弹性计算云的 Web 界面操作在云计算平台上运行的各个实例，用户按使用实例的方式付费。

微软 Microsoft 于 2008 年 10 月推出了 Windows Azure 操作系统，这个系统作为微软云计算计划的服务器端操作系统（Cloud OS）为广大开发者提供服务。同时，微软为使其在互联网上与 Google 竞争，微软宣布推出数据存储及网络管理软件 Windows Live，迈出从 PC 领域到云计算的一大步，Microsoft 将 Window Live 视为基于网上数据中心的软件平台，可以提供多种服务，包括计算机远程控制、电子设备及数据存储等。目前在 Windows Azure 操作系统上运行着五大服务，作为未来微软下一代网络服务的基础。微软公司正在开发脱离普通桌面的互联网操作系统"Midori"，该系统不同于已经有 20 多年历史的 Windows。Midori 目的是为了大规模应用云计算技术。全世界有数以亿计的 Windows 用户，微软所要做的就是将这些用户通过互联网更紧密地连接起来，并通过 Windows Live 向他们提供云计算服务。微软正在努力创造一种从一般的硬盘存储方式转移到任何时间地点都可以接入的存储的模式，从而在互联网战略上拉近同 Google 的距离。

IBM 于 2007 年 8 月推出"蓝云"计划。IBM 具有发展云计算业务的一切有利因素，应用服务器、存储、管理软件、中间件等，IBM 抓住了这样一个良好的机会，提出了"蓝云"计划。2008 年 8 月，IBM 斥资 3.6 亿美元在美国北卡罗来纳州开始建立云计算数据中心，并将该数据中心称为史上最复杂的数据中心，投入了大量人力物力。IBM 还在东京建立了一所新的研究机构，建立帮助用户使用云计算基础设施。IBM 在东京的专家将为大企业、大学和政府提供云计算咨询，帮助他们利用云计算设施，设计云计算应用，以及向他们的用户提供基于云计算的服务。IBM 提出私有云解决方案是为减少诸如数据、信息安全等公共云现存问题，从而抢占企业云计算市场。IBM 成为目前唯一一个提供从硬件、软件到服务全部自主生产的厂商，将重心放在将现有产品和技术整合上，并充分利用开源产品。IBM 的"蓝云"计算平台是一套软、硬件综合平台，它将 Internet 上使用的技术扩展到企业平台上，使得数据中心使用类似于互联网的计算环境。"蓝云"大量使用了 IBM 先进的大规模计算技术，结合了 IBM 自身的软、硬件系统以及服务技术，支持开放标准与开放源代码软件。

Apple 推出 MobileMe 服务，收购在线音乐服务商 Lala，在美国北卡莱罗纳州投资 10 亿美元建立新数据中心的计划，显示其进军云计算领域的巨大决心。MobileMe 是 Apple 官方提供的在线同步服务，包括 Email、联系人和日历在有网络连接情况下的即时同步。2011 年 6 月 7 日，乔布斯发布全新的 iCloud（云应用），它可以存储内容并可将无线推送给用户的所有设备。iCloud 可以看作是 MobileMe 的升级版，但 MobileMe 原来的年费为 99 美元，现在 iCloud 推出后将取代 MobileMe，用户可以免费使用。iCloud 的功能也将更加强大，联系人、日历、邮件等内容都会自动同步到云端，还可以同步文档、音乐、图书甚至设置信息等，同时为用户提供高达 5GB 的网络存储空间。

Salesforce 是一家客户关系管理（CRM）软件服务提供商，提供随需应用的客户关系管理。作为全球 CRM 行业的领导者，Salesforce 在客户关系管理领域的专业度是毋庸置疑的。该公司勾勒出的云战略中包括 SaaS 和 PaaS。该公司的云计算产品包括 Force.com（定制软件开发）、Heroku（Ruby 平台服务）、Database.com、SalesforceData.com、SalesforceChatter、SalesforceSalesCloud 和 SalesforceServiceCloud。

2017 年 Salesforce 已经将 AI 整合进许多产品中，与 IBM 合作将 Einstein 与 Watson 合并，以便用户扩充数据。Salesforce 还利用 AI 来让用户更轻松地获取他们所需的信息，它提供的一款名为 OptimusPrime 的内部工具用以组织和清理数据。通过分析用户在 Salesforce 上已有的数据来添加服务对 Salesforce 来说是一个很大的机遇。

Oracle 云是一款功能强大、统一的云解决方案。它提供了全面、集成的云服务，可帮助业务用户和开发人员在云端或内部部署环境中无缝、经济高效地构建、部署和管理负载，是少有的几家能完整覆盖 IaaS、PaaS、SaaS 及 DaaS 层面云服务的公司。

Oracle 的成功主要来自于数据库业务，许多公司使用他们的数据库来运行其关键业务，数据库业务仍然是 Oracle 最大的收入来源。2017 财年甲骨文云业务总收入超过 46 亿美金，年增长超过 60%，是全球发展最快的云公司之一。

在刚过去的 2017 甲骨文全球云大会上，甲骨文发布了多项产品和技术创新：最新发布的 Oracle 数据库 18c，凭借机器学习实现自治驱动、自治修复数据库和联机事物处理，有效提升了云端数据库运行的安全性和可靠性;Oracle 人工智能平台云服务（OracleAIPlatformCloudService）、Oracle区块链云服务、Oracle移动云、Oracle分析云以及Oracle安全和管理云等解决方案全面展现了甲骨文的技术创新。

据外媒最新消息，Oracle已经同意斥资16亿美元收购基于云计算的建筑软件供应商Aconex，增强其云计算业务。

Virtustream成立于2009年，为政府和企业客户提供云端服务，主要负责解决SAP、Oracle等关键应用在云上运行的问题，Virtustream的xStream管理平台及基础设施即服务（IaaS）满足复杂的私有云、公共云或混合云生产应用的安全、合规、性能、效率及基于消费量的计费要求。

Virtustream是深受全球组织信任的企业级云提供商，其客户包括可口可乐、SAP、多米诺糖业、海因茨以及一系列来自全球各地的服务供应商。VirtuStream在整个云计算市场属于细分市场的挑战者，是托管私有云市场的领导者。2015年被存储巨头EMC公司收购，随后EMC与戴尔合并，VirtuStream成为戴尔旗下事业部。

VirtuStream借助戴尔的服务提供商生态系统，加速推进其扩张步伐。今年3月28日，Virtustream宣布，该公司面向任务关键型应用的企业云平台和服务即日起在澳大利亚和日本等亚太地区供应，此次供应范围包括Virtustream的创新云技术和独特的消费量计费模型。

二、国内云计算的发展与应用

我国政府高度重视云计算及其发展趋势，将云计算视为下一代信息技术的重要内容，促进云计算的研发和示范应用。2010年10月18日，国家发改委、工信部联合发文通知，要求加强我国云计算创新发展顶层设计和科学布局，并确定在北京、上海、深圳、杭州、无锡5个城市先行开展云计算服务创新发展试点示范工作。各地也纷纷展开自己的云计划。

2008年5月10日，IBM在中国无锡太湖新城科教产业园建立的中国第一个云计算中心投入运营。2008年6月24日，IBM在北京"IBM中国创新中心"成立了第二个中国的云计算中心："IBM大中华区云计算中心"。

2008年11月，广东电子工业研究院与东莞松山湖科技产业园管理委员会签约，在东莞松山湖投资2亿元建立云计算平台。

2009年，阿里巴巴在南京建立云计算中心。2010年，黑龙江省在哈尔滨启动中国云谷建设项目，即云计算技术产业链，发展高端服务业，形成未来3年百亿规模的新兴产业。

北京市祥云工程列入"十二五"产业规划，力争到2015年，形成500亿元产业规模，成为世界级的云计算产业基地。上海发布云海计划，拟打造亚太地区的云计算中心。广东省推出珠三角联云计划，还将在东莞、惠州布局云计算，欲打造百亿产业基地。在西部地区，成都市政府与曙光公司签署合作协议，由曙光公司投资3.5个亿建设成都云计算中心，目前已完成一期工程建设。重庆市在主城区商务之窗的北部新区将创立西部首个集软件、硬件、网络等服务为一体的云计算公共信息平台。

与此同时，我国电子信息领域的先导研究机构和企业在云计算核心技术研发、应用解决方案以及服务模式创新方面也展开了相关的研究，并取得了一系列重要进展。国内的电信运营商期望通过云计算技术促进网络结构的优化和整合，寻找到新的赢利机会点和利润增长点，以实现向信息服务企业的转型。

中国移动推出了"大云"云计算基础服务平台，中国电信推出了"e云"云计算平台，中国联通则是推出了"互联云"平台。

中国移动大云平台包括数据挖掘、海量数据存储和弹性计算等，主要用于中国移动的业务支撑、信息管理和互联网应用。

世纪互联推出Cloud Ex产品线，包括完整的互联网主机服务Cloud Ex Computing Service、基于在线存储虚拟化的Cloud Ex Storage Service、供个人及企业进行互联网云端备份的数据保全服务等系列互联网云计算服务。世纪互联的弹性云计算已经对外提供服务，支持多个操作系统、数据库和编程环境。百度公司提出了框计算的服务模式，为用户提供即搜即得、即搜即用简单可依赖的信息需求服务模式及服务平台。

腾讯公司提出虚拟物品销售和管理模式，构建新的一站式在线生活互联网服务模式。中国移动研究院在云计算的探索起步较早，已经完成了云计算中心试验。此外，我国在云安全方面的进展迅速，云安全的思想是通过大量分布的客户端对网络中软件行为的异常监测，以获取互联网中木马、恶意程序的最新信息，搜集到服务端进行自动分析和处理，再把研发的病毒和木马的解决方案分发到每一个客户端。用户越多，每个用户就越安全，因为庞大的用户群可以覆盖互联网的每个角落，从而更快更精准地定位病毒和木马。包括360安全卫士、瑞星、趋势、卡巴斯基、江民科技、金山公司等国内网络安全领域的知名企业都推出了云安全解决方案。2010 年 11 月 29 日，由赛迪顾问推出的中国首个《中国云计算产业发展白皮书》正式发布。

在平台的文件系统方面，中国移动、阿里巴巴和世纪互联都是基于 Hadoop 文件系统 HDFS，根据自身需求进行一些改进，而友友提出的 Data Cell FS 采用多租户、容错、负载均衡、虚拟化等技术。在数据库方面，中国移动的 Huge Table 适合存储海量结构化的数据，阿里巴巴和世纪互联都支持 MySQL，世纪互联还支持 SQL Server2005，而友友提供的 Data Cell DB 主要针对结构化和半结构化数据，不完全支持关系数据库，但支持常用的关系操作（select、insert、delete、update）。在开发环境方面，中国移动和阿里巴巴支持 JAVA 语言，世纪互联支持 PHP 和 .Net 开发环境，友友提供 C++ 和 JAVA 两种开发语言。平台都支持 Linux 系统，世纪互联还提供 Windows2003 环境，它们都内置了自动负载均衡技术，使资源利用率得到有效提升。

2015 年，工信部启动"十三五"纲要，将云计算列为重点发展的战略性产业，打造云计算产业链。国家关于云计算的政策逐渐从战略方向的把握走向推进实质性应用。从云计算部署的方式来看，目前国内企业对云计算的认知日益成熟，以工信部为主的政府机构，不断完善行业标准，严格考察云服务提供商的入围资格，从制度上提升云服务的安全性，公有云市场发展迅速，2012 年 –2014 年，我国公有云服务市场规模分别达 35 亿元、47.6 亿元及 68.8 亿元，年均复合增长率为 40.2%。私有云部署受到对安全性要求极高的大中型企业的青睐，一方面私有云技术相对成熟，市场上可供选择的私有云商业解决方案较多，另一方面，大中型企业往往四到五年就会更新一次 IT 系统，采用云的理念构建企业的系统，能够实现资源的充分利用。混合云的部署方式则是未来的趋势，由于混合云的构建结合了公有云的低成本和私有云高安全性的优点，混合云用户可以把非关键业务放置在相对廉价的公有云上的同时，将关键业务保留在内部基础设施上去运行。

2018 年，国内几家涉及公有云业务的公司纷纷调整架构，将之前的云计算部门升级为智能云计算部门：9 月 30 日，腾讯架构调整，新成立云与智慧产品事业群；11 月 26 日，阿里巴巴架构调整，阿里云事业群升级为阿里云智能事业群；12 月 18 日，百度调整架构，将之前的智能云事业部升级为智能云事业群。更早之前的 1 月 29 日，金山云在完成 7.2 亿美元融资后，表示将全面战略布局 AI。

据 Gartner 统计，全球物联设备总数量从 2016 年的 60+ 亿增加到 2017 年的 80+ 亿，预计 2020 年全球将达到至少 300+ 亿物联设备。超大规模的联网设备离不开专业云计算服务的支持，目前主流云服务商均已推出自己的 IoT 战略，供广大合作伙伴及客户方便快捷地接入。

阿里云表示 IoT 是阿里巴巴集团继电商、金融、物流、云计算后的新赛道，希望 5 年内，连接 1 千个城市、1 万个工厂、1 亿个家庭、100 亿台设备；腾讯云表示全面布局物联网，推出加速物联网开发套件（IoT Suite）打造全栈式物联网开发平台；金山云得益于与小米同为"雷军系"企业，背靠小米这一全球最大的商用物联网平台 MIoT 来进行布局；华为云发布 IoT 云服务 2.0，聚焦物联网基础设施，致力于构建产业生态黑土地。

云计算带来的技术革命不仅影响信息技术领域，更重要的是影响人类现有的科学体系，一些重大云计算技术的应用将对其他领域产生重大的影响。比如一个模拟人脑的复杂网状学习系统的出现，会对自动控制、生命科学、人工智能、机器人等领域产生重大影响。而这个学习系统只是一个云计算产品，具有无限增加的数据、极其复杂的网状结构、自组织、非线性特性。

三、云计算给中国带来机遇和挑战

（一）云计算给中国带来的机遇

云计算给中国带来了众多机遇，表现在以下几个方面：

（1）从技术发展的角度来看，云计算所带来的整个 IT 行业的技术革新给中国的 IT 产业发展带来了巨大的机遇。云计算反映的是计算、存储、通信技术的快速发展，CPU、GPU 的多核进化及虚拟化技术的日趋完善，为信息系统的高性能和低功耗找到了重要的突破点。更大的互联网带宽则使得更多的计算资源和软件可以以服务的形式推送到客户端。海量存储、数据挖掘、人工智能等技术的不断发展也令数据更加结构化、更具语义关联，从而实现了从"数据"到"信息"再到"知识"的积淀和进化，并逐渐发展为互联网服务的"大脑"。

云计算将赋予互联网更大的内涵并改变互联网企业的运营模式。云计算将扩大软硬件应用的外延并改变软硬件产品的应用模式。IT 产品的开发方向也将发生变化以适应上述情况。所以，云计算的发展对中国的技术企业和运营商都提出了新的要求，也带来了新的机遇。如何在云计算的大潮中抓住机遇，带动整个中国

IT 产业的进步，是中国在云计算时代中面临的首要问题。

（2）从用户角度来看，云计算所带来的新服务模式极大地满足了用户的需求，从而为中国的 IT 行业发展带来了巨大的市场机遇。从企业用户角度来看，随着严峻经济形势对企业的影响日益显现，云计算的竞争优势将更加突出。各类企业对于如何能够更加经济高效地获取和使用 IT 资源将会更加重视，云计算作为一种既能提高资源利用率、节省总成本，又能增强 IT 灵活性和效率的新方法必然会受到越来越广泛的关注。中小企业带给云计算巨大的发展潜力，而中国拥有世界上数量最多的中小企业，业务的发展使他们要选用低成本、高回报的业务模式，云计算模式恰好满足他们的需要。云计算对于计算资源更有效的利用，使其在节能降耗方面成为绿色技术，这又与中国"节能减排"的政策相符。因此，中国市场上大型用户对于云计算的需求将首先成为其在未来几年中高速发展的推动力。

（3）云计算发展的最终目标是使用户的云业务可以跨多个云运营商来实现。云业务完全依赖于开放的标准。从行业规则制定的角度来看，云计算领域中需要完善的标准制定，而这个标准的制定过程将给中国的信息产业发展提供机遇。虽然云计算的发展还未到成熟阶段，各大信息业界巨头已经开始了对市场的争夺，但是不同的标准带给用户选择的困难。因此，如何建立统一的标准，使之更有利于基础设施的整合，更方便用户的使用，降低行业里的总体成本，是目前云计算领域主要面对的挑战。

（二）云计算的发展趋势

1. 资源的最优整合

当前，各类云服务之间已开始趋向整合，越来越多的云应用服务商选择购买云基础设施服务而不是自己独立建设。随着云计算标准的出台，各国的法律、隐私政策与监管政策差异等问题的协调解决，以及产业界和学术界对关键技术的进一步优化，云计算将推动 IT 领域的产业进一步发展，这将推动信息技术领域加速实现全球化，并最终实现资源的最优整合。

2. 信息产业快速发展的着力点

云计算市场将保持高速增长态势。一方面，中国拥有世界上数量最多的中小企业，对于这些处在成长期的中小企业而言，自己投资建立数据中心的投资回报率较低，并且很难与业务的快速成长匹配，而云计算的租用模式正好为这些中小企业提供了合适的解决方案。另一方面，众多的服务器、存储硬件厂商以及软件与服务厂商都希望通过云计算平台将自己的产品与解决方案推广到政府和企业用户中，以便未来能获得更多的市场机会。随着云计算生态链构建的逐步成熟，相关产业链主体将努力在这一轮 IT 浪潮中寻找自身的优势位置，加速自身业务优化升级，助推整体 IT 产业的跨越式增长。

3. 整合产业链上中下游企业

云计算产业链的发展环环相扣，不同企业在云计算产业链的不同级别均有动作：基础设施层，能够提供计算、存储、带宽等按需的 IaaS 云基础设施服务。基于基础设施之上的是为应用开发提供接口和软件运行环境的平台层的 PaaS 服务。顶端的是应用层，提供在线的软件服务即 SaaS 服务。这 3 个层面合起来构成了一条完整的云计算产业链，随着国内云计算应用市场的进一步发展与成熟，产业链上中下游企业整合的趋势将更加明显。

（三）云计算给中国带来的巨大挑战

云计算时代的到来给中国带来了难得的机遇，同时也带来了巨大的挑战。能否抓住机遇真正实现超越，是中国的企业和研究人员以及政府需要认真思考的问题。在新一轮改变人类未来的信息技术竞争中，中国不仅面临技术问题，同时还面临文化和观念问题。

（1）云计算是在传统技术和产品上的质变过程，其基本的产品和技术仍然是传统的产品和技术，而在这方面中国很难取得竞争优势，中国企业如何在短期内实现超越，困难与机遇并存。

（2）尽管中国的经济取得了巨大的发展，目前已经成为世界第二大经济体，但是中国仍然是一个发展中国家。目前中国没有能力同时在几个方面开展核心技术竞争。如何找准目标与主攻方向，集中投入资金和人力，攻克关键难题有一定的困难。

（3）云计算产品具有全球唯一的垄断特征，任何掌握核心技术的企业或国家都不可能放弃对核心技术的控制权。中国必须通过独立自主、自力更生，掌握云计算核心技术和关键技术，敢于在云计算核心技术和关键技术、云计算标准方面争夺控制权。

（4）未来云计算发展的首要问题就是标准化问题。标准化关系到云计算的规模应用和普及，例如云系统之间的互操作问题，用户需要将云计算应用程序迁移到另一家公司的云计算平台上等，都需要统一的云计算公共标准，但由于云计算涉及 IT 领域较多，例如基础设施、平台、应用和服务，很难在短期内形成统一的标准。

第三节　云计算关键技术

云计算是一种新型的超级计算方式，它以数据为中心，属于一种数据密集型的超级计算。在数据存储和管理、编程模型和虚拟化及云安全等方面具有其特殊的技术。

一、虚拟化技术

虚拟化作为云计算的核心特征，是实现云计算的核心技术，实现了物理资源的逻辑抽象和统一表示，可以将软件应用与底层硬件相隔离，是云计算依托的基础，同时也是云计算区别于传统计算的重要特点。它是指计算元件在虚拟的基础上而不是真实硬件的基础上运行。通过虚拟化技术可以实现资源的最优利用，并能够根据用户业务需求的变化，按需分配资源，实现动态负载均衡。它不但能够将单个资源划分成多个虚拟资源的裂分模式，并且能够将多个闲置的资源整合成一个虚拟资源的聚合模式，节约了维持多个资源所需的成本。同时与硬件无关的特性带来系统自愈功能，提升系统的可靠性。虚拟化技术根据用户业务需求的变化能够按需分配资源，合理利用，从而实现动态的负载均衡，大大提高了资源的利用率。

虚拟化技术的对象可以涵盖从服务器、存储、网络到平台、应用等各个方面。

二、分布式技术

分布式技术最早由 Google 规模应用于向全球用户提供搜索服务，其分布式的架构，可以让多达百万台的廉价计算机协同工作。分布式文件系统完成海量数据的分布式存储，分布式计算编程模型完成大型任务的分解和基于多台计算机的并行计算，分布式数据库完成海量结构化数据的存储。

为了保证位于云中的数据具有更高的可用性及可靠性，云计算采用的是分布式的数据存储方法。分布式技术最早由 Google 向全球用户提供搜索服务的，它利用的是可以让多达百万台的低能计算机协同工作的分布式架构。云计算平台由许多服务器组成，同时需要并行地为多个用户提供服务，因此云计算采用分布式的方式对网络上的海量数据进行存储，而分布式的存储方式适合云计算的多用户的特点。它通过安全的冗余存储技术，应用存储系统的高容错性进而提高数据存储的可靠性，也保证了云计算存储的高吞吐率。分布式文件系统作为分布式技术中最重要的实现部分，是针对特定的海量大文件存储应用设计的，可以实现数据存储访问的高可靠性、高访问性能、在线迁移、自动负载均衡。

云计算的数据存储技术主要有谷歌（Google）的分布式文件系统 GFS 和 Hadoop 开发团队开发的分布式文件系统 GFS 的开源实现 HDFS，也包括其他的存储技术，如点对点 P2P 存储技术。大部分 IT 厂商，包括雅虎、英特尔的"云"计划采用的都是 HDFS 的数据存储技术。

分布式文件系统 GFS 是一个可扩展的分布式文件系统，用于大型的、分布式的、对海量数据进行访问的应用。它运行于廉价的普通硬件上，隐藏下层负载均衡、容错冗余复制等细节，对上层程序提供一个统一的文件系统 API 接口。

分布式数据存储技术包含分布式文件存储系统、分布式对象存储系统和分布式数据库技术。

（一）分布式文件存储系统

为了存储和管理云计算中的海量数据，Google 提出分布式文件系统 GFS，其节点由廉价不可靠 PC 构建，因而硬件失败是一种常态而非特例。

（二）分布式对象存储系统

对象存储系统是传统的块设备的延伸，具有更高的智能：上层通过对象 ID 来访问对象，而不需要了解对象的具体空间分布情况。Amazon 的 S3 就属于对象存储服务。

（三）分布式数据库技术

Google 的 BigTable 是一个典型的分布式结构化数据存储系统。

三、并行计算

并行计算是指同时使用多种计算资源解决计算问题的过程，是提高计算机系统计算速度和处理能力的一种有效手段。它的基本思想是用多个处理器来协同求解同一问题，即将被求解的问题分解成若干个部分，各部分均由一个独立的处理机来并行计算。

并行计算是相对于串行计算（通常针对单个中央处理器 CPU 或单台计算机）而言，它将进程相对独立地分配于不同的节点上，由各自独立的操作系统调度，享有独立的 CPU 和内存资源（内存可以共享），进程间相互信息交换通过消息传递。

四、编程模型

为了用户能方便、自由地享受云计算带来的服务，能利用编程模型编写简单的应用程序来满足要求，云计算的编程模型应尽量简单易学，而 MapReduce 这种新兴的编程模型是适合云计算的。MapReduce 是由 Google 提出来的，用来开发 Google 搜索结果分析时大量计算的并行化处理，它支持在服务器集群上的规模庞大的数据集的并行计算。该模型架构设计是受到函数式程序设计中的两个常用 Map（映射）函数和 Reduce（化简）函数的启发，首先通过 Map 将数据分割成不相关的区块，调配给网络上的多个计算机来处理，以便实现分布式的运算效果，然后通过 Reduce 将多个计算机的处理结果汇总输出。因此，用户只需要提供自己编写的 Map 程序和 Reduce 程序就可以在服务器集群上进行大量的分布式数据处理。

五、海量数据处理

云计算环境下的并行计算模型属于面向互联网数据密集型应用的并行编程模型，并行计算模型是提高海量数据处理效率的常用方法。并行计算把云计算中被求解的具有海量数据问题分解成若干个小问题，把海量数据分布到多个节点，同时使用多种计算资源协同解决同一问题，每个小问题均由一个独立的计算资源来完成，利用多机的计算资源，加快了数据处理的速度。如 Google 的 MapReduce 模型、微软的 Dryad 模型。

六、数据存储技术

云计算数据存储技术的典型代表有谷歌的 GFS 和 Hadoop 的 HDFS，HDFS 的原型来自于 GFS。为了满足 Google 迅速增长的数据处理要求，在对自己应用的负载情况和技术环境分析的基础上，Google 设计并实现了 Google 文件系统（GFS）。

Google 文件系统是一个可扩展的、面向大规模数据密集型应用的分布式文件系统，具有可伸缩性。GFS 运行在廉价的普通硬件设备上，是一种面向不可信服务器节点而设计的文件系统，但是它对节点失效有很好的应对措施。GFS 具有灾难冗余的能力，可以给大量的用户提供总体性能较高的服务。

Master 节点管理文件系统元数据，包括名字空间、访问控制信息、文件和 Chunk 的映射信息以及当前 Chunk 的位置信息。同时，它还监控着 Chunk 在 Chunk 服务器之间的迁移，并使用心跳信息和每个 Chunk 服务器进行周期性的通信，发送指令到各个 Chunk 服务器并接收 Chunk 服务器的状态信息。

GFS 存储的文件被分割成固定大小的 64k 文件块。创建文件块的时候，Master 服务器会给每个文件块分配一个全球唯一的、不变的 64 位的 Chunk 标识。Chunk 服务器以 Linux 文件的形式保存文件块到本地硬盘上，并根据指定的 Chunk 标识和字节范围读写数据块。为了保证数据的安全性，每个块都会复制到多个数据块服务器上。

七、用户交互技术

随着云计算的逐步普及，浏览器由一个客户端的软件逐步演变为承载着互联网的平台，用户由此与网络交互。浏览器与云计算的整合技术主要体现在两个方面：浏览器网络化与浏览器云服务。浏览器将网络化作为其功能的标配之一，主要功能体现在用户可以登录浏览器，并通过自己的账号将个性化数据同步到服务端。

八、云计算安全

云计算发展面临的诸多关键性问题中，安全问题的重要性呈现逐步上升趋势，已成为制约云计算发展的重要因素。

随着云计算的不断普及，来自互联网的主要威胁正在由电脑病毒转向恶意程序及木马，在这样的情况下，采用的特征库判别法已经过时，需要采取新的云安全技术。识别和查杀病毒不再仅仅依靠本地硬盘中的病毒库，而是依靠庞大的网络服务，实时进行采集、分析以及处理，云安全通过网络的大量客户端对网络中软件行为的异常监测，获取互联网中木马、恶意程序的最新信息，传送到服务器端进行自动分析和处理，再把病毒和木马的解决方案分发到每一个客户端。整个互联网形成一个巨大的"杀毒软件"，保证云安全。

集中管理的云计算中心将成为黑客攻击的重点目标，由于系统的巨大规模以及前所未有的开放性与复杂性，其安全性面临着比以往更为严峻的考验。对于普通用户来说，其安全风险不是减少而是增加了。

云计算的多租户、分布性、对网络和服务提供者的依赖性，为安全问题带来新的挑战。主要的数据安全问题和风险包括：数据存储及访问控制，数据传输保护，数据隐私及敏感信息保护，数据可用性、依从性管理。相应的数据安全管理技术包括：数据保护及隐私、身份及访问管理，可用性管理，日志管理，审计管理，依从性管理等。

云计算安全的研究人员正致力于实现上述技术在云计算环境下的实用化，形成支撑未来云计算安全的关键技术体系，并最终为云用户提供具有安全保障的云服务。

第四节 云计算与物联网

云计算与物联网各自具备很多优势，把云计算与物联网结合起来，可以看出，云计算其实就相当于一个人的大脑与心脏，而物联网就是其神经网络、五官和四肢等。云计算是物联网发展的基石，而物联网又促进着云计算的发展，二者之间相辅相成。

一、云计算是物联网发展的基石

云计算技术是实现物联网的一项关键技术，物联网中的传感器等信息采集部分计算和存储能力较弱，需要云计算中心强大的计算和存储能力。云计算和物联网将会互相促进，共同发展。

首先，云计算是实现物联网的核心，运用云计算模式使物联网中以兆计算的各类物品的信息实时动态管理和智能分析变得可能。物联网通过将射频识别技术、传感技术、纳米技术等新技术充分运用在各行业之中，将各种物体充分连接，并通过无线网络将采集到的各种实时动态信息送达计算机处理中心进行汇总、分析和处理。

物联网是指"把所有物品通过射频识别等信息传感设备与互联网连接起来，实现智能化识别和管理"，"云计算"是指"利用互联网的分布性等特点来进行计算和存储"。前者是对互联网的极大拓展，而后者则是一种网络应用模式，两者存在着较大的区别，但又互相关联。

物联网实现的是大容量的终端接入，也就是所谓的给世界上的每粒沙子都打上一个标签，使其能够接入这个网络。当每一个东西都可以标记，每一个东西的信息都可以在云里面存储时，人们就可以去随时获得自身所需要的信息。

物联网与云计算关系非常密切。物联网的四大组成部分：感知与控制、网络传输、智能处理与支撑管理，其中智能处理与支撑管理两个部分用到云计算，云计算可以高效、快速地处理海量的数据存储和计算问题。对于物联网来说，本身需要进行大量而快速的运算，云计算带来的高效率的运算模式正好可以为其提供良好的应用基础。没有云计算的发展，物联网也就不能顺利实现，而物联网的发展又推动了云计算技术的进步，因为只有真正与物联网结合后，云计算才算是真正意义上从概念走向应用，两者缺一不可。

物联网和互联网的融合，需要更高层次的整合，需要"更透彻的感知，更安全的互联互通，更深入的智能化"。这同样也需要依靠高效的、动态的、可以大规模扩展的技术资源处理能力，而这正是云计算模式之所长。同时，云计算的创新型服务模式，简化服务的交付，加强物联网和互联网之间及其内部的互联互通，可以实现新商业模式的快速创新，促进物联网和互联网的智能融合。

在云计算时代，物联网将带动大量端设备厂家的发展，同时也推动了嵌入式技术的发展。不断创新的端产品极大地满足了人们日益增长的需求。

物联网与云计算相辅相成，云计算产品通过端来传递数据，而物联网是端之间连接的一种重要形式。任何一个端设备都拥有一个唯一的识别码，端设备的表现形式丰富多样，端设备之间的连接也是动态变化的，连接的目的是传递数据，和目前的连接方式不同，云计算时代的端设备的连接是无主体控制的连接，任何一个端设备都有可能成为连接的中心，从而改变数据的流向。而目前的连接是围绕一个预先指定的中心来完成的。

中国农村信息化建设的目的是使用高新技术手段建设智慧新农村、让农村走向世界，让农民使用高新技术像使用镰刀和斧头一样简单。云计算、物联网等技术的飞速发展为农村信息化建设提供了技术基础。物联网作为农村信息化系统的感知器官，物联网负责感知并传递农村、农业各种物品的信息，然后将这些信息传送到计算与存储功能强大的云计算平台，云计算平台作为农村信息化系统的"大脑"，接收来自不同区域、不同种类的海量数据，使用云计算智能技术对数据进行处理，然后将最符合农民需要的、最有价值的信息发送给相应的农民，帮助农民更智能地控制农业生产及生活。

将物联网与云计算应用于农业的养殖领域，建立猪、牛、羊、鸡、水产品等的质量安全溯源监管系统。该系统基于云计算数据库平台，将多种信息技术融为一体，对众多的异构信息进行转换、融合和挖掘，实现以 RFID 及其他标签为关键索引的养殖安全追溯信息管理系统。它将对包括养殖、加工、流通和销售各个环节在内的猪肉制品整个供应链进行信息化监管。消费者无论在何处购买到上述鱼、肉、禽、蛋等产品，都可根据食品安全溯源码，通过各种用户端进行安全查询，保证食品安全。

二、云计算与物联网结合面临的问题

作为当前较为先进的技术理念，物联网与云计算的结合存在着很多可能性，也有很多需要解决的问题。

（一）规模问题

规模化是云计算与物联网结合的前提条件。只有当物联网的规模足够大之后，才有可能和云计算结合起来，比如行业应用：智能电网、地震台网监测等需要云计算。而对一般性的、局域的、家庭网的物联网应用，则没有必要结合云计算。如何使两者发展至相应规模，尚待解决。

（二）安全问题

无论是云计算还是物联网，都有海量的物、人相关的数据。若安全措施不到位，或者数据管理存在漏洞，将使我们面临黑客、病毒的威胁，甚或被恐怖分子轻易跟踪、定位，这势必带来对个人隐私的侵犯和企业机密泄露等问题。破坏了信息的合法有序使用要求，可能导致人们的生活、工作陷入瘫痪，社会秩序混乱。因此，这就要求政府、企业、科研院所等各有关部门运用技术、法律、行政等各种手段，解决安全问题。

（三）网络连接问题

云计算和物联网都需要持续、稳定的网络连接，以传输大量数据。如果在低效率网络连接的环境下，则不能很好工作，难以发挥应用的作用。因此，如何解决不同网络（有线网络、无线网络）之间的有效通信，建立持续、大容量、高可靠的网络连接，需要深入研究。

（四）标准化问题

从网络结构层次上来看，物联网和云不是分离的。物联网现在的关注点和技术发展点是在传感和图像采集等方面，以及它们之间怎样用统一的标准互联起来。实现互联以后，采集到的信息还要上传到云计算的数据中心层面进行处理。所以不仅仅要实现物联网网络的互通互联，还要实现物联网与云计算数据中心的对接，要想实现这些就需要用统一的标准互联保持网络畅通。

标准是对任何技术的统一规范，由于云计算和物联网都是由多设备、多网络、多应用通过互相融合形成的复杂网络，需要把各系统都通过统一的接口、通信协议等标准联系在一起。这将是在两者发展中不断发展、有效健全的问题。

第五节　云计算安全

云计算的出现，最根本的是确立了从单机计算到网络计算方式的改变，最重要的技术进步是存储方式、计算方式和交互方式的网络化变革以及软件作为服务的思想。

对广大企业来说，云计算为信息安全领域带来新的商业机会和手段，即云备份。在云计算时代，由一个信息企业专门承担起备份这项工作，建立起一个可扩展的、动态伸缩的云数据备份中心，对相似专业数据中心的数据进行备份服务，而不需要每一个专业数据中心都各自做备份，这是云计算技术给安全备份提供的崭新手段。运用云计算的技术实现社会化、集约化和专业化的备份服务，必将提高专业数据中心的安全性和可靠性。这也就从根本上改变了整个信息安全的格局，对安全的管理和控制是有利的。

但云计算并不是专门为了解决安全问题的新式武器。云计算也不可避免地在软件中出现诸如漏洞、病毒、攻击及信息泄露等目前信息系统中普遍存在的共性信息安全问题，传统的信息安全技术将会继续应用在云计算中心以及端设备的安全管理上。

一、云计算存在的安全问题

云计算服务的安全和隐私问题一直是最棘手和令人担心的问题。云计算带来与传统计算机及网络不同的风险点。

传统用户提供服务的是各个应用系统，用户在进行应用系统建设时，需考虑主机安全、网络安全、防攻击、防病毒等多种安全问题。在云计算时代，信息系统由云计算服务商建设并对用户提供服务，云计算平台是建立在现有信息系统和基础设施之上的，信息系统面临着同样的安全问题，但是信息安全威胁的对象由用户转移到云计算服务提供商，虽然一定程度上可以减少安全事故的发生，将信息安全威胁的目标变得更为集中，但同时大规模集中化的云计算平台可为破坏者提供更多的资源和能力支持，导致更大的安全威胁。在 2009 年，Google、Microsoft、Amazon 等公司的云计算服务均出现了重大故障。Google 发生大批用户文件外泄事件，亚马逊的"简单存储服务（S3）"两次中断导致依赖于网络单一存储服务的网站被迫瘫痪等，导致成千上万客户的信息服务受到影响，进一步加剧了业界对云计算应用安全的担忧。总体来说，云计算技术主要面临虚拟化安全问题、数据集中后的安全问题、云平台可用性问题、云平台遭受攻击的问题及法律风险等。

云安全是云计算理念在计算机网络安全领域的全新体现。由于云服务的广泛使用，同时增加了人们对云计算安全的担忧。加强云计算服务的安全建设，提高云计算服务的安全性能，已经成为不容忽视的问题，并且伴随着云计算技术发展的整个过程。

云计算以动态的服务计算为主要技术特征，以灵活的"服务合约"为核心商业特征，是信息技术领域正在发生的重大变革，这种变革为信息安全领域带来了巨大的冲击。云计算安全主要面临的是云计算的服务计算模式、动态虚拟化管理方式以及多租户共享运营模式等对数据安全与隐私保护带来的挑战。

（一）云计算服务计算模式所引发的安全问题

在云计算模式下，用户数据对于云服务商来说透明地存储在云中，用户对存放在云中的数据不能像从前那样具有完全的管理权，云服务商也具有对数据的访问和管理权，数据保密和隐私问题一直是云安全关注的核心问题。当用户或企业将所属的数据外包给云计算服务商，或者委托其运行所属的应用时，云计算服务商就获得了该数据或应用的优先访问权。由于存在内部人员失职、黑客攻击及系统故障导致安全机制失效等多种风险，有可能出现用户数据被盗卖给其竞争对手、用户使用习惯隐私没有被记录或分析、用户数据没有被正确存储在其指定的国家或区域等安全问题。

（二）云计算的动态虚拟化管理方式引发的安全问题

在云计算平台中运行的各类云应用没有固定不变的基础设施，没有固定不变的安全边界，数据不再是存放在某个确定的物理节点上，而是由服务商动态提供存储空间。传统上通过物理和逻辑划分安全域实现数据的隔离和保护，在云中无法实现。在典型的云计算服务平台中，资源以虚拟、租用的模式提供给用户，这些虚拟资源根据实际运行所需与物理资源相绑定。由于在云计算中是多租户共享资源，多个虚拟资源很可能会被绑定到相同的物理资源上。若云平台中的虚拟化软件中存在安全漏洞，云计算平台无法实现用户数据与其他企业用户数据的有效隔离，用户的数据就可能被其他用户访问。保护数据是安全的核心目标，数据位置的不确定性势必给整个安全防护体系带来重大影响。

（三）云计算中多层服务模式引发的安全问题

云服务所涉及的资源由多个管理者所有，存在利益冲突，无法统一规划部署安全防护措施。云计算发展的趋势之一是 IT 服务专业化，即云服务商在对外提供服务的同时，自身也需要购买其他云服务商所提供的服务。因而用户所享用的云服务间接涉及多个服务提供商，多层转包无疑极大地提高了问题的复杂性，进一步增加了安全风险。

（四）传统模式不适应云计算新模式引发的安全问题

在云计算环境中，网络接入的灵活性更加大了非法用户侵入的可能。用户权限控制仍然依赖传统的口令鉴别机制，应用系统缺少强壮的认证、授权和审计等安全机制，访问控制旁路问题依然存在。网络与用户终端的异构性、系统的虚拟化、存储空间的复用以及资源的共享等特性降低了对用户行为的审查能力。传统模式下，用户可以对私有数据进行有效的隔离和控制，而在云计算环境下，数据的存储安全完全由云计算提供商负责，数据安全不再依靠机器或网络的物理边界得以保障，使用户隐私保护问题更加突出。在大规模网络化和分布式等背景条件下，传统安全问题非但没有弱化，反而更加突显。

（五）硬件故障引发的安全问题

云计算模式下，所有的业务处理都在服务器端完成，服务器端一旦出现问题，将导致所有用户的应用无法运行，数据无法访问。特别是用户甚至是管理员也不知道数据的具体存储位置，如果备份措施不够完善，则数据恢复的希望也将十分渺茫。灾难恢复和业务连续性问题突出。

（六）云计算条件下病毒、木马等引发的安全问题

病毒与木马的防护始终是网络安全的重要内容。在云中，病毒与木马除了传统的传播及破坏方式外，一旦其利用漏洞掌握了云的控制权，其复制、传播和破坏能力绝非传统意义上的病毒所能及。同时，云计算的分布式存储与资源复用也给木马搜集敏感数据，隐藏自身提供了便利。

（七）网络犯罪与计算机取证和溯源问题

云计算环境下，网络环境的复杂性、资源的复用性和配置的灵活性本身就为计算机取证和溯源带来了困难。网络犯罪人员可能利用各类漏洞获取实施犯罪的资源，利用虚拟终端实施犯罪，如通过无线网络接入、盗用网络地址和身份及远程多点迁移数据等方式隐藏犯罪行为，特别是虚拟技术的使用，用户的状态信息可能会随着虚拟主机的关闭而消失，使得犯罪证据也随之消失。这无疑会给调查取证工作带来新的难题。

二、云计算安全现状

（一）各国政府对云计算安全的关注

世界各国政府都对云计算安全和风险问题高度重视。2010 年 11 月，美国政府 CIO 委员会发布关于政府机构采用云计算的政府文件，阐述了云计算带来的挑战以及针对云计算的安全防护，要求政府及各机构评估云计算相关的安全风险并与自己的安全需求进行比对分析。同时指出，由政府授权机构对云计算服务商进行统一的风险评估和授权认定。

2010 年 3 月，参加欧洲议会讨论的欧洲各国网络法律专家和领导人呼吁制定一个关于数据保护的全球协议，以解决云计算的数据安全弱点。日本政府组织信息技术企业与有关部门对云计算的实际应用开展计算安全性测试，以提高日本

使用云计算的安全水平，向中小企业普及云计算，并确保企业和个人数据的安全性。

我国工信部副部长在 2010 年 5 月召开的第二届中国云计算大会上表示，我国应加强云计算信息安全研究，解决共性技术问题，保证云计算产业健康、可持续地发展。

（二）国外云计算安全标准组织及其进展

国外已经有越来越多的标准组织开始着手制定云计算及安全标准，以增强互操作性和安全性，减少重复投资或重新发明，目前在云计算安全标准化方面取得了一定进展。

云安全联盟（CSA）是在 2009 年成立的一个非营利性组织，宗旨是"促进云计算安全技术的最佳实践应用，并提供云计算的使用培训，帮助保护其他形式的计算"。

目前，云安全联盟已完成《云计算面临的严重威胁》《云控制矩阵》《关键领域的云计算安全指南》等研究报告，并发布了云计算安全定义。这些研究报告从技术、操作、数据等多方面强调了云计算安全的重要性、保证安全性应当考虑的问题以及相应的解决方案，对形成云计算安全行业规范具有重要影响。

国际电信联盟 ITU–TSG17 研究组会议于 2010 年 5 月在瑞士的日内瓦召开，决定成立云计算专项工作组，旨在达成一个"全球性生态系统"，确保各个系统之间安全地交换信息。工作组将评估当前的各项标准，将来会推出新的标准。云计算安全是其中重要的研究课题，计划推出的标准包括《电信领域云计算安全指南》。

NIST（云计算参考体系）是美国国家标准与技术研究院，直属美国商务部。2011 年 11 月，NIST 正式启动云计算计划，其目标是通过技术引导和推进标准化工作来帮助政府和行业安全有效地使用云计算。NIST 共成立了 5 个云计算工作组：云计算参考架构和分类工作组、促进云计算应用的标准推进工作组、云计算安全工作组、云计算标准路线图工作组和云计算业务用例工作组。NIST 在云计算方面进行了大量的标准化工作，它提出的云计算定义、3 种服务模式、4 种部署模型、5 大基础特征均受到业内的广泛认同和使用。

NIST 为美国联邦政府提供云架构以及相关的安全和部署策略，包括制定云定义、云安全架构、云风险缓解措施等。NIST 在云计算安全方面的输出成果有：

SP800-144《公共云中的安全和隐私指南》、《云计算安全障碍和缓解措施列表》、《美国联邦政府使用云计算的安全需求》、《联邦政府云指南》、《美国政府云计算安全评估与授权的建议》等。NIST 在制定标准的过程中，充分调研了美国联邦政府的安全需求，广泛结合实际用例分析安全问题，并与外界的相关组织和技术社区紧密联合，目标清晰、循序渐进地组织和开展标准化工作。NIST 也是美国联邦政府 FedRAMP 计划的重要支撑单位，为联邦政府安全地采用云计算服务提供标准和规范指南等。

ISO/IECJTC1/SC27 是国际标准化组织（ISO）和国际电工委员会（IEC）的信息技术联合技术委员会（JTC1）下专门负责信息安全标准化的分技术委员会（SC27），是信息安全领域中最具代表性的国际标准化组织。

近年来，ISO/IECJTC1/SC27 一直关注云计算安全标准的研究和制定，主要集中在云安全管理、隐私保护和供应链安全，相关标准研究成果有 JSO/IEC27017《信息技术—安全技术—基于 ISO/IEC27002 的云服务应用的信息安全控制措施》、ISO/IEC27018《信息技术—安全技术—公有云中个人可识别信息处理者保护个人可识别信息的安全控制措施》。ISO/IEC27017 主要针对云服务用户使用云服务和云服务提供者供应云服务，给出了安全控制措施及实施指南。ISO/IEC27018 同样在 ISO/IEC27002 的基础上，添加了实施指南，在公有云环境中，建立与 ISO/IEC29100《信息技术—安全技术—隐私框架》中隐私原则一致的用于保护个人可识别信息（PII）的通用的控制目标、控制措施和实施指南。

（三）国外云计算安全技术现状

在 IT 产业界，各类云计算安全产品与方案不断涌现。Sun 公司发布开源的云计算安全工具可为 Amazon 的 EC2、S3 以及虚拟私有云平台提供安全保护。微软为云计算平台 Azure 筹备代号为 Sydney 的安全计划，帮助企业用户在服务器 Azure 云之间交换数据，以解决虚拟化、多租户环境中的安全性。EMC、Intel 等公司联合宣布了一个"可信云体系架构"的合作项目，并提出了一个概念证明系统。开源云计算平台如 Abiquo 公司平台、Eucalyptus、Nimbus、Enomalism 及 Iogen MongoDB 等，可以用来架构和开发公有私有混合云，或用于创建自己的私有云，或依赖于 Linux 和 Xen 进行操作系统虚拟化，或提供一个可编程的虚拟云架构。

目前，云计算安全问题已得到越来越多的关注。著名的信息安全国际会议 RSA2010 将云计算安全列为焦点问题。许多企业组织、研究团体及标准化组织都启动了相关研究，安全厂商也在关注各类安全云计算产品。

三、云计算安全关键技术

当前信息安全领域仍缺乏针对云计算特殊安全问题的充分研究，尚难为安全的云服务提供必要的理论技术与产品支撑。关于云计算安全关键技术的研究已经开始，未来在信息安全学术界与产业界共同关注及推动下，信息安全领域将围绕云服务的"安全服务品质协议"的制定、交付验证、第三方检验等，逐渐发展形成一种新型的技术体系与管理体系与之相适应，标志着信息安全领域一个新的时代的到来。

（一）云用户安全目标

（1）云用户要求数据安全与隐私保护服务。防止云计算服务商恶意泄露或出卖用户隐私信息，或通过对用户数据进行搜集和分析挖掘出用户隐私数据。数据安全与隐私保护涉及用户数据生命周期中创建、存储、使用、共享、归档、销毁等各个阶段，同时涉及所有参与服务的各层次云计算服务商。

（2）云用户需要安全管理。在不泄漏其他用户隐私且不涉及云计算服务商的商业机密前提下，允许用户获取所需安全配置信息以及运行状态信息，并在某种程度上允许用户部署实施专用安全管理软件。

（二）云计算用户身份管理和访问控制

在多租户共享的云计算环境中，如何实现用户的身份管理和访问控制，确保不同用户间数据的隔离和安全访问是云计算安全的关键技术之一。主要涉及身份的提供、注销以及身份认证过程。在云计算环境下，实现身份联合和单点登录可支持云中合作企业之间更加方便地共享用户身份信息和认证服务，并减少重复认证带来的运行开销。

云身份联合管理过程，应在保证用户数字身份隐私性的前提下进行。由于数字身份信息可能在多个组织间共享，其生命周期各个阶段的安全性管理更具有挑战性，而基于联合身份的认证过程在云计算环境下也具有更高的安全需求。云访问控制服务的实现依赖于如何妥善地将传统的访问控制模型（如基于角色的访问控制、基于属性的访问控制模型以及强制／自主访问控制模型等）和各种授权策略语言标准扩展后移植入云计算环境。此外，由于云中各企业组织提供的资源服务兼容性和可组合性的日益提高，组合授权问题也是云访问控制服务安全框架需要考虑的重要问题。

（三）云审计服务

在云计算环境中，用户对自己的数据和计算都失去控制，因此需要对用户和提供商的行为进行审计，确保安全策略的正确执行以及保持组织自身的合规性。由于用户缺乏安全管理与举证能力，要明确安全事故责任就要求服务商提供必要的支持。因此，由第三方实施的审计就显得尤为重要。云审计服务必须提供满足审计事件列表的所有证据以及证据的可信度说明。云审计服务也是保证云服务商满足各种合规性要求的重要方式。

（四）可信访问控制

由于无法信赖服务商忠实实施用户定义的访问控制策略，所以在云计算模式下，如何通过非传统访问控制类手段实施数据对象的访问控制成为关注的热点。其中得到关注最多的是基于密码学方法实现访问控制，包括：基于层次密钥生成与分配策略实施访问控制的方法，利用密钥规则或密文规则的基于属性的加密算法，基于代理重加密的方法，以及在用户密钥或密文中嵌入访问控制树的方法等。

（五）虚拟安全技术

虚拟技术是实现云计算的关键核心技术，使用虚拟技术的云计算平台上的云架构提供者必须向其客户提供安全性和隔离保证。虚拟机安全、虚拟网络安全等都会直接影响到云计算平台的安全性。因此，虚拟化安全对于确保云计算环境的安全至关重要。目前一些研究人员提出了通过缓存层次可感知的核心分配，以及给予缓存划分的页染色的两种资源管理方法实现性能与安全隔离。

（六）云资源访问控制

在云计算环境中，各个云应用属于不同的安全管理域，每个安全域都管理着本地的资源和用户。当用户跨域访问资源时，需在域边界设置认证服务，对访问共享资源的用户进行统一的身份认证管理。当用户跨多个域的资源访问时，各域有自己的访问控制策略，在进行资源共享和保护时必须对共享资源制定一个公共的、双方都认同的访问控制策略。因此，需要支持策略的合成。有研究者提出了一个强制访问控制策略的合成框架，策略合成的同时还要保证新策略的安全性，新的合成策略必须不能违背各个域原来的访问控制策略。

（七）可信云计算

将可信计算技术融入云计算环境，以可信赖方式提供云计算服务已成为云计算安全研究领域的一大热点。有人提出了一种可信云计算平台，基于此平台，IaaS 服务商可以向其用户提供一个密闭的箱式执行环境，保证客户虚拟机运行的机密性。此外，它还允许用户在启动虚拟机前检验 IaaS 服务商的服务是否安全。也有人认为，可信计算技术提供了可信的软件和硬件以及证明自身行为可信的机制，可以被用来解决外包数据的机密性和完整性问题。同时设计了一种可信软件令牌，将其与一个安全功能验证模块相互绑定，以求在不泄露任何信息的前提条件下，对外包的敏感（加密）数据执行各种功能操作。

第七章
移动互联网与移动 IP

第一节　移动 IP 的基本概念

一、移动 IP 问题的提出

移动 IP 技术是移动互联网发展的基础。研究移动互联网技术首先要了解移动 IP 技术。

早期的 Internet 主机都是通过固定方式接入到 Internet。每一台主机都要被分配一个唯一的 IP 地址，或者被动态地分配一个 IP 地址。IP 地址由网络号（netID）与主机号（hostID）两部分组成，IP 地址标识了一台主机连接网络的网络号，标识出自己的主机号，也就明确地标识出它所在的地理位置。Internet 中主机之间数据分组传输的路由都是通过网络号来决定的。路由器根据分组目的 IP 地址，通过查找路由表来决定转发的端口。

移动节点是指从一个链路移动到另一个链路或一个网络移动到另一个网络的主机或路由器。移动 IP 节点也简称为移动节点。当移动节点在不同的网络或在不同的传输介质之间移动时，随着接入位置的变化，接入点会不断改变。最初分配给它的 IP 地址已经不能表示出它目前所在的网络位置，如果使用原来的 IP 地址，那么路由选择算法已经不能够为移动节点提供正确的路由服务。

在不改变现有 IPv4 协议的条件下解决这个问题只有两种可能，一是每一次改变接入点时也随着改变它的 IP 地址，二是改变接入点时不改变 IP 地址，而是在整个 Internet 中加入该主机的特定主机路由。基于这样一种考虑，人们提出了两种基本的方案。一种方案是在移动节点每次变换位置时不断改变它的 IP 地址，另一种方案是根据特定的主机的地址进行路由选择。

比较这两种基本方案时，可以发现二者都有重大的缺陷。第一种方案的主要缺点是不能保持通信的连续性，特别是当移动节点在两个子网之间漫游时，由于它的 IP 地址不断在变化，将导致移动节点无法与其他用户主机通信。第二种方案的主要缺点是路由器将对移动节点发送的每个数据分组都要进行路由选择，路由表将急剧膨胀，路由器处理特定路由的负荷加重，不能满足大型网络的要求。因此必须寻找一种新的机制来解决主机在不同网络之间移动的问题。为此，Internet 工程任务组（IETF）组织了移动 IP 工作组，并在 1992 年开始制定移动 IPv4 的标准草案。这些文档主要包括：

RFC2002：定义了移动 IPv4 协议。

RFC170K2003 与 2004：定义了移动 IPv4 中的 3 种隧道技术。

RFC2005：定义了移动 IPv4 的应用。

RFC2006：定义了移动 IPv4 的管理信息库（MIB）。

1996 年 6 月 Internet 工程指导小组（IESG）通过了移动 IP 标准草案；1996 年 11 月公布了建议标准，为移动 IPv4 成为 Internet 正式标准打下了基础。

考虑到技术发展的过程，本章中所讨论的"移动 IP"一般是指移动 IPv4 环境中的移动节点及其协议问题，在研究 IPv6 环境中的移动问题时，则明确表述为移动 IPv6 节点及其协议问题。

二、移动 IP 的设计目标与主要特征

（一）移动 IP 的设计目标

移动 IP 的设计目标是：移动节点在改变接入点时，无论是在不同的网络之间，还是在不同的物理传输介质之间移动时，都不必改变其 IP 地址，可以在移动过程中保持已有通信的连续性。

由于移动 IP 是在当前 Internet 基于网络前缀进行路由选择的前提下工作的，那么对于如何解决"移动节点在不同网络间移动的过程中仍然能够保持通信"的问题，如果从网络层次结构的角度看，移动 IP 的研究思路实质上是在网络层提供支持移动功能的。因此移动 IP 的研究是要解决支持移动节点 IP 分组转发的网络层协议问题。

移动 IP 的研究主要解决以下两个最基本的问题：

（1）移动节点可以通过一个永久的 IP 地址连接到任何链路上。

（2）移动节点在切换到新的链路上时，仍然能够保持与通信对端主机的正常通信。

（二）移动 IP 协议应能满足的基本要求

为了解决以上两个问题，移动 IP 协议应该能够满足以下几个基本的要求：

（1）移动节点在改变网络接入点之后，仍然能够与 Internet 上的其他节点通信。

（2）移动节点无论连接到任何接入点，能够使用原来的 IP 地址进行通信。

（3）移动节点应该能够与 Internet 上的其他不具备移动 IP 功能的节点通信，而不需要修改协议。

（4）考虑到移动节点通常是使用无线方式接入，涉及无线信道带宽、误码率与电池供电等因素，应尽量简化协议，减少协议开销，提高协议效率。

（5）移动节点不应该比 Internet 上的其他节点受到更大的安全威胁。

（三）移动 IP 协议的基本特征

作为网络层的一种协议，移动 IP 应该具备以下特征：

（1）移动 IP 要与现有的 Internet 协议兼容。

（2）移动 IP 协议与底层所采用的物理传输介质类型无关。

（3）移动 IP 协议对传输层及以上的高层协议是透明的。

（4）移动 IP 协议应该具有良好的可扩展性、可靠性和安全性。

三、移动 IP 的结构与基本术语

（一）移动 IP 的结构

移动 IP 的结构与组成单元之间的相互关系如图 7-1 所示。其中，图 7-1（a）给出一个无线移动节点从家乡网络漫游到外地网络的示意图。为了研究的方便和表述的简洁，很多文献和教材中使用如图 7-1（b）所示的移动 IP 逻辑结构图。移动 IP 的逻辑结构图简化了移动节点通过无线接入点接入网络的细节，而突出了链路接入和 IP 地址的概念。

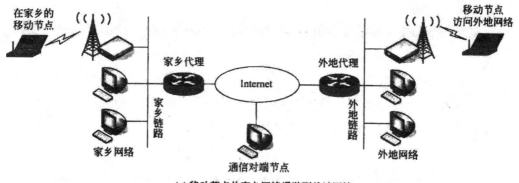

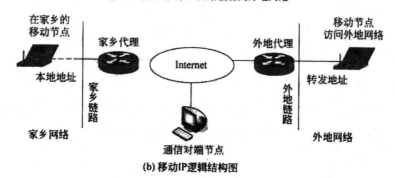

图 7-1　移动 IP 的逻辑结构

讨论移动 IP 的基本工作原理会涉及构成移动 IP 的 4 个功能实体：移动节点、家乡代理、外地代理与通信对端。

1. 移动节点

移动节点是指从一个链路移动到另一个链路的主机或路由器。移动节点在改变了网络接入点之后，可以不改变其 IP 地址，继续与其他节点通信。

2. 家乡代理

家乡代理是指移动节点的家乡网络连接到 Internet 的路由器。当移动节点离开家乡网络时，它负责把发送到移动节点的分组通过隧道转发到移动节点，并且维护移动节点当前的位置信息。

3. 外地代理

外地代理是指移动节点所访问的外地网络连接到 Internet 的路由器。它接收移动节点的家乡代理通过隧道发送给移动节点的分组；为移动节点发送的分组提供路由服务。家乡代理和外地代理统称为移动代理。

4. 通信对端

通信对端是指与移动节点在移动过程中与之通信的节点，它可以是一个固定节点，也可以是一个移动节点。

（二）移动 IP 基本术语

讨论移动 IP 的基本工作原理常用的基本术语主要有家乡地址、转交地址、家乡网络、家乡链路、外地链路、移动绑定等。

1. 家乡地址

家乡地址是指家乡网络为每个移动节点分配的一个长期有效的 IP 地址。

2. 转交地址

转交地址是指当移动节点接入一个外地网络时，被分配的一个临时的 IP 地址。

3. 家乡网络

家乡网络是指为移动节点分配长期有效的 IP 地址的网络。目的地址为家乡地址的 IP 分组，将会以标准的 IP 路由机制发送到家乡网络。

4. 家乡链路

家乡链路是指移动节点在家乡网络时接入的本地链路。

5. 外地链路

外地链路是指移动节点在访问外地网络时接入的链路。

家乡链路与外地链路能够比家乡网络与外地网络更精确地表示出移动节点所接入的位置。

6. 移动绑定

移动绑定是指家乡网络维护移动节点的家乡地址与转发地址的关联。

7. 隧道

在移动 IP 中，家乡代理通过隧道将发送给移动节点的 IP 分组转发到移动节点。隧道的一端是家乡代理，另一端一般是外地代理，也有可能是移动节点。

图中原始 IP 数据分组是从家乡代理准备转发到移动节点，它的源 IP 地址为发送该 IP 分组的节点地址，目的 IP 地址为移动节点的 IP 地址。家乡代理路由器在转发之前需要加上外层报头。外层报头的源 IP 地址为隧道入口的家乡代理的地址，目的 IP 地址为隧道出口的外地代理的地址。在隧道传输过程中，中间的路由器看不到移动节点的家乡地址。

移动 IP 允许移动节点在不同的网络之间或者是在不同的物理传输介质之间移动时都不必改变其 IP 地址，可以在移动过程中保持已有通信的连续性，它需要有一个支持节点移动的网络层协议。

为了支持节点在不同的网络之间或者不同的传输介质之间移动，实现移动 IP 协议，数据链路层需要为网络层的移动特性提供服务。例如，当移动节点在无线收发器之间切换，在同一个数据链路层的不同蜂窝之间移动时，无线通信技术在物理层与数据链路层要解决节点在移动过程中通信的连续性问题。

在讨论移动 IP 协议时，需要注意移动 IP 协议的研究不涉及以下几个问题：

（1）无线网络中的比特传输差错控制与拥塞控制问题。

（2）无线网络中的链路访问控制与链路管理问题。

（3）移动路由器实现方法。

移动 IP 研究的重点是如何保证节点在移动过程中通信的连续性问题。

第二节　移动 IPv4 的基本工作原理

一、移动 IPv4 的基本工作过程

移动 IPv4 的基本工作过程大致可以分为代理发现、注册、分组路由与注销 4 个阶段。

（一）代理发现

移动 IPv4 代理发现是通过扩展 ICMP 路由发现机制来实现的。它定义了"代理通告"和"代理请求"两种新的报文。

移动代理周期性地发送代理通告报文，或为响应移动节点的代理请求而发送代理通告报文。移动节点在接收到代理通告报文后，判断它是否从一个网络切换到另一个网络，是在家乡网络还是在外地网络。在切换到外地网络时，可以选择使用外地代理提供的转交地址。

（二）注册

1. 通过注册过程可以达到的目的

移动节点到达新的网络后，通过注册过程把自己新的可达信息通知家乡代理。注册过程涉及移动节点、外地代理和家乡代理。通过交换注册报文，在家乡代理上创建或者修改"移动绑定"，使家乡代理在规定的生存期内保持移动节点的家乡地址与转发地址的关联。通过注册过程可以达到以下目的：

（1）使移动节点获得外地代理的转发服务。

（2）使家乡代理知道移动节点当前的转发地址。

（3）家乡代理更新即将过期的移动节点的注册，或者注销回到家乡的移动节点。

因此在未配置家乡地址时，注册过程可以帮助移动节点发现一个可用的家乡地址；在维护多个注册的情况下，数据分组能够通过隧道，被复制、转发到每个活动的转发地址；在维护其他移动绑定的同时，注销某个特定的转发地址；当它不知道家乡代理地址的时候，通过注册过程找到家乡地址。

2. 注册过程

移动 IPv4 为移动节点到家乡代理的注册定义了两种不同的过程。一种过程是通过外地代理转发移动节点的注册请求，另一种过程是移动节点直接到家乡代理上进行注册请求。

通过外地代理注册的过程需要经过以下步骤：

（1）移动节点发送注册请求报文到外地代理，开始注册的过程。

（2）外地代理处理注册请求报文，然后将它转发到家乡代理。

（3）家乡代理向外地代理发送注册应答报文，同意（或拒绝）请求。

（4）外地代理接收注册应答报文，并将处理结果告知移动节点。

移动节点直接到家乡代理注册的过程只需要经过以下两步：

（1）移动节点向家乡代理发送注册请求报文。

（2）家乡代理向移动节点发送一个注册应答，同意（或拒绝）请求。

具体采用哪一种方法注册，需要按照以下规则来决定：

（1）如果移动节点使用外地代理转发地址，那么它必须通过外地代理进行注册。

（2）如果移动节点使用配置转交地址，并且从它当前正使用转发地址的链路上收到外地代理的代理通报报文，该报文的"标志位 –R（需要注册）"被置位，那么它也必须通过外地代理进行注册。

（3）如果移动节点转发时使用配置转交地址，那么它必须到家乡代理注册。

（三）分组路由

移动 IP 的分组路由可以分为单播、广播与多播 3 种情况来进行讨论。

1. 单播分组路由

单播分组路由可以分为两种情况。

第一种情况是：移动节点在外地网络上接收单播分组。

在移动 IPv4 中，与移动节点通信的节点使用移动节点的 IP 地址所发送的数据分组，首先会被传送到家乡代理。家乡代理判断目的主机已经在外地网络访问，它会利用隧道将数据分组发送到外地代理，由外地代理最后发送给移动节点。

第二种情况是：移动节点在外地网络上发送单播分组。

如果移动节点向通信对端发送数据分组，那么它就有两种方法。一种方法是通过外地代理直接路由到目的主机；另一种方法是通过家乡代理转发。

2. 广播分组路由

一般情况下，家乡代理不将广播数据分组转发到移动绑定列表中的每一个移动节点。如果移动节点已经请求转发广播数据分组，那么家乡代理将采取"IP 封装"的方法实现转发。

3. 多播分组路由

多播分组路由也可以分为两种情况。

第一种情况是：移动节点接收多播数据分组。

移动节点接收多播数据分组有两种方法。第一种方法是移动节点直接通过外地网络的多播路由器加入多播组。第二种方法是通过和家乡代理之间建立的双向隧道加入多播组，移动节点将 IGMP 报文通过反向隧道发送到家乡代理，家乡代理通过隧道将多播数据分组发送到移动节点。

第二种情况是：移动节点发送多播数据分组。

移动节点如果是多播源，那么它发送多播数据分组也有两种方法。第一种方法是移动节点直接通过外地网络的多播路由器发送多播分组。第二种方法是先将多播分组发送到家乡代理，家乡代理再将多播数据分组转发送出去。

（四）注销

如果移动节点已经回到家乡网络，那么它需要向家乡代理进行注销。

二、移动 IPv4 中移动节点和通信对端的基本操作

在讨论了移动 IPv4 基本工作原理的基础上，可以对移动 IPv4 基本工作过程作一个总结。

移动 IPv4 中一个在外地网络的移动节点和一个通信对端通信的过程。移动 IPv4 中一个访问外地网络的移动节点和一个通信对端的基本操作大致可以分为以下几步：

（1）移动节点可以向当前访问的外地网络发送"代理请求"报文，以获得外地代理返回的"代理通告"报文；外地代理（或家乡代理）也可以通过"代理通告"报文通知它所访问的当前网络的外地代理信息。移动节点在接收到"代理通告"报文后，确定它是在外地网络上。

（2）当完成以上工作之后，移动节点将获得一个转交地址。如果它是通过"代理通告"报文获得的转交地址，那么这个地址就叫作外地代理转交地址；如果它是通过主机配置协议 DHCP 获得的"转交地址"，那么这个地址就叫作配置转交地址。

（3）移动节点向家乡代理发送"注册请求"报文，接收"注册应答"报文，注册它获得的"转交地址"。

（4）家乡代理截获发送到移动节点家乡地址的数据分组。

（5）家乡代理通过隧道将截获的数据分组按照转交地址发送给移动节点。

（6）隧道的输出端将收到的数据分组拆包后，转交给移动节点。

在完成以上步骤后，移动节点已经知道通信对端的地址。它就可以将通信对端的地址作为目的地址，转交地址作为源地址，与对方按正常的 IP 路由机制进行通信。

三、移动 IP 的概念性数据结构

移动 IPv6 协议为实现以上功能定义了 3 种概念性数据结构。

（一）绑定缓存

绑定缓存用于保存关于其他节点的绑定信息，包括与移动节点的家乡注册或

通信对端注册相关的表项。

每个家乡代理和通信对端都要维护绑定缓存。IPv6 节点发送每个分组时，首先根据目的地址搜索绑定缓存。如果在绑定缓存中发现了匹配的表项，则将转交地址作为分组的目的地址，同时把目的地址字段原来的值放在增加的家乡地址选项中。

（二）绑定更新列表

每个移动节点都应该维护绑定更新列表。绑定更新列表记录了与它所发送的每个尚未过期的绑定更新相关的信息，其中包括移动节点发向通信对端以及家乡代理的所有绑定更新。

（三）家乡代理列表

家乡代理需要为它所服务的每个链路都单独维护一个家乡代理列表。家乡代理列表记录了作为家乡代理的路由器，使用路由器通告报文所探测到的每个家乡代理的信息，用于动态家乡代理地址发现机制中，向移动节点发送"动态家乡代理地址发现应答"报文。家乡代理列表类似于邻居发现机制中每个节点维护的"默认路由器列表"。

第三节　移动 IPv6 协议的基本概念

一、移动 IPv6 与移动 IPv4 的比较

支持 IPv6 环境中移动节点的协议称为移动 IPv6 协议。IPv6 对移动节点的支持主要表现在以下两点：

（1）IPv6 的节点自动配置功能使得节点在改变网络接入点之后能够保持网络连接。

（2）IPv6 协议的移动选项可以放在扩展报头之中。

IPv4 协议将支持移动作为一个可选的部分，而 IPv6 将支持移动作为协议的一个组成部分。IPv6 可以为每个移动节点分配一个全球唯一的临时地址，而 IPv4 由于地址结构的限制，不可能给每个移动节点分配这样一个地址。

移动 IPv6 协议是在移动 IPv4 协议基础上研究的，因此移动 IPv6 与移动 IPv4 在概念和术语上有很多相同和相似之处。例如，移动节点、家乡代理、家乡地址与转交地址等。同时，移动 IPv6 也必然要对移动 IPv4 协议进行改进，因此移动 IPv6 与移动 IPv4 也有很多不同的地方，这些不同之处主要表现在以下几点：

（一）外地代理

移动 IPv6 协议中没有外地代理的概念，只定义了一种转交地址。它不需要像移动 IPv4 那样特地把某些路由器配置为外地代理，移动节点利用 IPv6 的一些特点，如邻居发现与地址自动配置方法，通过地址自动配置机制获取配置转交地址，不需要外地网络上路由器提供的特殊服务功能。

（二）路由优化

移动 IPv6 将路由优化作为协议的一个基本功能，而移动 IPv4 协议是把它作为一个可选的功能。移动 IPv6 允许通信对端发出的数据分组可以不经过家乡代理，而直接路由到移动节点。

在移动 IPv6 中，如果移动节点作为多播源发送的多播分组，不必通过家乡代理转发，就可以进行发送。

（三）移动检测

移动 IPv6 中的移动检测可以实现对移动节点和默认路由器之间的双向通信的认证，可以保证移动节点接收到路由器发送的分组，也可以保证路由器接收到移动节点发送的分组。

（四）截取分组

在移动 IPv4 中，家乡代理截取发往离开家乡网络的移动节点时，使用 ARP 协议；而在移动 IPv6 中，家乡代理截取发往离开家乡网络的移动节点时，使用的是邻居发现协议。

（五）隧道封装与隧道软状态

移动 IPv4 需要对所有截取的数据分组都进行封装；而在移动 IPv6 中，除家乡代理截取的数据分组，多数分组都是使用 IPv6 报头直接发送到移动节点，不需要使用隧道封装。

由于 IPv4 的 ICMP 协议限制，移动 IPv4 必须通过管理隧道软状态，将隧道返回的 ICMP 错误信息报文转发到分组的发送者；而移动 IPv6 使用 ICMPv6 协议，可以不使用隧道软状态。

（六）家乡代理地址发现

移动 IPv4 使用分组广播机制，家乡链路上的每个家乡代理都需要向移动节点返回一个应答；而移动 IPv6 有动态家乡代理发现机制，通过 IPv6 泛播地址，仅需要向移动节点返回一个应答。

通过简单的比较可以发现，移动 IPv6 在移动 IPv4 的基础上做了一些重要的改进，使得移动 IPv6 协议与移动 IPv4 协议相比显得更有效率，也更为可靠。

二、移动 IPv6 的基本操作

研究移动 IPv6 的基本操作，主要涉及移动节点与通信对端之间、移动节点与家乡代理之间的两类通信。移动节点与通信对端之间的通信又可以分为移动节点到通信对端的通信和通信对端到移动节点的通信。

解决实际的移动 IPv6 通信问题，需要考虑的因素很多。因为在移动 IPv6 中，节点可能在连续地改变着接入点；通信对端可能是固定的节点，也可能是移动的节点；通信对端可能是在移动节点出发前就开始通信，也可能是一个新的通信节点；在移动节点离开家乡网络时，家乡网络又进行了重新配置，原来的家乡代理已经被另外一个新的路由器代替；移动节点与新的通信对端建立一个新的 TCP 连接，与建立一个新的 UDP 连接的通信要求也是不同的。如何屏蔽移动节点地址的变化，使移动 IPv6 的操作对高层协议是透明的？同时，移动 IPv6 在通信过程中还面临着一系列安全威胁问题。

本节讨论移动 IPv6 的基本操作，不涉及以上一些复杂的情况的处理。

（一）从本地链路移动到外地链路

当移动节点从本地链路移动到外地链路时，它必须进行"获取转交地址"与"家乡注册"，如有必要，还需要进行"发现本地链路上的家乡代理"的操作。

1. 判断是否移动

移动节点可以通过检查当前默认路由器是否可达来判断自己是否已经发生了移动。如果当前默认路由器已经不可达，并且发现了一个新的默认路由器，那么表明该节点已经移动到一个新的链路。

2. 获取转交地址

移动节点可以在外地链路，通过向路由器发送多播"路由器请求"报文，或是被动等待下一个公告周期的"路由器公告"报文。

从"路由器公告"报文中，移动节点可以发现新的路由器和新的链路在线子网前缀。根据子网前缀形成移动节点新的"转交地址"。由于在当前的链路上可能存在多个可用的子网前缀，在一些无线环境中存在着多条可用的链路，因此移动节点通过自动配置可能得到多个转发地址。那么移动节点将发现的新路由器和新子网前缀形成的转交地址确定为主转交地址。移动节点获得新的主转交地址之后，可以对这个新地址进行重复地址检测（DAD），以确定它的唯一性。

（二）发现家乡网络家乡代理地址

一般，家乡网络本地链路会有多个路由器。在移动节点离开家乡网络时，家乡网络可能又进行了重新配置，原来的家乡代理已经被另外一个新的路由器代替。移动节点进行家乡注册时，可能不知道家乡链路上哪一个路由器正在提供家乡代理服务。这时，移动节点就需要通过动态家乡代理地址发现机制，使用"ICMP家乡代理地址发现请求"报文与"ICMP家乡代理地址发现应答"报文来发现家乡网络本地链路上的家乡代理地址。

（三）移动节点和家乡代理的绑定更新

1. 家乡注册

移动节点使用主转交地址时，必须向家乡代理进行注册，完成移动节点和家乡代理的绑定更新。

2. 绑定更新

在家乡注册的过程中，移动节点首先向家乡代理发送"绑定更新"报文，家乡代理接到后向移动节点发送"绑定确认"报文。

移动节点和家乡代理的绑定更新过程中，家乡代理完成维护绑定缓存和家乡代理列表，移动节点完成维护绑定更新列表。

（四）截取和转发分组

在完成移动节点和家乡代理的绑定更新之后，家乡代理可以使用代理邻居发现机制，在家乡链路上截取以家乡地址发送给移动节点的数据分组，然后按主转交地址转发给已经移动到外地网络的移动节点。

（五）移动节点和通信对端的绑定更新

移动节点和通信对端的绑定过程由移动节点发起和结束，其目的是优化移动节点和通信对端的通信路由。在完成移动节点和家乡代理的绑定更新之后，移动节点就可以开始与通信对端的绑定更新。

在绑定更新过程中，移动节点首先向通信对端发送"绑定更新"请求报文；通信对端接收到请求报文之后，向移动节点发送"绑定确认"报文。

考虑到与通信对端建立绑定更新的安全性，在发起移动节点和通信对端的绑定更新时，移动节点需要启动一个返回路径，检查通信对端是否可以通过家乡地址或转交地址访问移动节点。同时移动节点需要确定是否可以创建必要的绑定密钥。

需要注意的是，在完成移动节点和家乡代理的绑定更新之后，移动节点应该向它的绑定更新列表中的所有节点发送"绑定更新"报文，通知新的转交地址，刷新移动节点与这些节点的绑定关系。这样，这些节点就可以使用新的转交地址，直接将数据分组发送给移动节点。

三、移动 IPv6 对基本 IPv6 协议的修改

为了实现移动 IPv6 的基本功能，移动 IPv6 对 IPv6 协议做了以下 3 个方面的修改：

（一）移动报头

移动 IPv6 定义了一种新的移动报头。移动报头用于携带与移动 IP 相关的信息，构成实现检测返回路径可达和绑定更新功能的各种报文。

用于检测返回路径可达过程的报文主要有：

（1）家乡测试初始（HoTI）报文。

（2）家乡测试（HOT）报文。

（3）转交测试初始（CoTI）报文。

（4）转交测试（COT）报文。

用于实现绑定更新的报文主要有：

（1）绑定更新报文。

（2）绑定确认报文。

（3）绑定更新请求报文。

（4）绑定错误报文。

绑定更新报文用于移动节点通知通信对端或者家乡代理当前的绑定关系；绑定确认报文用于对移动节点发出的绑定更新的确认；绑定更新请求报文用于在绑定的生存期接近过期时，请求移动节点发送新的绑定；绑定错误报文用来通知通

信对端节点在移动过程中出现的错误。

（二）新的目的选项

移动 IPv6 定义了一个新的目的选项，即家乡地址选项。该选项用于屏蔽使用移动 IPv6 对上层协议的影响，以及对接收报文的过滤。

（三）新的 ICMP 报文

为了支持家乡代理地址的自动发现和移动配置，以及实现网络重新编号和移动配置功能，移动 IPv6 引入了一些新的 ICMP 报文。

用于移动节点动态发现家乡代理的地址的报文主要有：

（1）家乡代理地址发现请求报文。

（2）家乡代理地址发现应答报文。

用于网络重新编号和支持移动配置机制的报文主要有：

（1）移动前缀请求报文。

（2）移动前缀应答报文。

四、移动 IPv6 的通信类型

移动 IPv6 的通信类型分为两类：移动节点与通信对端节点之间的通信、移动节点与家乡代理之间的通信。

（一）移动节点与通信对端节点之间的通信

移动节点与通信对端节点之间的通信又可以分为从移动节点到通信对端节点的通信以及从通信对端节点到移动节点的通信。

1. 移动节点到通信对端节点的通信

移动节点向通信对端节点发送两类分组：绑定更新分组与数据分组。

（1）移动节点向通信对端节点发送绑定更新分组：绑定更新分组中主要包括两部分内容：IPv6 分组头与目的选项报头。IPv6 分组头的源地址为移动节点的转交地址 CoA，目的地址为通信对端节点地址 CAN。由于使用了移动节点的转交地址 CoA 代替了本地节点地址，外地链路上的路由器的准入过滤就不会阻止分组的转发。目的选项报头包含了本地地址选项和绑定更新选项。本地地址选项向通信对端节点说明了绑定的移动节点的本地地址 HA。虚拟移动节点表示出移动节点漫游前所在的本地网络的位置。绑定更新可以和高层 PDU 数据一起发送，也可以单独发送。

（2）移动节点向通信对端节点发送数据分组：当移动节点离开本地网络时，移动节点向通信对端节点发送数据分组可以分为两种情况。

一种情况是选择用移动选项来从它的本地地址 HA 向通信对端节点发送数据分组，另一种情况是从它的转交地址 CoA 向通信对端节点发送数据分组。

选择的依据是：如果要求长时间的传输，并且传输层使用的是 TCP 会话，那么应该选择用本地地址 HA 向通信对端节点发送数据分组。如果要求短时间的传输，如 DNA 域名解析之类的应用时，那么应该选择用转交地址 CoA 向通信对端节点发送数据分组，移动节点从它的转交地址 CoA 发送和接收数据。

2. 从通信对端节点到移动节点的通信

从通信对端节点向移动节点发送两类分组：绑定维持分组与数据分组。

（1）从通信对端节点向移动节点发送绑定维持分组：从通信对端节点向移动节点发送的如果不是绑定确认分组，就是绑定维持分组。

绑定维持分组中主要包括两部分内容：IPv6 分组头与目的选项报头。IPv6 分组头的源地址为通信对端节点地址 CAN，目的地址为移动节点的转交地址 CoA。在路由扩展报头中，路由类型字段值为 0，剩余报文字段值为 1，地址 1 字段的值为移动节点的本地地址 HA。目的选项报头中包含确认选项或绑定请求选项。绑定确认或请求可以和高层 PDU 数据一起发送，也可以单独发送。

（2）存在与移动节点对应的表项时，从通信对端向移动节点发送数据分组：通信对端节点向移动节点发送数据分组又分为两种情况：通信对端节点的绑定高速缓存中存在与移动节点的本地地址相对应的表项，以及绑定高速缓存中不存在与移动节点的本地地址相对应的表项。

通信对端节点的绑定高速缓冲区中存在与移动节点的本地地址相对应的表项的数据分组发送。

数据分组的 IPv6 分组头的源地址为通信对端节点地址 CAN，目的地址为移动节点的转交地址 CoA。在路由扩展报头中，路由类型字段值为 0，剩余报文字段值为 1，地址 1 字段的值为移动节点的本地地址 HA。高层 PDU 数据包含发往移动节点的应用层数据。

（3）不存在与移动节点对应的表项时，从通信对端向移动节点发送数据分组：通信对端节点的绑定高速缓存中不存在与移动节点的本地地址相对应的表项的数据分组发送过程如图 7-2 所示。

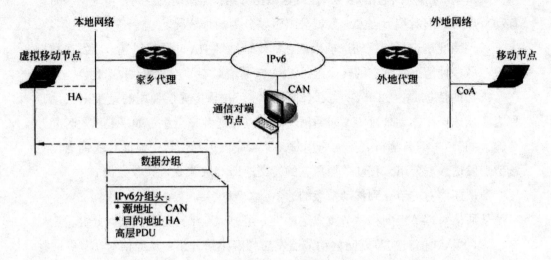

图 7-2　不存在对应表项时通信对端向移动节点发送数据分组

当通信对端节点的绑定高速缓存中不存在与移动节点的本地地址相对应的表项时，IPv6 分组头中源地址为通信对端节点地址 CAN，目的地址为移动节点的本地地址 HA。高层 PDU 数据包含应用层的数据。高层 PDU 数据包含发往移动节点的应用层数据。

由于数据分组的目的地址为移动节点的本地地址 HA，那么具有与移动节点相应的绑定高速缓存表项的家乡代理将截获该数据包，并通过 IPv6 over IPv6 隧道的方式，将数据分组转发给移动节点。

（二）移动节点与家乡代理之间的通信

移动节点与家乡代理之间的通信包括以下两种情况：从移动节点到家乡代理的通信以及从家乡代理到移动节点的通信。

1. 从移动节点到家乡代理的通信

从移动节点到家乡代理的通信发送两类数据分组：绑定更新分组与数据分组。

（1）移动节点向家乡代理发送绑定更新分绑定更新分组中主要包括两部分内容：IPv6 分组头与目的选项报头。IPv6 分组头的源地址为移动节点的转交地址 CoA，目的地址为家乡代理地址 HAA。由于使用了移动节点的转交地址 CoA 代替了本地节点地址，外地链路上的路由器的准入过滤就不会阻止分组的转发。目的选项报头包含了本地地址选项和绑定更新选项。本地地址选项包含移动节点的本地地址 HA，它向家乡代理说明这是绑定的本地地址。在绑定更新选项中，本地注册标志位（H）被置位，它表示发送方请求接收方作为该移动节点的家乡代理。

（2）移动节点向家乡代理发送 ICMPv6 家乡代理发现请求分组：ICMPv6 家乡代理地址发现请求分组的分组头的源地址为移动节点的转交地址 CoA，目的地址为对应于本地链路前缀的家乡代理多播地址。移动节点通过 ICMPv6 家乡代理地址发现请求分组，在本地链路中查询家乡代理列表。

2. 从家乡代理到移动节点的通信

从家乡代理到移动节点的通信发送 3 种分组：绑定维持分组、ICMPv6 家乡代理地址发现应答分组以及通过隧道发送的数据分组。

（1）家乡代理发送到移动节点的绑定维持分组：绑定维持分组的源地址为家乡代理的地址 HAA，目的地址为移动节点的转交地址 CoA。在路由扩展报头中，路由类型字段值为 0，剩余报文字段值为 1，地址 1 字段的值为移动节点的本地地址 HA。目的选项报头中包含确认选项或绑定请求选项。

（2）家乡代理发送到移动节点的 ICMPv6 家乡代理地址发现应答分组：IPv6 分组头的源地址为家乡代理的地址 HAA，目的地址为移动节点的转交地址 CoA。ICMPv6 家乡代理地址发现应答分组包含按优先级排序的家乡代理列表。

（3）通过隧道发送数据分组：当通信对端节点的绑定高速缓存中不存在与移动节点的本地地址相对应的表项，IPv6 分组头中源地址为通信对端节点地址 CAN，目的地址为移动节点的本地地址 HA，那么只有具有与移动节点相应的绑定高速缓存表项的家乡代理将截获该数据包，并通过 IPv6 over IPv6 隧道的方式将数据分组转发给移动节点。

转发之前需要对分组进行第二次封装再转发。封装后的外层 IPv6 分组头的源地址为家乡代理的地址 HAA，目的地址为移动节点的转发地址 CoA。内层 IPv6 分组头的源地址为通信对端节点的地址 CAN，目的地址为移动节点的本地地址 CoA。高层 PDU 是通信对端节点发送给移动节点的应用层数据。

第八章
信息与信息技术

第一节　信　息

一、信息的概念与特征

"信息"一词在我国古代用的是"消息"。《易经》云："日中则昃，月盈则食，天地盈虚，与时消息。"意思是说，太阳到了中午就要逐渐西斜，月亮圆了就要逐渐亏缺，天地间的事物，或丰盈或虚弱，都随着时间的推移而变化，有时消减、有时滋长。由此可见，我国古代就把客观世界的变化，把它们的发生、发展和结局，把它们的枯荣、聚散、沉浮、升降、兴衰、动静、得失等变化中的事实称之为"消息"。"信息"一词在英文、法文、德文、西班牙文中均是"information"，日文中为"情报"。

信息作为科学术语最早出现在哈特莱（R.V. Hartley）于 1928 年撰写的《信息传输》一文中。20 世纪 40 年代，信息论的奠基人香农（C.E. Shannon）给出了信息的明确定义。他认为"信息是用来消除不确定性的东西"。此后许多学者从各自的研究领域出发，给出了不同的定义。美国控制论创始人维纳（Norbert Wiener）认为"信息是人们在适应外部世界，并使这种适应反作用于外部世界的过程中，同外部世界进行互相交换的内容和名称"，他指出信息既不是物质，也不是能量，而是有着广泛应用价值的第三类资源。我国著名的信息学专家钟义信教授认为"信息是事物存在方式或运动状态，以这种方式或状态直接或间接的表述"。美国信息管理专家霍顿（F.W. Horton）给信息下的定义是："信息是为了满足用户决策的需要而经过加工处理的数据。"简单地说，信息是经过加工的数据，或者说，信息是数据处理的结果，即有用的数据。

根据近年来人们对信息的研究成果，科学的信息概念可以概括为：信息是对客观世界中各种事物的运动状态和变化的反映，是客观事物之间相互联系和相互作用的表征，表现的是客观事物运动状态和变化的实质内容。这里的"事物"泛指存在于人类社会、思维活动和自然界中一切可能的对象。"存在方式"指事物的内部结构和外部联系。"运动状态"则是指事物在时间和空间上变化所展示的特征、态势和规律。

不论从什么角度、什么层次去看待信息的本质，信息都具有以下基本特征。

（一）可度量

和物质、能量一样，信息也具有可度量性。我们常说"获取了大量的信息""没有得到什么有价值的信息"等。一般来说，任何信息可采用基本的二进制度量单位（比特）进行度量，并以此进行信息编码。

（二）可识别

信息还具有可识别性。对自然信息，可采取直观识别、比较识别和间接识别等多种方式来把握。对于社会信息，由于其信息量大，形式多样，一般采用综合的识别方法进行处理。

（三）可转换和可加工

信息可以从一种形态转换为另一种形态，如自然信息可转换为语言、文字、图表和图像等社会信息形态。同样，社会信息和自然信息都可转换为由电磁波为载体的电报、电话、电视信息或计算机代码。另外信息可以被加工处理，以便更好地利用。

（四）可存储

信息可以通过系统的物质或能量状态的某种变化来进行存储，如人类的大脑能储存大量的信息。我们还可以用文字、图表、图像、录音、录像、缩微以及计算机存储等多种方式来记录保存信息。

（五）可传递

自然界系统之间的相互作用有三种基本方式，即物质、能量和信息。一般我们称之为物质的传递、能量的传递和信息的传递。信息的传递是与物质和能量的传递同时进行的，离开了物质和能量作载体，信息的传递就不可能实现。语言文字、表情、动作、图形、图像（静态和动态）等是人类常用的信息传递方式。

（六）可再生

信息经过处理后，可以以其他形式再生。例如，自然信息经过人工处理后，可用语言或图形等方式再生成信息；输入计算机的各种数据文字等信息，可用显示、打印、绘图等方式再生成信息。

（七）可压缩

信息可按照一定规则或方法进行压缩，以用最少的信息量来描述某一事物，压缩的信息再经过某些处理后可以还原。

（八）可利用

任何信息都具有一定的实效性，一方面它可消除人们对某一事物的不确定度，另一方面可对人们的行为产生影响。一般来说，信息的实效性或可利用性只对特定的接收者才能显示出来，如有关农作物生长的信息，对农民来说可利用性可能很高，但对工人来说可利用性可能不高。而且，对于不同的接收者，信息的可利用程度也可能会存在差异。

（九）可共享

与物质和能量不同，信息具有不守恒性，即它具有扩散性。在信息传递过程中，信息的持有者并不会因把信息传递给了他人而使得自己拥有的信息量减少，因而信息可以被广泛地共享。

（十）客观性

信息客观普遍存在，不以被主体是否感知为转移。

（十一）时效性

信息具有时效性，是说明信息价值具有时间性，过了某个时间就失去其原有价值。

（十二）真伪性

信息存在真假，"烽火戏诸侯"就是周幽王向诸侯传递了一个假信息。

二、信息的分类

按照性质，信息可分为语法信息、语义信息和语用信息；按照地位，信息可分为客观信息和主观信息。研究信息的目的，就是要准确把握信息的本质和特点，以便更好地利用信息。最重要的就是按照信息性质的分类，其中最基本和最抽象的是语法信息，考虑的是事物的运动状态和变化方式的外在形式，进一步可分为有限状态和无限状态，又可分为状态明晰的语法信息和状态模糊的语法信息。按作用，信息可分为有用信息、无用信息和干扰信息。

按应用部门，信息可分为工业信息、农业信息、军事信息、政治信息、科技信息、文化信息、经济信息、市场信息和管理信息等。

另外，按携带信息的信号的性质，信息还可以分为连续信息、离散信息和半连续信息等。按事物的运动方式，还可以把信息分为概率信息、偶发信息、确定信息和模糊信息。按内容可以分为三类：消息、资料和知识。按社会性，分为社会信息和自然信息。按空间状态，分为宏观信息、中观信息和微观信息。按信源类型，分为内源性信息和外源性信息。按价值，分为有用信息、无害信息和有害信息。按时间性，分为历史信息、现时信息和预测信息。按载体，分为文字信息、声像信息和实物信息。

三、信息与其他几种概念的区别与联系

（一）数据

数据是信息的具体表示，是信息的载体，是信息存在的一种形态或一种记录形式。数据的目的是表达和交流信息，数据的形式表现为语言、文字、图形、图像、声音等。"数据"和"数"是两个不同的概念。"数"用来表示值的大小，如 237，12.56。"数据"则是信息处理的对象，包括数值数据，如整数、实数等和非数值数据，如文字、图片、声音等。

（二）消息

消息指报道事情的概貌而不讲述详细的经过和细节，以简要的语言文字迅速传播新近事实的新闻体裁，也是最广泛、最经常采用的新闻基本体裁。信息与消息比较，消息是信息的外壳，信息是消息的内核。

（三）信号

信号是运载信息的工具，是信息的载体。从广义上讲，它包含光信号、声信号和电信号等。

（四）情报

情报是指被传递的知识或事实，是知识的激活，是运用一定的媒体（载体），越过空间和时间传递给特定用户，解决科研、生产中的具体问题所需要的特定知识和信息。信息与情报相比，情报是指某类对观察者有特殊效用的事物的运动状态和方式。

（五）知识

知识是经验的固化，是用来识别与区分万物实体与性质的判别标准。与信息

相比，知识是事物运动状态和方式在人们头脑中一种有序的、规律性的表达，是信息加工的产物。

第二节　信息技术与信息科学

一、信息技术概念

信息技术（Information Technology，IT）的定义，从不同的层面有不同的描述。从信息技术与人的本质关系看，信息技术是指能充分利用与扩展人类信息器官功能的各种方法、工具与技能的总和。从人类对信息技术功能与过程的一般理解看，信息技术是指对信息进行采集、传输、存储、加工、表达的各种技术之总称。从信息技术的现代化与高科技含量看，信息技术是指利用计算机、网络、广播电视等各种硬件设备及软件工具与科学方法，对文图声像各种信息进行获取、加工、存储、传输与使用的技术的总和。总之，信息技术是主要用于管理和处理信息所采用的各种技术的总称。主要包括传感技术、计算机技术、微电子技术和通信技术。其中计算机技术包括计算机硬件技术、软件技术、信息编码和有关信息存储的数据库技术等。

二、信息技术分类

按表现形态的不同，信息技术可分为硬技术（物化技术）与软技术（非物化技术）。前者指各种信息设备及其功能，如显微镜、电话机、通信卫星、多媒体电脑；后者指有关信息获取与处理的各种知识、方法与技能，如语言文字技术、数据统计分析技术、规划决策技术、计算机软件技术等。

按工作流程中基本环节的不同，信息技术可分为信息获取技术、信息传递技术、信息存储技术、信息加工技术及信息标准化技术。信息获取技术包括信息的搜索、感知、接收、过滤等，如显微镜、望远镜、气象卫星、温度计、钟表、Internet搜索器中的技术等。信息传递技术指跨越空间共享信息的技术，又可分为不同类型，如单向传递与双向传递技术，单通道传递、多通道传递与广播传递技术。信息存储技术指跨越时间保存信息的技术，如印刷术、照相术、录音术、录像术、缩微术、磁盘术、光盘术等。信息加工技术是对信息进行描述、分类、排序、转换、浓缩、扩充、创新等的技术。信息加工技术的发展已有两次突破：从人脑信息加工到使用机械设备（如算盘、标尺等）进行信息加工，再发展为使用电子计算机与网络进行信息加工。信息标准化技术是指使信息的获取、传递、存储、加工各环节有机衔接，提高信息交换共享能力的技术，如信息管理标准、字符编码标准、语言文字的规范化等。

按使用的信息设备不同，把信息技术分为电话技术、电报技术、广播技术、电视技术、复印技术、缩微技术、卫星技术、计算机技术、网络技术等。

按信息的传播模式分，将信息技术分为传者信息处理技术、信息通道技术、受者信息处理技术、信息抗干扰技术等。

按技术的功能层次不同，可将信息技术体系分为基础层次的信息技术（如新材料技术、新能源技术），支撑层次的信息技术（如机械技术、电子技术、激光技术、生物技术、空间技术等），主体层次的信息技术（如感测技术、通信技术、计算机技术、控制技术），应用层次的信息技术（如文化教育、商业贸易、工农业生产、社会管理中用以提高效率和效益的各种自动化、智能化、信息化应用软件与设备）。

三、信息技术特征

信息技术具有技术的一般特征——技术性。具体表现为：方法的科学性，工具设备的先进性，技能的熟练性，经验的丰富性，作用过程的快捷性，功能的高效性等。

信息技术具有区别于其他技术的特征——信息性。具体表现为：信息技术的服务主体是信息，核心功能是提高信息处理与利用的效率、效益。信息的秉性决定信息技术还具有普遍性、客观性、相对性、动态性、共享性、可变换性等特性。

四、信息科学

信息科学是指以信息为主要研究对象，以信息的运动规律和应用方法为主要研究内容，以计算机等技术为主要研究工具，以扩展人类的信息功能为主要目标，由信息论、控制论、计算机理论、人工智能理论和系统论相互渗透、相互结合而成的一门新兴综合性学科。其支柱为信息论、系统论和控制论。

（一）信息论

信息论是信息科学的前导，是一门用数理统计方法研究信息的度量、传递和交换规律的科学，主要研究通信和控制系统中普遍存在的信息传递的共同规律，以及建立最佳的解决信息的获取、度量、变换、存储、传递等问题的基础理论。

（二）控制论

控制论的创立者是美国科学家维纳，1948 年他发表《控制论》一书，明确提出控制论的两个基本概念——信息和反馈，揭示了信息与控制规律。控制论是关于动物和机器中的控制和通信的科学，它研究各种系统共同控制规律。在控制论中广泛采用功能模拟和黑箱方法控制系统实质上是反馈控制系统，负反馈是实现控制和使系统稳定工作的重要手段。控制论中，对系统控制调节通过信息的反馈来实现。在制定方针政策过程中，哈佛经理的决策可看作是信息变换、信息加工处理的反馈控制过程。

（三）系统论

系统论的基本思想是把系统内各要素综合起来进行全面考察统筹，以求整体最优化。整体性原则是其出发点，层次结构和动态原则是其研究核心；综合化、有序化是其精髓。系统论是国民经济中广泛运用的一大组织管理技术。

第三节　信息表达与运算基础

一、进位计数

（一）进位计数制概念

进位计数制简称数制，就是把一组人为规定的有先后顺序（或者大小）的符号，按位置从右到左的顺序排列起来，并且规定从低到高进位以表示不同数字（状态）的方法。其中，每个位置上所能使用的符号的个数即人为规定的符号的个数，称为基数；数码所表示的数值等于该数码本身乘以一个与它所在数位有关的常数，这个常数称为"位权"，简称"权"。目前，日常生活中常用的进位计数制包括：十进制、二进制、七进制、六十进制、十二进制等。

我们最熟悉的是十进制，用 0，1，2，…，9 这 10 个不同的数码按照一定的规律排列起来表示数值的大小，其计数规律是"逢十进一"。十进制数是以 10 为基数的计数制。当数码处于不同的位置时，它所表示的数值也不相同。

（二）二进制

在计算机中所有信息都以二进制形式存储和处理。二进制只用 0 和 1 两个数字符号，具有两种不同的稳定物理状态的元件很容易实现。例如，电容的充电和放电，电位的高和低，指示灯的开和关，晶体管的截止和导通，脉冲电位的低和高等，都是两种状态，很容易实现二进制中的 0 和 1。采用二进制计数法，每一位只用两种状态，不是 0 就是 1，是"逢二进一"。

（三）八进制和十六进制

计算机本身适合采用二进制，但是由于二进制数的位数比较长，书写和阅读都不方便而且容易出错，因此，常采用八进制和十六进制作为二进制的缩写，用于书写和显示。

八进制数是以 8 为基数的计数体制，它用 0，1，2，…，7 这 8 个数码表示，采用"逢八进一"的计数规律。

十六进制数是以 16 为基数的计数体制，它用 0，1，2，…，9，A，B，C，D，E，F 这 16 个数码表示，采用"逢十六进一"的计数规律。4 位二进制码可用 1 位十六进制码表示。

二、不同进位制之间的转换

由于采用不同计数制，同一数据表示形式不同，人们习惯使用十进制，而计算机使用二进制。为了保证计算结果的正确，数据使用前必须进行正确的转换。结果的显示，应满足人类的习惯，即采用十进制显示。

（一）二进制数转换为十进制

要把一个二进制数转换为十进制数，只需按位权展开法展开后进行计算即可。

（二）十进制数转换为二进制数

将一个十进制数转换为二进制数，需要分两步进行，首先对整数部分按"除基取余法，逆序排列"，再对小数部分按"乘基取整法，顺序排列"即可完成转换。这里的基数就是要转换的进制数。例如要转换为二进制，则基数为 2。

注意：将十进制数转换为二进制时，小数部分有可能永远不会得 0，此时计算只要达到要求的精度即可。

（三）十六进制（八进制）与二进制之间的互相转换

为了书写和阅读的方便，在计算机中经常需要用到十六进制（八进制）进行信息的显示。这就涉及二者之间的转换。

这里采用"分组转换法"，由于 24=16（23=8），即 1 为十六进制位（八进制位）相当于 4 位（3 位）二进制数，如表 8-1 所示。

表 8-1　四种常用进制之间的关系

十进制	二进制	十六进制	八进制	十进制	二进制	十六进制	八进制
0	000	0	0	8	1000	8	10
1	001	1	1	9	1001	9	11
2	010	2	2	10	1010	A	12
3	011	3	3	11	1011	B	13
4	100	4	4	12	1100	C	14
5	101	5	5	13	1101	D	15
6	110	6	6	14	1110	E	16
7	111	7	7	15	1111	F	17

将二进制数转换为十六进制（八进制数）的规则是，对于整数部分，从右到左，每 4 位（3 位）一组，小数部分从左到右，每 4 位（3 位）一组，不足 4 位要用"0"补足，就得到一个十六进制数（八进制数）。

（四）不同进制之间的转换

如果遇到其他进制互转换问题，可以十进制为中间进制，即先转换为十进制，再将这个十进制转换为其他进制。

三、数值型数据在计算机中的表示及编码

由于计算机采用二进制，任何类型的数据都必须转换为二进制。数值型数据指数学中的代数值，具有量的含义，同时有正负、整数和小数之分。要在计算机

中表示一个数值型，除了必须先将它转换为二进制数外，还要考虑数据的存储长度，符号以及小数点问题。

理论上讲，一个数不论有多少有效位数，计算机都能表示，由于计算机资源有限，考虑到制造成本和实现的可能性，一般用于存放一个数的电子器件位数总是有限的和固定的，其二进制位数称为字长，即指 CPU 一次所能处理的二进制数据的位数。可同时处理的位数越多，CPU 的档次就越高，从而它的功能就越强，速度也越快。在计算机表示一个数时，不但要考虑其大小，还要考虑用多少个字长来存放。

数有正、负之分。在计算机中只有数码 1 和 0 两种不同的状态，为了统一起见，通常在计算机中，用 0 表示正数，用 1 表示负数。且用最高位作为数值的符号位，也就是，符号占用一个二进制位。例如，如果采用 8 位字长来表示二进制数，则最高位为符号位，其余 7 位表示数据大小。这种连同数字与符号组合在一起的二进制数称为机器数，由机器数所表示的实际值称为真值。

在计算机中，机器数的表示有两种：一是定点表示法，即小数点的位置是固定不变的；二是浮点表示法，即小数点的位置是可浮动的。

实数包括整数和小数，整数一般采用定点表示法，即规定数的最后一位为小数点所在位置。纯小数也可以采用定点法，即人为规定小数点在符号位之后，但为了计算方便和统一起见，带有小数的实数，包括纯小数，一般都采用浮点表示法。

（一）整数定点表示法

在计算机中，整数定点表示的机器码通常有原码、反码和补码三种表示方式。对于有符号的整数，用"0"表示正数，用"1"表示负数，符号位设置在机器码的最高位。任何正数的原码、反码和补码的形式完全相同，负数则各有不同的表示形式。

1. 原码表示方法

用 8 位二进制数表示数的原码时，最高位为数的符号位，其余 7 位为数值位。

2. 反码表示方法

在反码表示方法中，正数的反码与原码相同，负数的反码由它对应原码除符号位之外，其余各位按位取反得到。

3. 补码表示方法

补码的概念：先以钟表对时为例，假设现在的标准时间为 5 点整，而有一只表却已是 7 点，为了校准时间，可以采用两种方法：一是将时针退 2 格，即 7-2=5；一是将时针向前拨 10 格，即 7+10=12（自动丢失）+5，都能对准到 5 点。可见，减 2 和加 10 是等价的，我们把（+10）称为（-2）对 12 的补码，12 为模，当数值大于模 12 时可以丢弃 12。也就是说，在表盘中是以 12 为模的，任何一个时刻加上一个 12 的整数倍，时针位置不变。

（二）实数浮点表示法

实数既有整数部分，也有小数部分，整数和纯小数是实数的特例，任何一个实数，在计算机中表示时，都可以用一个纯小数的"尾数"来表示有效数字，而用整数的阶码表示"指数"，尾数和阶码都为有符号数，通过阶码的大小确定小数点的位置，这种用尾数和指数来表示实数的方法叫作"浮点表示法"，计算机中的实数也叫作"浮点数"。

尾数的位数决定数的精度，指数的位数决定数的范围，根据占用字节数的多少不同还可以分为单精度浮点数和双精度浮点数。浮点数的长度越长，可表示的数的范围越大，精度也越高。

四、非数值数据在计算机中的表示及编码

计算机信息处理中，除了数值型数据以外，还包括字符、数字、符号、图形、图像等非数值型数据。所有这些数据都要采用二进制表示，必须进行二进制编码。

（一）ASCII 码

ASCII 码是"美国信息交换标准代码"（American Standard Code for Information Interchange）的简称，是国际上广泛采用的一种编码字符集。ASCII 码使用指定的 7 位或 8 位二进制数组合来表示 128 或 256 种可能的字符。标准 ASCII 码也叫基础 ASCII 码，使用 7 位二进制数来表示所有的大写和小写字母，数字 0 到 9、标点符号，以及在美式英语中使用的特殊控制字符。其中：0 ~ 31 及 127（共 33 个）是控制字符或通信专用字符（其余为可显示字符），如控制符：LF（换行）、CR（回车）、FF（换页）、DEL（删除）、BS（退格）、BEL（响铃）等；通信专用字符：SOH（文头）、EOT（文尾）、ACK（确认）等；ASCII 值为 8、9、10 和 13 分别转换为退格、制表、换行和回车字符。它们并没有特定的图形显示，但会依不同的应用程序，而对文本显示有不同的影响。32~126（共 95 个）是字符（32 是空格），其中 48~57 为 0 到 9 十个阿拉伯数字，65~90 为

26 个大写英文字母，97~122 号为 26 个小写英文字母，其余为一些标点符号、运算符号等。

在标准 ASCII 中，其最高位（b7）用作奇偶校验位。所谓奇偶校验，是指在代码传送过程中用来检验是否出现错误的一种方法，一般分奇校验和偶校验两种。奇校验规定：正确的代码一个字节中 1 的个数必须是奇数，若非奇数，则在最高位 b7 添 1；偶校验规定：正确的代码一个字节中 1 的个数必须是偶数，若非偶数，则在最高位 b7 添 1。

后 128 个称为扩展 ASCII 码，目前许多基于 x86 的系统都支持使用扩展 ASCII。扩展 ASCII 码允许将每个字符的第 8 位用于确定附加的 128 个特殊符号字符、外来语字母和图形符号。

（二）汉字编码

汉字是中华民族悠久文化的象征，为了能在计算机中进行处理，必须转换为二进制编码形式。由于汉字字符不仅数量多，而且字形复杂，一个字节只能表示 256 种符号，肯定不够用，必须使用多个字节表示一个字符。汉字处理技术的关键是汉字编码问题，其困难是选字和排序。根据不同的应用目的，汉字编码分为外码、交换码、机内码和字形码。

1. 外码

外码又叫输入码，是用来将汉字输入到计算机中的一组键盘符号。常用的输入码有拼音码、五笔字型码、自然码、表形码、认知码、区位码和电报码等，一种好的编码应有编码规则简单、易学好记、操作方便、重码率低、输入速度快等优点。

2. 交换码

用二进制代码表示汉字使用起来不方便，于是需要采用信息交换码。中国标准总局 1981 年制定了中华人民共和国国家标准 GB2312—80《信息交换用汉字编码字符集 基本集》，即国标码。

区位码是国标码的另一种表现形式，把国标 GB2312—80 中的汉字、图形符号组成一个 94×94 的方阵，分 94 行、94 列，行号称为区号，列号称为位号，都用一个字节表示。01 到 09 区为图形符号区，包括拉丁字母、俄文、日文平假名与片假名、希腊字母、汉语拼音等共 682 个图形符号；16 到 87 区为汉字区，其中 16 到 55 区为汉语拼音排列的 3755 个一级汉字。56 到 87 区为按偏旁部首排列的 3008 个二级汉字。10 到 15 区、88 到 94 区是有待进一步标准化的空白区。

字库中的每个字符都有唯一的区位码与其对应，如"啊"的区位码是1601，表示它在 16 区的第 01 位上。为了避免汉字位码与通信控制码的冲突，ISO2022 规定，每个汉字的区号和位号必须分别加上 32（十六进制 20H）变成国际交换码。例如，"德"字的区位码为 2134（1522H），高低字节都加上 20H 后得到国际交换码为 3542。

3. 机内码

国标码为了与西文字符的 ASCII 码相区分，把汉字的两个字节的最高位都设置为"1"，即把一个汉字看作两个扩展的 ASCII 码。这种高位为 1 的双字节汉字编码就称为 GB2312 汉字的机内码，简称内码。

GB2312 规定"对任意一个图形字符都采用两个字节表示，每个字节均采用八位编码表示"，习惯上称第一个字节为"高字节"，第二个字节为"低字节"，这种编码同时可以处理西文字符，即一个字节的二进制编码高位为 0，则按 ASCII 码处理，如果高位为 1，则后面一个字节高位也要为 1，即成双出现，而且必须构成对应于 GB2312 中的机内码。例如，有一串机内码 3230 3133 C4EA 34D4 C232 38C8 D5，其中包含 7 个西文字符，3 个汉字，表示"2013 年 4 月 28 日"。

4. 字形码

字形码是汉字的输出码，输出汉字时都采用图形方式，无论汉字的笔画多少，每个汉字都可以写在同样大小的方块中。通常用 16×16 点阵来显示汉字。

五、BCD 编码

在计算机中，数据除了采用二进制编码外还可以采用 BCD 编码方式，BCD 编码即二—十进制编码，就是用四位二进制代码来表示一位十进制数码，简称 BCD 码。四位二进制码有 0000，0001，…，1111 等 16 种不同的组合状态，故可以选择其中任意 10 个状态以代表十进制中 0~9 的 10 个数码，其余 6 种组合是无效的，如表 8-2 所示。因此，按选取方式的不同，可以得到不同的二—十进制编码。最常用的是 8421 码。

表8-2　BCD码与十进制数对应关系

十进制数	BCD码	十进制数	BCD码
0	0000	5	0101
1	0001	6	0110
2	0010	7	0111
3	0011	8	1000
4	0100	9	1001

这种编码是选用四位二进制码的前10个代码0000~1001来表示十进制的这10个数码。表8-2编码的特点如下：

（1）这种编码实际上就是四位二进制数前10个代码按其自然顺序所对应的十进制数，十进制数每一位的表示和通常的二进制相同。

（2）它是一种有权码。四位二进制编码中由高位到低位的权依次是2^3，2^2，2^1，2^0（即8，4，2，1），故称为8421码。在8421码这类有权码中，如果将其二进制码乘以其对应的权后求和，就是该编码所表示的十进制数。

（3）在这种编码中，1010~1111这6种组合状态是不允许出现的，称禁止码。8421码是最基本的和最常用的，因此必须熟记。其他编码还有2421码、5421码等。

六、信息在计算机中的存储

（1）位：位是计算机中最小的信息单位，符号b（bit），只有两种状态，不是"0"，就是"1"。

（2）字节：一个字节由8位二进制位组成，符号B（Byte），即1B=8bit。字节是信息存储的基本单位。

（3）字：计算机一次存取、处理和传输的数据长度称为字，符号W（Word），一般由若干个字节组成，具体取决于机器的类型。

（4）信息存储容量：存储容量一般指某个计算机设备所能容纳的二进制信息量的总和，一般用字节数来表示，采用2W数量级往上增加，即千字节（kB）、兆字节（MB）、吉字节（GB）、太字节（TB）、拍字节（PB）、艾字节（EB）、泽字节（ZB）和尧字节（YB）等。随着大数据时代的到来，每天产生的数据量都在数个拍字节以上。

第九章
计算与算法理论

第一节　计算理论

计算理论是数学的一个分支领域，与计算机学科有密切关系，是研究计算过程与功效的数学理论。计算理论的"计算"并非纯粹的算术运算，而是指从已知的输入通过算法来获取问题的答案。计算理论主要包括算法、算法学、计算复杂性理论、可计算性理论、自动机理论和形式语言理论等，是计算机科学理论的基础，已经广泛地应用于科学的各个领域。

一、计算的定义

计算是一个历史悠久的数学概念，它伴随着人类文明的起源和发展而发展。从字源上考察："计"从言、从十，有数数或计数的含义；"算"从竹、从具，竹指算筹。因此，计算的原始含义是利用计算工具进行计数。进一步地说，计算首先指的是数的加减乘除、平方和开方等初等运算，其次为函数的微分、积分等高等运算，最后还包括方程的求解、代数的化简和定理的证明等。随着计算机日益广泛而深入的应用，计算这个数学概念已经泛化到了人类的整个知识领域，上升为一种极为普适的科学概念和哲学概念。

计算既包含科学计算，如数值计算、积分运算和复杂方程求解等，也包括广义的信息处理，如图像识别和目标跟踪等。因此，一般来说，计算就是将一个符号串 f 变换成另一个符号串 g。

下面举几个简单的计算的例子。

（1）A：11+1，B：12。C：十进制加法。

（2）A：11+1，B：100。C：二进制加法。

（3）A：x×x，B：2x。C：微分。

（4）A："computer"，B：计算机。C：英译汉。

（5）A：C+O2，B：CO2。C：化学反应。

其中，C 项表示从 A 项到 B 项需要经过的计算过程。

二、计算模型

在电子计算机出现之前，为了回答什么是计算，什么是可计算性等问题，数理逻辑学家们采取建立计算模型的方法，他们的思路是：为计算建立一个数学模型，称为计算模型，然后证明，凡是这个计算模型能够完成的任务，就是该模型下可计算的任务。所谓计算模型是刻画计算这一概念的一种抽象的形式系统或数学系统。图灵机就是一个计算模型，是一种具有能行性的、用数学方法精确定义的计算模型，而现代计算机正是这种模型的具体实现。

图灵机，又称图灵计算机，是由英国数学家阿兰·麦席森·图灵（1912—1954）提出的一种抽象计算模型，即将人们使用纸笔进行数学运算的过程进行抽象，由一个虚拟的机器替代人们进行数学运算。这个抽象的机器有一条两端无限长的纸带，纸带分成一个一个的小方格，每个方格有不同的数据字符；有一个读写头在纸带上移来移去，读写头有一组内部状态，还有一些固定的程序。在每个时刻，读写头都要从当前纸带上读入一个方格信息，然后结合自己的内部状态查找程序表，根据程序输出信息到纸带方格上，并转换自己的内部状态，然后进行移动。在图灵机的定义中，存在一个所谓的停机状态，当图灵机一到停机状态，就认为计算完毕了。

图灵机由 3 个部件组成：有穷控制器（有限状态机）、无穷带（符号集合）和读写头（其动作有读、改写、左移、右移、停止）。

可以将图灵机表示为下面的形式化描述：

带子上的符号为一个有穷字母表 $\{ S_0, S_1, S_2, \cdots, S_p \}$，状态集合为 $\{q_1, q_2, \cdots, q_m\}$，设 q_1 为初始状态，q_m 为一个终止状态。控制运行的程序由五元组（$q_i S_j S_k R$（或 L 或 N）q_n）形式的指令构成，指令定义了机器在一个当前状态下读入一个字符时所采取的动作，具体含义如下。

（1）q_i 表示机器当前所处的状态。

（2）S_j 表示机器从方格中读入的符号。

（3）S_k 表示机器用来代替 S，写入方格中的符号。

（4）R、L、N 分别表示向右移一格、向左移一格、不移动。

（5）q_n 表示下一步机器的状态。

机器从给定纸带上的某起始点出发，其动作完全由其初始状态及程序来决定。机器计算的结果是从机器停止时纸带上的信息得到的。

图灵提出图灵机模型的意义：①图灵机模型证明了通用计算理论，肯定了计算机实现的可能性，同时给出了计算机应有的主要架构；②图灵机模型引入了读写、算法与程序的概念，极大地突破了过去的计算机器的设计理念；③图灵机模型理论是计算学科最核心的理论，因为计算机的极限计算能力就是通用图灵机的计算能力，很多问题可以转化到图灵机这个简单的模型来考虑。

图灵机对现代计算机的出现和发展有很大的作用和启示，对图灵机给出如此高的评价，因为其中蕴涵着很深邃的思想。

（1）图灵机向我们展示了这样一个过程：程序和其输入数据保存到存储带上，图灵机程序一步一步运行直到给出结果，结果也保存在存储带上，程序在控制器中。

（2）可以隐约看到现代计算机的主要构成：存储器（相当于存储带）、中央处理器（相当于控制器及其状态，并且其字母表可以仅有 0 和 1 两个符号）、IO 系统（相当于存储带的预先输入）。

（3）基本动作非常简单、机械、确定。左移、右移、不移；读/写带；确定指令；获取机器状态、改变机器状态。因此有条件用真正的机器来实现图灵机。

（4）用程序可对符合字母表要求的任意符号序列进行计算。因此同一图灵机可进行规则相同、对象不同的计算，具有数学概念上的函数 $f(x)$ 的计算能力。如果开始的状态（读写头的位置、机器状态）不同，那么计算的含义与计算的结果就可能不同。在按照每条指令进行计算时，都要参照当前的机器状态，计算后也可能改变当前的机器状态。

（5）程序并不都是顺序执行，因为下一条指令由机器状态与当前字符决定，表明指令可以不按顺序执行。虽然程序只能按线性顺序来表示指令序列，但程序的实际执行轨迹可与表示的顺序不同。

至今为止，绝大多数计算机采用的是冯·诺依曼型计算机的组织结构，只是做了一些改进和完善；而冯·诺依曼型计算机是在图灵机等计算模型的指导下实现的，因此，图灵机模型是所有计算机的基础。图灵机等计算模型均是用来解决"能行计算"问题的，理论上的能行性隐含着计算模型的正确性，而实际实现中的能行性还包含时间与空间的有效性。

可计算性指一个实际问题是否可以使用计算机来解决，如"为我烹制一个汉堡"这样的问题是无法用计算机来解决的（至少在目前）。而计算机本身的优势在于数值计算，因此可计算性通常指一类问题是否可以用计算机解决。事实上，很多非数值问题（比如文字识别、图像处理等）都可以通过转化为数值问题来交给计算机处理。一个可以使用计算机解决的问题应该定义为可以在有限步骤内被解决的问题，故哥德巴赫猜想这样的问题是不属于"可计算问题"之列的，因为计算机没有办法给出数学意义上的证明，因此不能期待计算机能解决世界上所有的问题。分析某个问题的可计算性意义重大，使人们不必在不可能解决的问题上浪费时间，集中精力与资源在可以解决的问题上。

20 世纪 30 年代后期，图灵从计算一个数的一般过程入手对计算的本质进行了研究，实现了对计算本质的真正认识，并用形式化方法成功地表述了计算这一过程的本质：计算就是计算者（人或机器）对一条两端可无限延长的纸带上的一串 0 和 1 执行指令，一步一步地改变纸带上的 0 或 1，经过有限步骤，最后得到一个满足预先规定的符号串的变换过程。根据图灵的论点，可以得到这样的结论：任一过程是能行的（能够具体表现在一个算法中），当且仅当它能够被一台图灵机实现。

图灵的研究成果不仅表明了某些数学问题是否能用任何机械过程来解决的思想，而且还深刻地揭示了计算所具有的"能行过程"的本质特征。图灵的描述是关于数值计算的，同样可以处理非数值计算。由数值和非数值（英文字母、汉字等）组成的字符串，既可以解释成数据，又可以解释成程序，从而计算的每一过程都可以用字符串的形式进行编码，并存放在存储器中，使用时译码，并由处理器执行，机器码（结果）可以通过高级符号形式（即程序设计语言）机械地推导出来。

科学家已经证明图灵机与当时哥德尔（K. Godel）、丘奇（A. Church）、波斯特（E.L. Post）等人提出的用于解决可计算问题的递归函数、λ 演算和 POST 规范系统等计算模型在计算能力上是等价的。在这一事实的基础上，形成了现在著名的丘奇—图灵论题。

λ 演算是一套用于研究函数定义、函数应用和递归的形式系统，由丘奇和 Stephen Cole Kleene 在 20 世纪 30 年代引入。丘奇运用 λ 演算在 1936 年给出判定性问题（Entscheidungs Problem）的一个否定的答案，这种演算可以用来清晰地定义什么是一个可计算函数。

第二节　算法理论

　　用计算机求解任何问题都离不开程序设计，而程序设计的核心是算法设计。在计算机发展的早期，存储器容量、处理器速度以及程序设计的复杂性限制了计算机所能处理问题的复杂性。随着存储器容量的增加、处理器速度的提高、程序设计难度的减小，计算机开始处理越来越复杂的问题，人们越来越多的工作开始转向算法的研究。

　　算法理论主要研究算法的设计和算法的分析，前者是指面对一个问题如何设计一个有效的算法，后者是对已设计的算法如何评价或判断优劣。二者是相互依存的，设计出的算法需要检验和评价，对算法的分析反过来又将改进算法的设计。

一、算法基本概念

　　算法是一系列的计算或处理步骤，用来将输入数据转换成输出结果，作用在于表述人类解决问题的思想。对于复杂问题，直接写出程序往往比较困难。通常的步骤是先设计算法再编程，可见算法设计是编写程序的前导步骤。算法是问题解决方案的准确完整的描述，代表用系统的方法描述解决问题的策略机制。算法要能够对一定规范的输入在有限时间内获得所要求的输出。

　　算法的形式化定义如下。

　　算法是四元组，即（Q，I，Ω，F）。

　　其中：Q 是一个包含子集 I 和 Ω 的集合，表示计算的状态；I 表示计算的输入集合；Ω 表示计算的输出集合；F 表示计算的规则，是一个由 Q 到其自身的函数，具有自反性，即对于任何一个元素 $q \in Q$，有 $F(q)q$。

　　算法应该具有以下 5 个重要的特征。

　　（1）有穷性：指算法必须能在执行有限个步骤之后终止，也就是说，一个算法所包含的计算步骤是有限的。

　　（2）确切性：算法的每一个步骤必须有确切的定义，即对算法中所有待执行的动作必须严格而不含混地进行规定，不能有歧义性。

（3）输入项：一个算法有 0 个或多个输入，以刻画运算对象的初始情况，所谓 0 个输入指算法本身给出了初始条件。

（4）输出项：一个算法有一个或多个输出，以反映对输入数据加工后的结果，没有输出的算法是毫无意义的。

（5）可行性：算法中执行的任何计算步骤都可以被分解为基本的可执行的操作步骤，即每个计算步骤都可以在有限时间内完成（也称为有效性）。

二、算法的表示

算法是对解题过程的精确描述，这种描述是建立在语言基础之上的，表示算法的语言主要有自然语言、流程图、伪代码和计算机程序设计语言等，其中使用最普遍的是流程图。

（一）自然语言

自然语言方式指用普通语言描述算法的方法。

自然语言方式的优点是简单、方便，适合描述简单的算法或算法的高层思想。但是，该方式的主要问题是冗长、语义容易模糊，很难准确地描述复杂的、技术性强的算法。

（二）流程图

流程图是一种用于表示算法或过程的图形。在流程图中，使用各种符号表示算法或过程的每一个步骤，使用箭头符号将这些步骤按照顺序连接起来。使用流程图表示算法可以避免自然语言的模糊缺陷，且依然独立于任何一种特殊的程序设计语言。流程图的使用人员包括分析人员、设计人员、管理人员、工程师和编程人员等。

在一般流程图中，主要的图形元素如下。

（1）开始/结束框：一般使用圆形、椭圆形或圆角矩形表示，用于明确表示流程图的开始和结束。

（2）箭线：带有箭头的线段，表示算法控制语句的流向。一般地，箭线源自流程图中的某个图形，在另一个图形处终止，从而描述算法的执行过程。

（3）处理框：往往使用直角矩形表示算法的处理步骤，称为处理框。

（4）输入输出框：一般情况下，流程图使用平行四边形来表示输入输出框，也就是表示算法的输入、输出操作。

（5）条件判断框：许多流程图使用菱形表示条件判断框，用于执行算法中的条件判断，控制算法的执行过程，在条件判断框中，往往有一个输入箭线和两个输出箭线，两个输出箭线分别表示条件成立时和不成立时的执行顺序。

流程图的一些常用符号如下表所示。

流程图常用符号

符号	名称	含义
▭	开始/结束框	表示算法的开始或终止，可在框中注明开始或结束字样
▭	处理框	表示算法中的计算操作，在框中标出要进行的计算
▱	输入输出框	表示算法中的数据输入或输出操作，在框中标出要输入或要输出的数据项
◇	判断框	表示算法中的条件处理，在框中标出作为条件的表达式，它有一个入口，两个出口
↓→	箭线	表示算法数据处理的步骤的先后顺序，竖直向下的流程线末端可以不画箭头

流程图可以很方便地表示顺序、选择和循环结构，而任何程序的逻辑结构都可以用顺序、选择和循环结构来表示，因此，流程图可以表示任何程序的逻辑结构。

（三）伪代码

人们在用不同的编程语言实现同一个算法时发现：同一算法的实现很不同，尤其是对于那些熟悉不同编程语言的程序员要理解一个用其他编程语言编写的程序的功能时可能很难，因为程序语言的形式限制了程序员对程序关键部分的理解，这样伪代码就应运而生了。伪代码是一种非正式的、类似于英语结构的用于描述模块结构图的语言。伪代码提供了更多的设计信息，每一个模块的描述都必须与设计结构图一起出现，是一种算法描述语言。使用伪代码的目的是使被描述的算法可以容易以任何一种编程语言（如 C++、PasCal、C、Java 等）实现，因此，伪代码必须结构清晰、代码简单、可读性好，并且类似自然语言。伪代码介于自然语言与编程语言之间，利用伪代码，可为编程语言的书写形式指明算法职能。使用伪代码，不用拘泥于具体的实现。伪代码可以将整个算法运行过程的结构用接近自然语言的形式描述出来。

伪代码像流程图一样用在程序设计的初期，帮助写出程序流程。简单的程序一般不用写流程、写思路，但是复杂的代码，需要把算法流程写下来，总体去考虑整个功能如何实现。以后不仅可以用来作为测试、维护的基础，还可用来与他人交流。

（四）计算机程序设计语言

计算机不识别自然语言、流程图和伪代码等算法描述语言，因此，用自然语言、流程图和伪代码等语言描述的算法最终还必须转换为具体的计算机程序设计语言描述的算法，即转换为具体的程序。

计算机程序设计语言描述的算法（程序）最终能由计算机处理。使用计算机程序设计语言描述算法存在以下缺点：

（1）算法的基本逻辑流程难于遵循。与自然语言一样，程序设计语言也是基于串行的，当算法的逻辑流程较为复杂时，这个问题就变得更加严重。

（2）用特定程序设计语言编写的算法限制了与他人的交流，不利于问题的解决。

（3）要花费大量的时间去熟悉和掌握某种特定的程序设计语言。

（4）要求描述计算步骤的细节，而忽视了算法的本质。

三、算法分析

对于同一个问题可以设计出不同的算法，而一个算法的质量优劣将影响到算法和程序的效率。如何评价算法的优劣是算法分析、比较和选择的基础。算法分析指对执行一个算法所消耗的计算机资源进行估算，目的在于选择合适算法和改进算法。算法的复杂性分析具有极重要的实际意义，许多实际应用问题，理论上可由计算机求解，但是由于求解所需的时间或空间耗费巨大，以至于实际上无法办到。对有些时效性很强的问题，如实时控制，即使算法执行时间很短，也可能是无法忍受的。

算法的评价可以从以下六个方面考虑，其中时间复杂度和空间复杂度是两个主要方面，因为计算机资源中最重要的是时间和空间资源。

（一）正确性

算法的正确性是评价一个算法优劣的最重要的标准，一旦完成对算法的描述，必须证明它是正确的。算法的正确性指对一切合法的输入，算法均能在有限次的计算后产生正确的输出。

当算法的输入数据取值范围很大或无限时，不可能对每一输入检查算法的正确性，即穷举法验证是不可能的。在实际应用中，人们往往采取测试的方法，选择典型的数据进行实际计算，如果与事先知道的结果一致，则说明程序可用。但这种测试只能证明程序有错，不能证明程序正确。严格的形式证明也是存在的，可采用推理证明（演绎法），但十分烦琐，证明过程通常比程序本身还要长，目前还只是具有理论意义。

（二）可读性

算法的可读性指算法可供人们阅读的容易程度。算法是为了人们的阅读与交流，可读性好的算法有利于人们的正确理解，有利于程序员据此编写出正确的程序。为了使算法更易读懂，可以在算法的开头和重要的地方添加注释，用自然语言将意思表达出来。

（三）健壮性

健壮性指一个算法对不合理输入数据的反应能力和处理能力，也称为容错性。比如合法的输入就要有相应的输出，不合法的输入要有相应的提示信息输出，提示此输入不合法。例如在一个房贷计算算法中，需要用户输入利率、年限、贷款金额 3 个数据，此时可能会出现三种情况：用户输入数据为正实数、除正实数外的其他数（如负数）、字符数据等，在设计算法时需要全面考虑这几个情况。当用户输入为正实数时，输出正确计算结果；否则，就报错，并返回一个特殊数值。

（四）时间复杂度

算法的时间复杂度指执行算法所需要的计算工作量。计算机科学中，算法的时间复杂度是一个函数，它定量描述该算法的运行时间。程序在计算机上运行的时间取决于程序运行时输入的数据量、对源程序编译所需要的时间、执行每条语句所需要的时间以及语句重复执行的次数等。其中，最重要的是语句重复执行的次数。通常，把整个程序中语句的重复执行次数之和作为该程序的时间复杂度。

一般来说，算法的基本操作重复执行的次数是模块 n 的某一个函数 $f(n)$，算法的时间复杂度记做：$T(n)=O(f(n))$

表示算法复杂度 $T(n)$ 与算法的基本操作执行的次数 $f(n)$ 是同数量级函数，即当 n 趋于无限大时，$T(n)/f(n)$ 的极限值为不等于零的常数。一般称 O（f

（n））为算法的渐近时间复杂度，简称时间复杂度。

常见的时间复杂度有：常数级 $O(1)$、线性级 $O(n)$、线性对数级 $O(n\log n)$、多项式级 $O(n^c)$、指数级 $O(c^n)$、阶乘级 $O(n!)$。随着问题规模 n 的不断增大，时间复杂度不断增大。

比较两个算法的时间复杂度涉及编程语言、编程水平和计算机速度等多种因素，因此，不是比较两个算法对应程序的具体执行时间，而是比较两个算法相对于问题规模 W 所消耗时间的数量级。

（五）空间复杂度

算法的空间复杂度指算法需要消耗的内存空间，其计算和表示方法与时间复杂度类似，一般都用复杂度的渐近性来表示。同时间复杂度相比，空间复杂度的分析要简单得多。

（六）数据规模复杂性

面对大规模数据时，算法的选择非常重要。要处理的数据规模越大，算法和数据结构的选择对速度的影响也就越大。举个简单的例子：假设要从数据中使用线性查找算法，从头开始依次查找所需数据，如果有 1000 条数据，那就需要依次查找数据直至找到为止，这个算法最多要进行 1000 次查找，对于"条数据要进行 n 次搜索，称为 $O(n)$ 算法；而二分查找算法能在 $\log n$ 次之内查找"条数据，称为 $O(\log/2)$ 算法。使用二分查找，1000 条数据最多只需 10 次就能查找完。这个"最大查找次数"可以大致判断计算次数，称为复杂度。一般来说，复杂度越低，算法就越快。

在上例中，n=1000 时，$O(n)$ 的最大查找次数为 1000，而 $O(\log n)$ 为 10，计算次数差距为 990。n 再大些会怎样呢？若是 100 万条数据，$O(n)$ 需要 100 万次，而 $O(\log n)$ 只需 20 次，即使是 1000 万条，$O(\log n)$ 也只需 24 次。很明显，与 $O(n)$ 相比，$O(\log n)$ 更能承受数据量的增加。

可以看出数据量较小时，即使使用 $O(n)$ 这种简单算法，计算量不会太大。但随着数据规模复杂性的增加，算法选择的差异越来越大。在数据搜索处理中，使用线性查找的话，数据量增大到 100 万条、1000 万条时显然会出现问题，而解决该问题的方法就是选择复杂度更低的查找算法。

根据数据规模的复杂性来选择和分析算法，能更好地区分现有的算法和技术，找到合适的算法和技术，更好、更快速地解决遇到的大规模数据问题。

第三节　程序设计

用计算机解决某一个特定的问题，必须事先编写程序，告诉计算机需要做哪些事，按什么步骤去做，并提供所要处理的原始数据。

用计算机求解任何问题时先设计算法，即给出解决问题的方法和步骤，然后按照某种语法规则编写计算机可执行的程序，并交给计算机去执行。这个过程就是程序设计的过程，是设计、编制、调试程序的方法和过程，是目标明确的智力活动，是软件构造活动中的重要组成部分。程序设计往往以某种程序设计语言为工具，给出这种语言下的程序。

程序是软件的核心，软件的质量主要通过程序的质量来体现，在软件研究中，程序设计的工作非常重要，内容涉及有关的基本概念、工具、方法以及方法学等。程序设计通常分为问题建模、算法设计、编写代码、编译调试和整理并写出文档资料5个阶段。

一、程序设计基本概念

程序设计的基本概念有程序、数据、子程序、子例程、协同例程、模块以及顺序性、并发性、并行性和分布性等。程序是程序设计中最为基本的概念；子程序和协同例程都是为了便于进行程序设计而建立的程序设计基本单位；顺序性、并发性、并行性和分布性反映程序的内在特性。程序设计是软件开发工作的重要部分，软件开发是工程性的工作，要有规范。语言影响程序设计的功效以及软件的可靠性、易读性和易维护性。程序设计的核心是算法设计，算法的操作对象是数据，算法的实现依赖于某种数据结构，不同的数据结构将导致差异很大的算法。

数据成分指的是一种程序语言的数据类型。

（一）常量和变量

按照程序运行时数据的值能否改变，将数据分为常量和变量。变量在程序运行过程中可以改变；常量在程序运行过程中不能改变。

（二）全局变量和局部变量

数据按照作用域范围，可分为全局变量和局部变量。系统为全局变量分配的存储空间在程序运行的过程中一般是不改变的，而为局部变量分配的存储单元是动态改变的。

（三）数据类型

按照数据组织形式不同可将数据分为基本类型、用户定义类型、构造类型和其他类型，具体如下。

（1）基本类型：整型（int）、字符型（char）、实型（float、double）和布尔类型（bool）。

（2）特殊类型：空类型（void）。

（3）用户定义类型：枚举类型。

（4）构造类型：数组（array）、结构（struct）、联合（union）。

（5）指针类型：type*。

（6）抽象数据类型：类类型。

二、程序基本结构

结构化程序设计的 3 种基本结构是顺序结构、选择结构和循环结构。

（一）顺序结构

顺序结构表示程序中的各操作是按照出现的先后顺序执行的。它是由若干个依次执行的处理步骤组成的，是任何算法都离不开的一种结构。

（二）选择结构

选择结构表示程序的处理步骤出现了分支，它需要根据某一特定的条件选择其中的一个分支执行。选择结构有单选择、双选择和多选择 3 种形式。

（三）循环结构

循环结构表示程序反复执行某个或某些操作，直到某条件为假（或为真）时才终止循环。在循环结构中最主要的是什么情况下执行循环，哪些操作需要循环执行，循环结构的基本形式有两种：当型循环和直到型循环。

1. 当型循环

表示先判断条件，当满足给定的条件时执行循环体，并且在循环终端处流程自动返回到循环入口；如果条件不满足，则退出循环体直接到达流程出口处。因为是"当条件满足时执行循环"，即先判断后执行，所以称为当型循环。

2. 直到型循环

表示从结构入口处直接执行循环体，在循环终端处判断条件，如果条件不满足，返回入口处继续执行循环体，直到条件为真时再退出循环到达流程出口处，是先执行后判断。因为是"直到条件为真时为止"，所以称为直到型循环。

三、程序的过程单元

程序单元指在程序中执行某一特定任务，具有一定独立性的代码模块，类似于VB语言中的"过程"。使用单元可以把一个大型程序分成多个逻辑相关的模块，用来创建在不同程序中使用的程序库。

计算机程序设计和问题求解的最基本思想是将一个大的复杂的问题分解成更小、更简单和更容易处理的子问题。在结构化程序设计中，可将整个程序从上到下、由大到小逐步分解成较小的模块，这些具有独立功能的模块，称为子程序。子程序之间要定义相应接口，各子程序可分别开发，最后再组合到一起，从而降低开发难度，提高代码的重用性，又便于维护。子程序包括过程和函数两种。程序设计语言提供了函数和过程，使得问题的分解和处理更加方便。

函数或过程将对应于一个子问题求解的语句写在一起，作为一个单独的程序模块。通常通过子程序定义抽象操作，实现程序的模块化。

（一）函数

1. 定义

函数说明的一般形式如下。

FUNCTION< 函数名 >（< 形式参数表 >）：< 函数类型 >；

< 说明部分 >；

BEGIN

< 函数体 >

END；

注意：

（1）函数名由合法的标识符指出；参数表由形式参数名表和说明参数的类型标识符组成；函数类型即结果类型，由类型标识符指明。

（2）形式参数（简称形参）类似于数学函数中的自变量，为函数子程序提供初始量。在一个形式参数表中，可以有多个参数，逗号用来分开同类型的各个参数名，分号用来分开不同类型的参数。例如，（x, y: real; m, n; integer）。

（3）说明部分对仅在函数中使用的量加以说明，可以包括函数所需要的常量、类型和变量说明，也可以包括其他函数或过程说明，一般称之为局部变量；函数也可以没有说明。

（4）函数体。函数部分的程序体，其中至少要有一个给函数名赋值的语句，并以分号结束函数体。

2. 函数调用一般形式如下。

< 函数名 >（< 实际参数表 >）

函数调用必须出现在表达式中。函数每次调用，是将每个实际参数（简称实参）的值赋给对应的形式参数，然后由函数完成规定的处理，并返回处理结果。

注意：实际参数与形式参数的个数要相同，且一一对应，类型上要赋值相容；实际参数还可以是表达式；若没有形式参数，则略去实际参数和括号。

（二）过程

1. 定义

过程说明的一般形式如下：

PROCEDURE< 过程名 >（< 形式参数表 >）；

< 说明部分 >；

BEGIN

< 过程体 >

END；

注意：

（1）形式参数表有两种格式：数值形参和以 VAR 开头的变量形参。

（2）过程体中没有也不可以有给过程名赋值的语句，返回值由变量形参提供。

2. 过程调用一般形式如下。

< 过程名 >（< 实际参数表 >）

与数值形参对应的实际参数可以是表达式，与变量形参对应的实际参数必须是变量，而不能是一般的表达式。

过程和函数都为子程序，但也有区别，具体如下。

（1）标识符不同。函数的标识符为 FUNCTION，过程为 PROCEDURE。

（2）函数中一般不用变量形参，用函数名直接返回函数值；而过程如有返回值，则必须用变量形参返回。

（3）过程无类型，不能给过程名赋值；函数有类型，最终要将函数值传送给函数名。

（4）在定义函数时一定要进行函数的类型说明，过程则不进行过程的类型说明。

（5）调用方式不同。函数的调用出现在表达式中，过程调用则由独立的过程调用语句来完成。

（6）过程一般会被设计成求若干个运算结果，完成一系列的数据处理，或与计算无关的各种操作；而函数往往只为了求得一个函数值。

在程序调用子程序时，调用程序将数据传递给被调用的过程或函数，而当子程序运行结束后，结果又可以通过函数名、变参返回，当然也可以用全局变量等形式实现数据的传递。

（三）参数

子程序调用（过程调用或函数调用）的执行顺序为：

实参与形参结合—执行子程序体—返回调用处继续执行

子程序说明的形式参数表对过程或函数内的语句序列直接引用的变量进行说明，详细指明这些参数的类别、数据类型要求和参数的个数。过程或函数被调用时必须为它的每个形参提供一个实参，按参数的位置顺序一一对应，每个实参必须满足对应形参的要求。

第四节　常用算法

通常求解一个问题可能会有多种算法可供选择，下面介绍 3 种常用算法。查找和排序算法的处理对象经常是数值型数据，而搜索算法的处理对象可以是非数值型数据，搜索结果有时不是确定的，经常出现模糊匹配。

一、查找

查找是在大量的数据中寻找一个特定的信息元素，在计算机应用中，查找是常用的基本运算。常见的查找算法有顺序查找、二分查找、分块查找和哈希表查找。

1.顺序查找

顺序查找也称为线性查找，从数据结构线性表的一端开始顺序扫描，依次将扫描到的节点关键字与给定值 k 相比较，若相等，则表示查找成功；若扫描结束仍没有找到关键字等于 k 的节点，表示查找失败。顺序查找的缺点是效率低下。

顺序查找的算法描述如下。

Int Search（intd，inta[　　　]，intn）/* 在数组 a 中查找等于 d 的元素，若找到，则函数返回 d 在数组中的位置，否则为 0。其中 n 为数组长度 */

{

inti；　　　　　　　　/* 从后往前查找 */

for（i=n-1；a!=d；--i）

returni；　　　　　　　/ 如果找不到，则 i 为 0*/

}

（二）二分查找

二分查找又称折半查找，优点是比较次数少，查找速度快，平均性能好；缺点是要求待查表为有序表，且插入删除困难。因此，折半查找方法适用于不经常变动而查找频繁的有序列表。首先，假设表中元素是按升序排列，将表中间位置记录的关键字与查找关键字比较，如果两者相等，则查找成功；否则利用中间位置记录将表分成前、后两个子表，如果中间位置记录的关键字大于查找关键字，则进一步查找前一子表，否则进一步查找后一子表。重复以上过程，直到找到满足条件的记录，便查找成功，或直到子表不存在为止，此时查找不成功。它充分利用了元素间的次序关系，采用分治策略，在最坏的情况下完成搜索任务的时间复杂度为 O（log n）。

（三）分块查找

分块查找是折半查找和顺序查找的一种改进，由于只要求索引表是有序的，

237

对块内节点没有排序要求，因此特别适合于节点动态变化的情况。折半查找虽然具有很好的性能，但其前提条件是线性表顺序存储而且按照关键字排序，这一条件在节点数很大且表元素动态变化时是难以满足的。顺序查找可以解决表元素动态变化的要求，但查找效率很低。如果既要保持对线性表查找具有的较快速度，又要能够满足表元素动态变化的要求，则可采用分块查找的方法。分块查找也称为索引查找，把表分成若干块，每一块中的数据元素的存储顺序是任意的，但要求块与块之间按关键字值的大小有序排列，还要建立一个按关键字值递增顺序排列的索引表，索引表中的一项对应线形表中的一块，索引项包括两个内容：链域存放相应块的最大关键字，链域存放指向本块第一个节点的指针。分块查找分两步进行，先确定待查找的节点属于哪一块，然后在块内查找节点。

分块查找的步骤如下。

（1）取各块中的最大关键字构成一个索引表。

（2）查找分为两部分，先对索引表进行二分查找或顺序查找，以确定待查记录在哪一块中。

（3）在已经确定的块中用顺序法进行查找。

（四）哈希表查找

哈希表查找是通过对记录的关键字值进行运算，直接求出节点的地址，是关键字到地址的直接转换方法，不用反复比较。假设 f 包含 n 个节点，R_i 为其中某个节点是其关键字值，在 key_i 与 R_i 的地址之间建立某种函数关系，可以通过函数把关键字值转换成相应节点的地址，即 $addr(R_i)=H(key_i)$，其中 $addr(R_i)$ 为节点 Ri 的地址，$H(key_i)$ 是 key_i 与 R_i 的地址之间的哈希函数关系。

二、排序

所谓排序，就是使一串记录按照其中的某个或某些关键字的大小，以递增或递减排列的操作。排序算法，就是使记录按照要求进行排列的方法，在很多领域得到相当的重视，尤其是在大量数据的处理方面。一个优秀的算法可以节省大量的资源，在各个领域中考虑到数据的各种限制和规范，要得到一个符合实际的优秀算法，需经过大量的推理和分析。排序的算法有很多，对空间的要求及其时间效率也不尽相同，这里列出了一些常见的排序算法：插入排序、冒泡排序、选择排序、快速排序、堆排序、归并排序、基数排序和希尔排序等。其中插入排序和冒泡排序又称作简单排序，它们对空间的要求不高，但是时间效率却不稳定；而后面 3 种排序相对于简单排序对空间的要求稍高一点，但时间效率却能稳定在很高的水平；基数排序是针对关键字在一个较小范围内的排序算法。

（一）插入排序

插入排序的基本操作是将一个数据插入到已经排好序的有序数据中，从而得到一个新的、个数加一的有序数据，算法适用于少量数据的排序，时间复杂度为 $O(n^2)$。插入排序的实现如下。

（1）首先新建一个空列表，用于保存已排序的有序数列（称之为有序列表）。

（2）从原数列中取出一个数，将其插入有序列表中，使其仍旧保持有序状态。

（3）重复步骤（2），直至原数列为空。

插入排序的基本思想是在遍历数组的过程中，假设在序号 i 之前的元素 [0…i-1] 都已经排好序，每一次需要找到 i 对应的元素的正确位置 h 并且在寻找这个位置 k 的过程中逐个将比较过的元素往后移一位，为元素"腾位置"，最后将 k 对应的元素值赋为 x。

（二）冒泡排序

冒泡排序是一种较简单的排序算法，重复访问要排序的数列，一次比较两个元素，如果它们的顺序错误就将它们交换。访问数列的工作重复进行直到不再需要交换，也就是说该数列已经排序完成。冒泡排序的实现如下。

（1）从列表的第一个数字到倒数第二个数字，逐个检查：若某一位上的数字大于下一位，则将它与下一位交换。

（2）重复（1）步骤，直至再也不能交换。

冒泡排序最好的时间复杂度为 $O(n)$，最坏时间复杂度为 $O(n^2)$。

（三）选择排序

选择排序是一种简单直观的排序算法，工作原理是每一次从待排序的数据元素中选出最小（或最大）的一个元素，存放在序列的起始位置，直到全部待排序的数据元素排完。选择排序是不稳定的排序方法（比如序列 [5, 5, 3] 第一次就将 [5] 与 [3] 交换，导致第一个 5 挪动到第二个 5 后面），平均时间复杂度是 $O(n^2)$。选择排序的实现如下。

（1）设数组内存放了 w 个待排数字，数组下标从 1 开始，到 n 结束。

（2）初始化 i=1。

（3）从数组的第 i 个元素开始到第 n 个元素，寻找最小的元素。

（4）将上一步找到的最小元素和第 f 位元素交换。

（5）i++，直到 i=n–1 算法结束，否则回到第（3）步。

（四）快速排序

实践证明，快速排序是所有排序算法中最高效的一种，采用了分治的思想：先保证列表的前半部分都小于后半部分，然后分别对前半部分和后半部分排序，这样整个列表就有序了。这是一种先进的思想，也是它高效的原因。排序算法中，算法高效与否与列表中数字间的比较次数有直接的关系，而"保证列表的前半部分都小于后半部分"就使得前半部分的任何一个数从此以后都不用再跟后半部分的数进行比较了，大大减少了数字间不必要的比较。

（五）归并排序

归并排序是建立在归并操作上的一种有效的排序算法，该算法是采用分治法的一个非常典型的应用。其基本思想是将已有序的子序列合并，得到完全有序的序列，也就是先使每个子序列有序，再使子序列段间有序。将两个有序表合并成一个有序表，称为二路归并。

归并过程为：比较 a[i] 和 a[j] 的大小，若 a[i] < a[j]，则将第一个有序表中的元素 a[i] 复制到 r[k] 中，并令 i 和 k 分别加上 1；否则将第二个有序表中的元素 a[j] 复制到 r[k] 中，并令 j 和 k 分别加上 1，如此循环下去，直到其中一个有序表取完，然后再将另一个有序表中剩余的元素复制到 r[k] 中从下标 k 到下标 t 的单元。对归并排序算法通常用递归实现，先把待排序区间 [s, t] 以中点二分，接着把左边子区间排序，再把右边子区间排序，最后把左区间和右区间用一次归并操作合并成有序的区间 [s, t]。

（六）希尔排序

希尔排序是插入排序的一种，也称缩小增量排序，是直接插入排序算法的一种更高效的改进版本，是非稳定排序算法。希尔排序把记录按下标的一定增量分组，对每组使用直接插入排序算法排序；随着增量逐渐减少，每组包含的关键词越来越多，当增量减至 1 时，整个文件恰好被分成一组，算法终止。

三、搜索

搜索算法是利用计算机的高性能有目的地穷举一个问题解空间的部分或所有的可能情况，从而求出问题解的一种方法。搜索算法实际上是根据初始条件和扩展规则构造一棵"解答树"并寻找符合目标状态的节点的过程。所有的搜索算法从最终实现上来看，都可以划分成两个阶段：匹配阶段和排序阶段，而所有的算法优化和改进主要都是通过修改匹配算法和排序算法来完成。

搜索算法的匹配阶段主要任务是寻找满足条件的匹配项，可以是精确匹配，也可以是模糊匹配；排序阶段主要任务是根据特征因子将前一阶段得到的匹配项进行排序，这样搜索结果更符合用户要求，用户对获得的搜索结果会更加满意。

例如在网页搜索中，匹配阶段就是寻找网页内容与搜索内容相关的、匹配的网页，实质是文本匹配，通过这个阶段可以获得一系列与搜索内容匹配的网页。用于寻找匹配项的文本匹配算法有很多，布尔匹配是其中比较经典的一种方法，是一种基于简单元匹配的查询方法。传统的布尔匹配模型简单严密，使其操作过程达到高度的统一标准，便于计算机模拟，匹配表达式中的逻辑关系便于用户表达不同的信息需求，而且匹配表达式中的几种逻辑关系简单易用，为人们所熟知。其优点是简洁、结构性强、语义表达能力好，特别是布尔提问表达式可以准确地表达信息需求概念之间的逻辑关系，适合处理各种复杂的、交叉的信息需求。

排序阶段就是根据重要性和相关性等特征因子将前面得到的与搜索内容匹配的网页进行排序，最终把排序后的网页呈现给用户，让用户更好、更快地选择对自己有用的网页。Page Rank 算法是排序阶段应用非常广泛的一个算法，其中的重要度因子为一个网页入口超级链接的数目，一个网页被其他网页引用得越多，则该网页就越有价值。特别地，一个网页被越重要的网页所引用，则该网页的重要程度也就越高。Google 通过 Page Rank 算法计算出网页的权重值，从而决定网页在结果集中的出现位置，权重值越高的网页，在结果中出现的位置越前。

Page Rank 算法的思路比较简单。首先，将 Web 做如下抽象：①将每个网页抽象成一个节点；②如果一个页面 A 有链接直接链向 B，则存在一条有向边从 A 到 B（多个相同链接不重复计算边）。因此，整个 Web 被抽象为一张有向图。假设只有 4 张网页：A、B、C、D，其抽象结构如下图所示。显然这个图是强连通的（从任一节点出发都可以到达另外任何一个节点）。

接下来，需要用一种合适的数据结构表示页面间的连接关系。Page Rank 算法基于这样一种假设：用户访问越多的网页质量可能越高。用户在浏览网页时主要通过超链接进行页面跳转，因此需要通过分析超链接组成的拓扑结构来推算每个网页被访问频率的高低。最简单的，可以假设当一个用户停留在某页面时，跳转到页面上每个被链页面的概率是相同的。例如，图中 A 页面链向 B、C、D，所以一个用户从 A 跳转到 B、C、D 的概率各为 1/3。设一共有 N 个网页，则可以定义一个 N 维矩阵：其中第 i 行第 j 列的值表示用户从页面 j 转到页面 i 的概率。这个矩阵叫作转移矩阵。

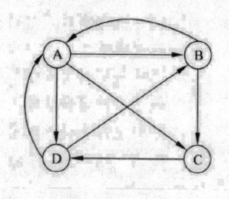

网页抽象图

$$M=\begin{bmatrix} 0 & 1/2 & 0 & 1/2 \\ 1/3 & 0 & 0 & 1/2 \\ 1/3 & 1/2 & 0 & 0 \\ 1/3 & 0 & 1 & 0 \end{bmatrix}$$

权重计算过程为：设初始时每个页面的权重值为 1/N，这里就是 1/4。按 A ~ D 顺序将页面权重值表示为向量 v。

$$v=\begin{bmatrix} 1/4 \\ 1/4 \\ 1/4 \\ 1/4 \end{bmatrix}$$

　　注意：矩阵 M 第一行分别是 A、B、C 和 D 转移到页面 A 的概率，而 v 的第一列分别是 A、B、C 和 D 当前的权重，因此用 M 的第一行乘以 v 的第一列，所得结果就是页面 A 最新权重的合理估计。同理，Mv 的结果就分别代表 A、B、C、D 新权重。

$$Mv = \begin{bmatrix} 1/4 \\ 5/24 \\ 5/24 \\ 1/3 \end{bmatrix}$$

　　用 M 再乘以这个新的权重向量，又会产生一个更新的权重向量。循环迭代这个过程，可以证明向量 v 最终会收敛，即 X；约等于 Mv，此时计算停止。最终的 v 就是各个页面的权重值。例如，上面的向量经过几步迭代后，大约收敛在（1/4，1/4，1/5，1/4），这就是 A、B、C、D 最后的权重值。

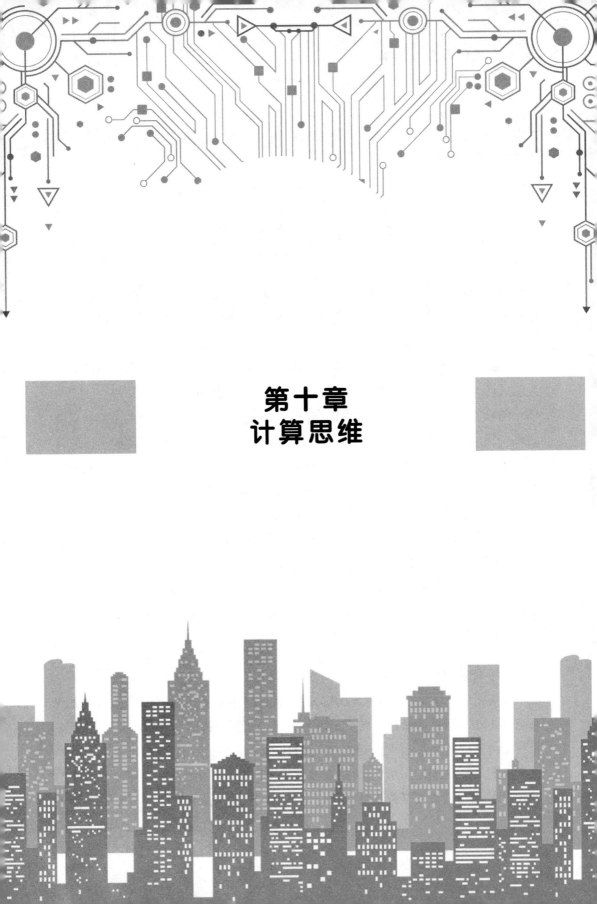

第十章
计算思维

第一节　计算思维概述

计算思维最早由美国麻省理工学院的 Seymour Papert 教授于 1996 年提出，但使这一概念受到广泛关注的是美国卡内基·梅隆大学的周以真教授，她于 2006 年在 *Communications of the ACM* 期刊上提出并定义计算思维（Computational Thinking）。周教授认为：计算思维是运用计算机科学的基础概念进行问题求解、系统设计、人类行为理解等涵盖计算机科学的一系列思维活动。

随着计算思维逐渐被广泛关注，许多学者都发表了对计算思维的不同认识和观点。图灵奖获得者 Karp 认为，自然问题和社会问题自身内部就蕴涵丰富的属于计算的演化规律，这些演化规律伴随着物质的变换、能量的变换以及信息的变换，因此，正确提取这些信息变换，并通过恰当的方式表达出来，使之成为计算机能够处理的形式，这就是基于计算思维概念解决自然问题和社会问题的基本原理和方法论。孙家广院士在《计算机科学的变革》一文中指出：计算机科学界最具有基础性和长期性的思想就是"计算思维"。由李国杰院士任组长的中国科学院信息领域战略研究组撰写的《中国至 2050 年信息科技发展路线图》中对计算思维给予了高度重视，提出在 2050 前，除阅读、协作和算术能力培养之外，应当将计算思维的培养加入到个人解析能力之中。

一、计算思维定义

国际上广泛认同的计算思维的定义由周以真教授提出，她对计算思维的认识和定义也在不断地加深和发展。2006 年，周以真教授指出计算思维是运用计算机科学的基础概念进行问题求解、系统设计以及人类行为理解等涵盖计算机科学之广度的一系列思维活动，包含能反映计算机科学的广泛性的一系列智力工具。2010 年，周以真教授又指出计算思维是与形式化问题及其解决方案相关的思维过程，其解决问题的表示形式应该能有效地被信息处理代理执行。

计算思维是建立在计算过程的能力和限制之上的，无论这些过程是由人还是机器执行。计算方法和模型给了人们勇气去处理那些原本无法由任何个人单独完成的问题求解和系统设计任务。然而利用计算思维去设计方法或者模型的时候，必须考虑什么是可计算的，即一个实际问题是否可以在有限步骤内被解决，需要考虑在不同的计算方法和模型下哪些问题可以解决，同时需要考虑的这些可以解决的问题怎么能够有效地解决，因为无论是机器还是人，计算能力都是有限的，如机器会受到指令系统、资源和操作系统等约束。有时为了有效地解决一个实际问题，需要考虑一个近似解是否可以？是否允许误差存在？只有认真地解决好以上的问题，才能够利用计算思维去解决以往任何个人都不能够独立完成的问题求解和系统设计任务。

当认真地解决好上面的问题之后，如何利用计算思维解决问题成为主要关注点。在利用计算思维解决实际问题时，经常采用抽象和分解来解决复杂的实际问题，首先将实际问题抽象成易于理解的描述方式或模型，并将实际问题分解成易于处理的问题。在分解的过程中，往往通过约简、嵌入、转化和仿真等方法把一个困难的问题阐释成已经知道怎么解决的问题。此外启发式思考方法也是计算思维的常用手段，是一种在不确定情况下规划、学习和调度的思维方式，利用以往解决问题时的经验规则构建行之有效的策略。由于计算设备能力的限制，处理问题需要在时间和空间、处理能力和存储容量之间进行折中，而且为了系统能够从最坏的情况恢复，还需要考虑冗余、容错和纠错等来保障系统的健壮性。

二、计算思维特性和作用

周以真教授在提出计算思维概念定义的同时，还对如何理解计算思维做了细致的说明。周教授认为，计算思维是教授学生如何像计算机科学家那样去思考问题，而远远不止能为计算机编程，还要求能够在抽象的多个层次上思维。计算机科学不只是关于计算机，就像音乐产业不只是关于麦克风一样。周教授提出在学习计算思维的时候，应该注意计算思维以下几个特性。

（1）计算思维是一种根本技能，是每一个人为了在现代社会中发挥职能所必须掌握的。

（2）计算思维是人类求解问题的一条途径，但绝非是要人类像计算机那样地思考。计算机枯燥且沉闷,人类聪颖且富有想象力。人类赋予计算机激情,反过来,计算机给人类强大的计算能力,人类应该好好地利用这种力量去解决各种需要大量计算的问题。

(3)计算思维是思维,不是人造品。计算机科学不只是将软硬件等人造物呈现给人们的生活,更重要的是计算的概念,它被人们用来求解问题、管理日常生活以及与他人进行交流和互动。

(4)计算思维是数学和工程思维的互补与融合。一方面计算机科学源于数学思维,它的形式化基础建筑于数学之上;另一方面计算机科学源于工程思维,因为人们构造的是能够与现实世界互动的系统。

计算思维与理论思维、实证思维并称三大思维,计算思维对于人类进步和文明传承的贡献无疑是巨大的。计算思维的概念虽然被广泛接受和认可的时间不长,但是对于计算机学科和其他学科的影响巨大,如其他学科与计算思维相融合产生了许多新兴研究方向和学科,这也表明了学习计算思维的必要性和重要性。

(一)计算思维对计算机学科的影响

计算思维虽然有着计算机学科的许多特征,但计算思维本身并不是计算机学科的专属。实际上,即使没有计算机的出现,计算思维也在逐步发展,而且计算思维的某些内容与计算机并不相关,但是,计算机的出现给计算思维的研究和发展带来了根本的变化和突破性的发展。计算机具有对信息和符号快速处理的能力,使得原本只能停留在理论上的想法可以转化成实际的系统,如智能手机和互联网的出现,使得用户可以随时随地与朋友分享自己身边发生的乐事,这在以前是不可想象的。这样机器代替人类的部分智力活动催发了对智力活动机械化的研究热潮,凸显了计算思维的重要性,推进了对计算思维的形式、内容和表达的深入探究。在这样的背景下人类思维活动中以形式化、程序化和机械化为特征的计算思维受到前所未有的重视,并且作为研究对象被广泛和仔细地研究。

计算思维被明确提出以前,很多人错误地认为计算机学科就是学习如何编写程序的一门学科,这是极其片面的一种认识。计算思维提出以后,计算机学科发生了巨大的变革,人们认识到计算的本质就是一种信息状态到另一种信息状态转变的过程,计算机学科更加注重探讨和研究什么是可计算的,如何将实际问题转变为可计算的问题,进而使用计算机仿真和模拟,解决许多以往难以解决的问题。计算机科学已成为主要研究计算思维的概念、方法和内容的重要学科之一。

（二）计算思维对其他学科的影响

计算机科学和计算思维与其他学科之间的关系愈来愈密切，如生物学作为自然科学六大基础学科之一，主要研究生物的结构、功能、发生和发展的规律。随着生物学研究的进行，大量的生命科学数据快速积累产生，传统的方法没有能力处理如此大的数据，据统计，每 14 个月基因研究产生的数据就会翻一番，单单依靠观察和实验已难以应付，必须依靠新的大规模计算模拟技术，从海量信息中提取分析最有用的数据。因此，融合计算机科学技术与生物学理论的一门新兴交叉学科就此诞生，被命名为计算生物学。计算生物学的发展标志是大量生命科学数据的快速积累以及为处理这些复杂数据而设计的新算法不断涌现。人类基因组计划是计算生物学的一个标志应用，这项历时 15 年耗资 30 亿美元的研究项目，其规模和意义已远远超过历史上的一些重大科学项目，不但集中了许多国家政府的投入，而且吸引了全世界不同学科的精英。基因组计划包括基因序列分析、结构预测和分子交互等，这些都是计算生物学的重要研究内容。

再如，社会计算或计算社会学是指社会行为和计算系统融合而成的一个新的研究领域，研究如何利用计算机系统帮助人们进行沟通与协作、如何利用计算技术研究社会运行规律和发展趋势。具体研究内容包括社交网络服务，如当下最热门的 Facebook 就属于社交网络服务；集体智能，如维基百科和百度百科；内容计算，如舆情分析。

三、计算思维的培养

计算机学科是培养计算思维的最佳学科，着重研究什么能被（有效地）自动进行。学习利用计算思维解决问题的过程大致可以分为 3 个阶段：抽象过程、理论总结过程和设计过程。首先，抽象过程是指在思维中对同类事物去除其表层的、次要的方面，抽取其共同的、主要的方面，从而做到从个别中把握一般，从现象中把握本质的认识过程和思维方法。计算机学科中，抽象也称为模型化，源于实验科学，主要要素是数据采集方面和假设的形式说明、模型的构造与预测、实验分析、结果分析，为可能的算法、数据结构和系统结构等构造模型时使用的过程，抽象的结果为概念、符号和模型。其次，理论总结过程是科学知识由感性阶段上升为理性阶段，形成科学理论。科学理论是经过实践检验的系统化了的科学知识体系，是由科学概念、科学原理以及对这些概念、原理的论证所组成的体系，是通过对现实事物的分析、抽象对其本质的一般规律进行的总结、升华。最后，设计过程是用来开发求解给定问题的系统和设备，主要要素为需求说明、规格说明、设计与实现方法、测试和分析。理论、抽象和设计三个过程贯穿计算机学科的各个分支领域。

培养计算思维能力，就是要学会利用理论、抽象和设计这三个过程解决问题。这三个过程涉及大量的知识，大致可以归结为数学方法知识、形式化方法知识和系统科学方法知识，只有熟练地掌握了这三方面的知识，才能熟练地利用计算思维解决实际问题。数学方法在现代科学技术的发展中已经成为一种必不可少的认知手段，它在科学技术方法论中的作用主要表现在下列 3 方面：

（1）为科学技术研究提供简洁精确的形式化语言。

（2）为科学技术研究提供定量分析和计算的方法。

（3）为科学技术研究提供严密的逻辑推理工具。

其中递归和迭代是最具代表性的构造性数学方法，已被广泛地应用于计算机学科各个领域。

形式化方法实质上是一个算法，即一个可以机械地实现的过程，将概念、断言、事实、规则、推演乃至整个被描述系统表达成严密、精确又无须任何专门的知识就可被毫无歧义地感知的形式。系统科学方法是用系统的观点来认识和处理问题的各种方法的总称，是一般科学方法论的重要内容。系统科学研究主要采用符号模型而非实物模型，符号模型包括概念模型、逻辑模型、数学模型等。

在计算机相关课程的学习过程中，需要认真体会解决问题的 3 个过程：抽象过程、理论总结过程和设计过程，以及在这些过程中涉及的各种知识和方法，理解计算机学科的本质，掌握使用计算思维解决问题的能力，成为一名合格的计算机科学工作者。

第二节　新的计算模式

随着传感器、通信技术的不断发展和网络的广泛应用，数据快速增长，问题复杂度急剧加大，加之人们获取优质服务的迫切需求，新的计算模式不断出现以实现人类美好的愿景，搜索、群体智慧、物联网、移动互联网、云计算、普适计算和服务计算等计算模式应运而生。

一、搜索

搜索是从海量数据中找到满足用户需求的信息，已成为人们工作和生活中不可或缺的一种计算模式，搜索引擎是搜索计算模式的杰出代表。搜索引擎作为互联网提供信息服务的一种工具，现在几乎众所周知。它自动从互联网收集信息，经过一定排序后，提供给用户进行查询。目前全世界只有四个国家拥有搜索的关键技术，分别是美国（Google）、中国（百度）、俄罗斯（Yandex）和韩国（Naver）。

搜索引擎随着互联网的发展而发展。互联网上的第一代搜索引擎出现于1994年前后，以AltaVista和Yahoo!为代表。搜索结果的好坏通常用反馈结果的数量来衡量，或者说是"查全率"。研究表明，当时的搜索引擎仅能搜到互联网全部页面的16%甚至更低，主要原因是搜索引擎处理能力及当时网络带宽的限制。20世纪末21世纪初，第二代搜索引擎出现，主要特点是查准率大大提高。第二代搜索引擎的代表Google借鉴了"超链分析"技术并发明了PageRank算法，算法核心思想是根据页面链接关系，计算页面本身的重要性。第二代搜索引擎在技术和商业上都获得了巨大的成功。面对瞬息万变的网络环境，目前搜索引擎主要面临以下几个挑战。

（一）大数据

随着Web的发展，用户产生的数据急剧增加，因此搜索引擎必须要面对海量和快速更新的数据。例如，2014年新浪发布的第三季度财报显示，截至2014年9月微博月活跃用户数已经达到1.67亿，较上年同期增长36%；《第34次中国互联网发展状况统计报告》显示，截至2014年6月我国网民达6.32亿，我国手机网民达5.27亿，可以发现国内互联网和手机网民数量正在急速增长。新浪微博用户与中国网民的增长，促进了Web信息的生产和消费的繁荣发展，必将导致搜索引擎处理更大规模的网络信息。

Web上不但信息增长速度很快，信息变化速度也很快。以网页中的链接为例，根据研究，每星期将有25%的新链接产生，一年之后，将只有24%的原有链接继续存在。为了正确地分析网页间的链接关系，搜索引擎必须不断地跟踪链接结构的变化，不断地刷新自己所保存的相关信息。

（二）搜索新需求

搜索引擎必须理解用户的意图和需求，才能提供相关准确的信息。要理解用户的意图，首先要理解用户查询的上下文情景，包括时间、地点、语义等。对于同一个查询词，不同的用户需要不同的查询结果，比如查询"苹果"这一关键词，对于一个希望购买手机的用户，他希望浏览器返回苹果手机的相关信息；对于了解互联网公司的用户，他希望返回的是互联网苹果公司的相关信息；对于了解水果信息的果农，他希望返回关于苹果的品质、售价等信息。从这个例子可以看出，同样的关键词，表示不同的语义，需要返回不同的信息。因此未来如何应对这样的多语义问题、理解用户的搜索意图将成为搜索引擎主要研究内容之一。

此外，未来搜索引擎需要具有多语言、多模态的搜索能力。多种语言的搜索可以使搜索引擎反馈更丰富的信息，而多模态的搜索，使用户可以以图片、视频和音频等作为输入，而不仅局限于文本关键词，使搜索这种计算模式应用更为广泛。如用户看到一颗不知名的树木，通过手机拍摄的树叶作为搜索输入，进而搜索多种语言的植物信息，最后组合返回给用户。

二、群体智慧

群体智慧（又称集体智慧、众包）被定义为一种共享的或者群体的智能，从许多个体的合作和竞争中涌现出来。群体智慧的概念诞生很早，例如，为了从毫无关系的一群人中搜集、组合和分析数据，最常用的方法就是使用问卷调查，进而得到统计意义结论。群体智慧起初用于将困难的问题进行分解，然后让更多的工作者参与解决问题，利用不同个体之间的优势解决单独个体难以完成或解决的问题。Web2.0 的产生和发展极大地促进了群体智慧的应用，Web2.0 是基于用户主导生成内容的互联网服务，它能够帮助互联网用户更好地协作和分享。在Web2.0 的促进下，群体智慧用来表达在某个 Web 平台上用户自主相互协作，以解决以往不可能解决的问题。

群体智慧已经在 Web 中得到了成功的应用，如维基百科。维基百科是一个在线的百科全书，完全由用户自己维护。任何人都可以新建或者编辑网站上的任何一个页面。尽管存在一些用户恶意的操作，但是人们普遍认为，维基百科中大多数词条的解释都是准确的。因为每一个词条都有大量用户在维护，而且最终的结果由维基百科全体用户确定，这样的方式形成了任何单一协作团队都无法企及的大型百科全书。维基百科的成功展现了群体智慧在 Web 中应用的重要程度，将编写一部百科全书的艰巨任务，分解为编写单独的词条，使得每个用户只编写自己熟悉的词条，将复杂问题进行分解，基于群体的力量解决了单独个人和团体无法完成的任务。

群体智慧另一典型例子是亚马逊的推荐系统，亚马逊（Amazon）公司成立于 1995 年，是美国最大的一家网络电子商务公司，是网络上最早开始经营电子商务的公司之一。刚开始只经营网络的书籍销售业务，现在扩展到范围相当广的其他产品。在亚马逊网站中使用群体智慧技术构建推荐系统，从全部用户的购买历史记录中挖掘出已购买物品的关联物品。如果用户购买了物品，则对其推荐相关的物品。该推荐系统非常人性化地向顾客解释了推荐的理由，例如推荐给用户《天龙八部》，原因是近期该用户看过《射雕英雄传》这本书。亚马逊的前科学家 Greg Linden 在博客里曾经说过，在他离开亚马逊的时候，亚马逊至少有 20%（之后的一篇博文则变更为 35%）的销售来自于推荐算法。

三、物联网、移动互联网与云计算

进入 21 世纪，信息技术发展的三大潮流是物联网、移动互联网和云计算，这 3 种计算技术将成为未来信息技术发展的主要方向。

物联网（Internet of Things，IOT）概念最早出现于 Bill Gates 1995 年出版的《未来之路》一书，该书提出了"物—物"相连的物联网雏形，只是当时受限于无线网、硬件及传感器设备的发展，并未引起世人的重视。2005 年，国际电信联盟在《ITU 互联网报告 2005：物联网》中正式提出了"物联网"的概念。该报告指出，无所不在的"物联网"通信时代即将来临，世界上所有的物体从轮胎到牙刷，从房屋到纸巾都可以通过互联网主动进行交流。

物联网是通过各种信息传感设备及系统（传感网、射频识别系统、红外感应器、激光扫描器等）、条码与二维码、全球定位系统，按约定的通信协议，将物与物、人与物、人与人连接起来，通过各种接入网、互联网进行信息交换，以实现智能化识别、定位、跟踪、监控和管理的一种计算模式。这种计算模式在智能家居方面的应用已取得可喜的成功，如全球顶尖科技豪宅——比尔·盖茨的家就是智能家居的典型代表。据报道，比尔·盖茨的豪宅坐落于华盛顿湖东岸，依山傍水，整座宅第大约占地 6.6 万平方英尺，耗时 7 年兴建，总花费 9700 万美元。

其中，最吸引人的是其智能化，被誉为未来生活典范。盖茨之家随处可见高科技的影子，来访者通过出口就会产生其个人信息，这些信息会被作为来访数据储存到计算机中。大门装有气象情况感知器，可以根据各项气象指标，控制室内的温度和通风情况。

随着传感器等设备广泛深入的应用，物联网技术开始应用于电力、交通和医疗等行业。智慧电力对于传统电力来说，意味着更高的电力可靠性和电力质量、更短的停电恢复时间，进而实现更高生产率和对电力潜在障碍的防护，更精准地预测需替换的资产设备及支出。DONG Energy 是丹麦最大的能源公司，该公司致力于改善其电力传输网络的管理和使用效率，以便能更快、更有效地解决停电问题。通过安装远程监视和控制设备，可以将停电时间缩短 25% ~ 30%，故障搜索时间缩短 1/3。交通堵塞是现在交通运输的严峻挑战，例如，交通堵塞造成的损失占 GDP 的 1.5% ~ 4%，这些损失来源于员工生产效率降低、交通时间增加和环境危害等。传统解决方式多为增加容量，在互联网时代，需要开始思考其他解决方案。将智能技术运用到道路和汽车中是可以实现的，例如，增设路边传感器、射频标记和全球定位系统。

随着智慧行业的快速发展，人们开始期望以城市为单位对这些智慧行业进行互联，以实现智慧城市的愿景。智慧城市如果实现并良好建设，则可以形成智慧国家乃至智慧地球的布局，这将极大地促进人类社会的快速发展。

移动互联网作为一种新兴的计算模式正表现出巨大的潜力和价值，使得移动互联网的研究和应用成为热门。移动互联网是互联网与移动通信互相融合的新兴市场，目前呈现出互联网产品移动化强于移动产品互联网化的趋势。从技术层面看，以宽带网为技术核心，可以同时提供语音、数据和多媒体业务的开放式基础电信网络；从终端看，用户可使用手机、上网本、笔记本电脑、平板电脑、智能本等移动终端，通过移动网络获取移动通信网络服务和互联网服务。

移动互联网也使搜索产生巨大改变，如利用基于 GPS 位置的搜索可以在百度地图搜索附近的超市、加油站和酒店等，这种基于互联网的搜索考虑了用户的空间位置属性，使得搜索的准确性大幅度提升。移动互联网这种计算模式正在逐渐改变人们的生活方式，例如，用户现在可以通过手机淘宝购买 T 恤，通过手机银行办理业务，通过支付宝钱包进行付款，不再需要像以往一样逛街买衣服，在银行营业厅排队办理业务，使用现金付款。生活中，人们越来越离不开这些移动互联网服务，它们与人们的生活息息相关，并成为日常生活和工作不可或缺的一部分。

云计算是一种基于互联网的计算模式，最初由亚马逊公司提出。亚马逊作为一家超大型在线零售企业，为了应对销售峰值需购买大量的 IT 设备，但是这些设备平时处于空闲状态，这对于企业来说相当不划算。不过亚马逊很快发现它们可以运用自身网站优化技术和经验上的优势，将这些设备、技术和经验作为一种打包产品去为其他企业提供服务，那么闲置的 IT 设备就会创造价值，这就是亚马逊提出云计算服务的初衷。随着云计算技术不断的优化，云计算成为一种新兴的共享基础架构的方法，可以将巨大的系统池连接在一起，以提供各种 IT 服务。在这种模式下，虚拟化的动态可扩展资源通过互联网以服务的形式提供，终端用户不需要了解"云"中基础设施的细节，不必具有相应的专业知识，也无须直接进行控制，只需关注自己真正需要什么样的资源，以及如何通过互联网得到相应的服务。

目前，许多研究领域需要非常昂贵的计算设备和资源，但通过购买云计算服务，使研究机构不需要直接购买计算设备和资源，从而大大地降低了研究成本。如蛋白质组学研究是生命科学领域的一大热点，开展蛋白质组学研究面临的一个难题就是成本太高。蛋白质组学研究需要采购和维护非常昂贵的计算设备和资源，用于分析通过自谱仪获取的大量的蛋白质组学数据流，以鉴定分子的基本组成与化学结构。美国威斯康星医学院生物技术与生物工程中心开发出一套名为 ViPDA（虚拟蛋白质组学数据分析集群）的免费软件，这套软件与亚马逊公司的云计算服务搭配使用，可极大地降低蛋白质研究成本。又如，2009 年 4 月，美国华盛顿大学宣布与其他几家公司联手开展两项研究项目，为海洋学和天文学建立云计算网络平台，处理巨大的数据集，进行海洋气候模拟和天文图片分析。这两个项目的基础是 2007 年建立的云计算中心，这一数据中心最初用于教学，由 Google JBM 公司以及包括华盛顿大学在内的 6 家学术机构共同开发。使用云计算服务平台，使得海洋学和天文学中需要处理大规模数据集的问题得到有效的解决，并降低了研究成本，为海洋学和天文学的研究奠定了良好的基础。

四、普适计算与服务计算

普适计算可以解释为计算的普及性和适应性。普及性指网络互联的计算设备以各种形式形态渗透到人们的生活空间，成为人们获得信息服务的载体即信息空间普遍存在；适应性指信息空间能以适合用户的方式提供能适应变化的计算环境的连贯的信息服务，即信息服务方便适用。普适计算力图将以计算机为中心的计算转变为以人为中心的计算，这种转变将极大地促进信息技术在全社会的普遍应用，具有重要的战略意义。在普适计算的模式下，人们能够在任何时间、任何地点，以任何方式进行信息的获取与处理。

普适计算现在已经成为一个研究热点，许多著名的科研机构和公司都将其列入研究计划。如 MIT 的 Oxygen 研究计划，在美国国防部先进研究项目局 DARPA 资助下，由 MIT 计算机科学实验室和人工智能实验室主持，于 2000 年开始实施。它是追求普适计算理想的一个最为典型的研究计划，目标是让人们像呼吸空气一样自由地使用计算和通信资源。该计划的研究人员认为，未来世界将是一个到处充斥着嵌入式计算机的环境，这些计算机设备已经融入了人们的日常生活中。

服务计算是跨越计算机与信息技术、商业管理和商业咨询服务等领域的一个新学科，是应用面向服务架构技术在消除商业服务与信息支撑技术之间的横沟方面的直接产物。倡导以服务及其组合为基础构造应用的开发模式，以标准化、松耦合及透明的应用集成方式提供服务，并以标准的方式支持系统的开放性，进而使相关技术与系统具有长久的生命力。

如基于 Web 与虚拟化技术的消费性服务，可以为个人提供服务，包括教育、保健、住宿、餐饮、文化娱乐、旅游、房地产和商品零售等。目前，越来越多的该类服务被迁移到 Internet 环境下，通过 Web2.0 和服务资源虚拟化等服务计算技术，实现电子商务服务系统，充分提升顾客享受服务时的便利性与快捷性。还有以通信服务为基础，为其他行业提供基础的计算机、网络和通信等基础设施的支持；基于 3G 和 Internet 的基础设施，向用户提供各类增值信息服务，对信息进行采集、聚集、加工、检索、提供和使用。服务科学与服务计算技术是构造该类服务系统的核心技术。

第三节 新型交叉学科

计算思维对于计算机学科的发展产生了深远的影响，计算机的出现给计算思维的研究和发展带来了根本性的变化，计算机学科作为主要研究计算思维的概念、方法和内容的学科，同样得到了快速的发展。随着数据规模和问题复杂度的不断提升，出现了许多传统学科无法解决的问题，因此许多学科开始学习和利用计算思维，出现了众多"计算+X"的新型交叉学科。这些新型学科结合计算思维和传统学科的优势，极大地促进了传统学科的发展。计算社会学、计算生物学、计算经济学和计算广告学等都是这些新兴学科的代表。

一、计算社会学

1994年，社会计算在文献中被提出，当时主要指社会软件，最初用于协同过滤垃圾邮件，当时只考虑到这种协同计算方式对于软件的改进，并没有考虑在它上面发生的计算背后的社会意义。"9·11"恐怖袭击事件发生后，美国开始关注社会计算的研究，研究如何开发、应用先进的数字化和网络化信息系统和智能算法，通过信息技术、组织结构和安全策略的集成，保障国际安全、国家安全、社会安全、商业安全和个人安全。在此背景下，2005年中科院自动化所王飞跃等学者提出了开展社会计算研究的倡议，主要关注社会计算在社会安全与应用、社会经济系统和大型工程系统等领域的应用。社会计算是社会行为和计算系统交叉融合而成的一个研究领域，研究的是如何利用计算机系统帮助人们进行沟通与协作以及如何利用计算技术研究社会运行的规律与发展趋势。

社会计算首先研究如何利用计算机帮助人们进行沟通和协作，帮助人们在因特网上建设虚拟社会，在虚拟网络中重构现实生活中的人际关系，通过网络使人们可以随时随地交流，并且通过网络协作方式解决问题。这里涉及到两种主要的社会计算服务方式：社交网络服务和群体智慧服务。社交网络服务，如微博、微信和 Facebook 等逐渐成为人们日常生活中不可或缺的网络服务，用户通过这些网络服务与家人或朋友进行交流并分享发生在身边的事情。这些网络服务在虚拟网络中重构了人际关系，实现了社会性的互动和交流，其中包含多个研究热点，如社会关系强度、信息的绝对价值和相对价值、新鲜事的排序算法等。群体智慧指用户通过协作的方式解决问题，其典型应用就是维基百科和百度知道。这些虚拟网络将用户组织起来，发挥各自的专长和特点，以协作的方式解决单独用户难以解决的问题，其中包含多个研究热点：如何提高用户参与的热情和积极性，如何克服人脑计算的不确定性等。

社会计算还利用计算技术研究社会运行的规律与发展趋势。目前的虚拟网络构建了一个新的社会网络，如果依据网络理论看待这样的虚拟社会，节点是网络中的用户，边是用户之间形成的社会关系，社会网络就由节点和边构成图，通过研究网络的性质可以发现社会的运行规律。这方面的研究热点包括社区发现和舆情分析。社区发现是发现网络中有意义的、自然的、相对稳定的社区结构，对网络信息进行搜索与挖掘、信息推荐以及网络演化与预测；舆情分析是通过对各种媒体的跟踪和挖掘，结合传统的舆论分析理论，有效地观察社会状态，并辅助决策和及时地发出预警。

二、计算生物学

计算生物学是伴随着计算机科学技术的迅猛发展而诞生的一门新兴交叉学科，其发展标志是大量生命科学数据快速积累以及为处理这些复杂数据而设计的新算法的不断涌现。根据美国国家卫生研究所的定义，它是将开发和应用数据分析及理论方法、数学建模和计算机仿真技术，用于生物学、行为学和社会群体系统研究的一门学科。

计算生物学已经成为现代生物学的重要分支，研究内容包括生物序列的片段拼接、序列对比和蛋白质结构预测等。

1. 生物序列的片段拼接

人类细胞中的 DNA、RNA 以及蛋白质通常都表示成序列的形式，DNA 与 RNA 是核苷酸序列，蛋白质是氨基酸序列。人类细胞中整个 DNA 序列的长度大约为 30 亿个，因此很难对这么长的序列做完整的分析研究。为了读出这些序列，必须先把这些序列分成一些较小的片断，然后再逐一还原成整个序列。这一任务靠人工是无法完成的，需要计算机专家设计专门的算法，并建立相应的数值模型来优化定序工具，从而加速完成定序工程。

2. 序列对比

为了探察生物个体分子水平上的遗传与功能信息，必须对 DNA 或 RNA 进行序列对比，找出功能或形态类似的分子之间的关联性。序列对比是分子生物学家最常用的科学计算方法，这就说明分子生物学家还必须有精湛的计算机知识，懂得算法设计、数据建模甚至计算机程序的编写，分子生物学家常用的序列分析程序有 fsBLAST 和 FASTA 等。

3. 蛋白质结构预测

蛋白质的很多特性、功能与实际的三维结构极其相关。任意一段蛋白质序列，生物学家可以用传统的生物学方法（例如 X 光绕射）求出其结构，但是这种方法不但成本较高且费时。计算生物学的蛋白质结构预测工具通过序列分析可直接得出其结构，然后再用实验验证这种结构的正确性。相对传统方法而言，这种方式要高效省时得多。

计算生物学是目前的研究热点，一些研究项目和课题具有重大的实际意义，并且已经取得了不错的成果，如 AIDS 疫苗的开发和研制。波士顿大学的 Charles Delisi 教授是首批参与筹建人类基因组项目的首席科学家，现在专攻 AIDS 疫苗的研究，这是计算生物学最典型的应用之一。他们现在研究的是一种抗原决定基疫苗，通过试验寻找一种由 HIV 病毒所编码的免疫原的缩氨酸。由于在特定的条件下 HIV 病毒会发生变异，为了对变异的病毒进行测定，一个涉及病毒成分计算的问题就是免疫缩氨酸的设计，这需要计算机来分析这些复杂的试验数据，并对这些数据进行高度的相关性分析。然而想使单一品种的疫苗对所有的人群起作用似乎不太可能。为了达到成本、效率和人群覆盖率的最优目标，从大量的样品中选择一系列所需的免疫原缩氨酸，对研究人员来说仍然是复杂的计算问题。再如，"功能基因组与生物芯片"专项，在我国，计算生物学是随着人类基因组研究的展开而起步的，但已显露出蓬勃发展的势头，我国已将人类基因组的研究与开发工作列入"功能基因组与生物芯片"这一国家重大科技专项。国家投入 6 亿元，主要开展重大疾病、重要生理功能相关功能基因、中华民族单核苷酸多态性的开发应用，以及与人类重大疾病和重要生理功能相关的蛋白质、重要病原真菌功能基因组等研究与开发，在项目的驱动下一批科研机构很快脱颖而出，并取得了优异的成绩。

三、计算经济学

传统经济学的研究方法主要是观察、分析、比较和检验，主要考虑具有完全理性、同质性的主体。20世纪中期以来，随着演化理论、博弈论和优化理论等数学工具的引入，经济学在取得巨大发展的同时，开始面临传统研究方法局限的巨大挑战。日趋复杂的经济，使传统研究方法力不从心，需要借助计算系统强大的计算能力为研究人和社会经济行为提供帮助，计算经济学在这样的背景下应运而生，成为经济学的一个重要分支。计算经济学是使用计算机为工具研究人和社会经济行为的社会科学。现在主流的计算经济学方法是基于智能代理的计算经济学（Agent-based Computational Economics，ACE）。人们发现经济系统本质上是一个由大量主体组成的复杂适应系统（Complex Adaptive System，CAS），研究复杂适应系统的有效途径是计算机模拟，而不是传统的数理分析和计量检验。计算机仿真方法可以弥补传统经济学研究的不足，基于Agent的计算经济学在这种背景下开始形成和发展起来。

ACE从经济系统的基本构造元素——微观主体出发，让大量自适应的Agent通过互动"自下而上"地生成一个人工经济系统，并通过仿真来建立多主体之间相互交流的统计模型，最后利用人工经济系统中的涌现属性来揭示现实中的经济规律，目的是为了更好地理解经济系统的自组织性、演化性和宏观—微观的关联性。ACE对经济学研究的影响不仅仅表现为研究工具的革新，更是带来了经济学思维方式和研究范式的深刻变革。

计算经济学在财政政策、农业政策和金融市场的研究中展现出区别于传统经济学的优势，取得了不错的成果。在财政政策方面，意大利科研工作者Neugart等人建立了一个多部门的代理人模型来评估一项针对劳动市场的政策，通过模拟发现这种政策虽然可以提高参与培训者的就业率，但是却降低了未参与到项目中的失业人员的就业率。在农业政策方面，德国农业发展研究所的Happe等人提出一个农业政策模型，探讨农业结构的转换与地区政策变化之间的关系，发现结构的调整很大程度上取决于最初的结构而非政策。在金融市场研究中，新加坡南洋理工大学的Huang等人使用一个异质性主体模型来模拟3种金融危机并推测引起危机的潜在因素,发现市场投资者的最大化利益行为准则会使市场产生价格波动,有时还会引起金融危机,这也验证了以往相关研究结论的正确性。

四、计算广告学

广告有着悠久的历史,从古希腊时期叫卖奴隶和牲畜的雏形广告,到古罗马时期角斗场内以商标和字号形式展示的图形化广告,以及从中国宋代起采用活字印刷制作的印刷广告,再到当代报刊、电台和电视台播出的媒体化广告,广告的内容和投放方式始终随着人类社会的进步不断地发展变化。十多年来,互联网的飞速发展为广告的投放提供了新的平台,也从根本上改变了广告的投放模式,形成拥有巨大市场价值的互联网广告产业。据世界顶级的市场研究公司尼尔森统计,2010 年上半年中国互联网广告价值估算已达 95.6 亿元人民币,相比 2009 年同期增长了 27.9%;而在美国,2010 年互联网广告支出已达 258 亿美元,首度超过了报纸平面广告。

最初的互联网广告多采用类似于传统媒体广告的投放方式,通过在页面中嵌入固定的图片和文字来展示广告内容。这种广告投放方式对互联网平台来说不够灵活,很难与不断变化的网页内容相匹配,广告投放的效果较差。根据网页的内容和访问用户的特点,实现广告的定向投放是互联网广告投放机制的发展趋势。计算广告就是根据给定的用户和网页内容,通过计算得到与之最匹配的广告并进行精准定向投放的一种广告投放机制。采用该机制可以大幅度地提高广告主所投放广告的点击率,增加广告投放网站的访问量,帮助用户获取优质信息,从而构建一个良性和谐的广告投放产业链。

计算广告学是一门广告营销科学,以追求广告投放的综合收益最大化为目标,主要研究内容是广告精准投放和广告竞价模型。

（一）广告精准投放的研究

通过分析用户的网络历史行为,挖掘用户的兴趣与哪些广告相互吻合,然后定向地向用户投放潜在感兴趣的广告,不仅可以帮助公司宣传产品和增加收益,而且可以帮助用户过滤那些根本不需要的产品广告,避免消耗用户的宝贵时间。

（二）广告竞价模型的研究

传统广告的投放无法做到跟踪用户查看广告之后的行迹,因此,广告公司的客户认为广告费用高,广告效果不佳。而计算广告学下的广告竞价模型,通过网络技术手段跟踪用户在看过广告之后，是否吸引用户点击进入网站，是否最终完成购买行为等实际数据分析来确定广告费用，降低了广告公司客户的广告费用投入。

互联网计算广告的发展始于20世纪90年代。当时，Double Click公司（2008年被Google收购）提出动态广告报告与目标定向（Dynamic Advertising Reporting Targeting）技术，该技术将条幅广告和Cookies分析相结合，利用技术手段追踪和记录用户网络中的行为，并作为依据来投放符合用户兴趣的广告。后来，Google改进以往广告费用计算方式，通过分析用户观看广告后的行为来精准地计算广告费用，此举为客户降低了广告费用，但是广告效果并未减弱，增强了客户对Google广告投资的信心，也增加了Google的广告收入。

Goto.com公司采用根据网页内容进行广告匹配的文字广告投放技术，开启了文字广告投放的新篇章。这种技术具体可以分成赞助商搜索和内容匹配两类，前者根据搜索引擎的搜索结果进行广告匹配，后者根据所发布网页的内容进行匹配。同时，该公司还提出了基于关键词竞拍的广告投放方式，创造了一种新的互联网广告盈利模式。计算广告可以有效地提高广告定向投放的精度，将广告由骚扰信息变为有用的信息。

第十一章
信息安全

第一节 信息安全概述

一、信息安全基本概念

随着社会信息化进程的加快，信息已经成为社会发展的重要资源，信息安全也成为 21 世纪国际竞争的重要战场。为了保护国家的政治、经济利益，各国政府都非常重视信息和网络的安全，信息安全已经成为一个全球性问题。

传统的信息安全概念是指网络与信息系统正常运行，防止网络与信息系统中的信息丢失、泄露以及未授权访问、修改或者删除。其核心是信息安全的三个基本属性：保密性、完整性和可用性。

（一）保密性

指信息不被泄露给非授权的用户、实体或进程，或被其利用的特性。

（二）完整性

指信息未经授权不能进行更改的特性。即信息在存储或传输过程中保持不被偶然或蓄意地删除、修改、伪造、乱序、插入的特性。

（三）可用性

指信息可被授权实体访问并按需求使用的特性。例如，在授权用户或实体需要信息服务时，信息服务应该可以使用，或者是信息系统部分受损或需要降级使用时，仍能为授权用户提供有效服务。

随着信息化发展，信息安全的内涵不断深化，外延不断拓展。当前，国民经济和社会发展对信息化高度依赖，信息安全已经发展成为涉及国民经济和社会发展各个领域，不仅影响公民个人权益，更关乎国家安全、经济发展、公众利益的重大战略问题。

简言之，新形势下的信息安全，就是要保障信息化健康发展，防止信息化发展过程中出现的各种消极和不利因素。这些消极和不利因素不但根源于信息可能被非授权窃取、修改、删除以及信息系统可能被非授权中断，也因违法与不良信息的传播与扩散而表现为信息内容安全问题。其影响不再局限于信息与信息系统自身，还外延至国家的政治、经济、文化、军事等各个方面。

二、信息系统的安全威胁

信息系统安全面临的威胁可以分为自然威胁和人为威胁。自然威胁包括洪水、飓风、地震、火灾等自然因素所造成的威胁，这些不可抗力可能会引起电力中断、电缆破坏、计算机元器件受损等事故，从而导致信息安全事件。

人为威胁包括外部威胁和内部威胁。外部威胁的类型很多。当前，网络与信息系统越来越复杂，各种安全漏洞存在的可能性越来越高，而攻击信息系统的工具和方法愈加简单和智能化。无论国家、团体出于政治、经济目的还是仅仅因为个人泄愤、炫耀，都有可能危害信息系统，造成信息安全事件。就党政机关而言，主要面临境外国家和地区窃取我国家秘密的威胁，以及因黑客攻击政府网站而导致政府形象受损、电子政务服务中断的威胁。其技术手段有植入木马等恶意程序、传播计算机病毒、利用信息系统自身脆弱性发起攻击等。

内部威胁是指单位所属人员有意或无意地违规操作造成的信息安全危害行为。有意行为是指内部人员有计划地窃取或损坏信息，以欺骗方式使用信息，或拒绝其他授权用户的访问；无意行为通常是由于安全意识淡薄、技术素质不高、责任心不强等原因造成的危害行为。事实证明，内部威胁是信息安全最大的威胁源之一，其对信息安全的危害甚至远远超出其他形式带来的危害。

信息安全威胁根据其性质，基本上可以归结为以下几个方面。

（1）信息泄露：保护的信息被泄露或透露给某个非授权的实体。

（2）破坏信息的完整性：数据被非授权地进行增删、修改或破坏而受到损失。

（3）拒绝服务：信息使用者对信息或其他资源的合法访问被无条件地阻止。

（4）非法使用（非授权访问）：某一资源被某个非授权的人，或以非授权的方式使用。

（5）窃听：用各种可能的合法或非法的手段窃取系统中的信息资源和敏感

信息。例如，对通信线路中传输的信号搭线监听，或者利用通信设备在工作过程中产生的电磁泄漏截取有用信息等。

（6）业务流分析：通过对系统进行长期监听，利用统计分析方法对诸如通信频度、通信的信息流向、通信总量的变化等参数进行研究，从中发现有价值的信息和规律。

（7）假冒：通过欺骗通信系统（或用户）达到非法用户冒充成为合法用户，或者特权小的用户冒充成为特权大的用户的目的。我们平常所说的黑客大多采用的就是假冒攻击。

（8）旁路控制：攻击者利用系统的安全缺陷或安全性上的脆弱之处获得非授权的权利或特权。例如，攻击者通过各种攻击手段发现原本应保密，但是却又暴露出来的一些系统"特性"，利用这些"特性"，攻击者可以绕过防线守卫者侵入系统的内部。

（9）授权侵犯：被授权以某一目的使用某一系统或资源的某个人，却将此权限用于其他非授权的目的，也称为"内部攻击"。

（10）抵赖：这是一种来自用户的攻击，涵盖范围比较广泛。比如：否认自己曾经发布过的某条消息、伪造一份对方来信等。

（11）计算机病毒：这是一种在计算机系统运行过程中能够实现传染和侵害功能的程序，行为类似病毒，故称为计算机病毒。

（12）信息安全法律法规不完善：由于当前约束操作信息行为的法律法规还很不完善，存在很多漏洞，很多人打法律的擦边球，这就给信息窃取、信息破坏者以可乘之机。

三、信息安全等级划分与保护

信息安全等级保护是我国信息安全保障的一项基本制度，是国家通过制定统一的信息安全等级保护管理规范和技术标准，组织公民、法人和其他组织对信息系统分等级实行安全保护，对等级保护工作的实施进行监督、管理。

信息系统的安全保护等级应当根据信息系统在国家安全、经济建设、社会生活中的重要程度，信息系统遭到破坏后对国家安全、社会秩序、公共利益以及公民、法人和其他组织的合法权益的危害程度等因素确定。根据《信息安全等级保护管理办法》的规定，我国信息系统安全等级分为以下五级。

第一级，信息系统受到破坏后，会对公民、法人和其他组织的合法权益造成损害，但不损害国家安全、社会秩序和公共利益。

第二级，信息系统受到破坏后，会对公民、法人和其他组织的合法权益产生严重损害，或者对社会秩序和公共利益造成损害，但不损害国家安全。

第三级，信息系统受到破坏后，会对社会秩序和公共利益造成严重损害，或者对国家安全造成损害。

第四级，信息系统受到破坏后，会对社会秩序和公共利益造成特别严重损害，或者对国家安全造成严重损害。

第五级，信息系统受到破坏后，会对国家安全造成特别严重损害。

第二节　网络安全常用技术

一、网络安全基本概念

随着网络威胁的增加，人们逐渐建立了网络安全研究的相关技术和理论，提出了网络安全的模型、体系结构和目标等。

网络安全从其本质上来讲就是网络上的信息安全，涉及的领域相当广泛，这是因为在目前的公用通信网络中存在着各种各样的安全漏洞和威胁。凡是涉及网络上的信息的保密性、完整性、可用性、真实性和可控性的相关技术和理论，都是网络安全所要研究的领域。

严格地说，网络安全是指网络系统的硬件、软件及其系统中的数据受到保护，不受偶然的或者恶意的原因而遭到破坏、更改、泄露，系统连续可靠正常地运行，网络服务不中断，这包括如下含义。

（1）网络运行系统安全，即保证信息处理和传输系统的安全。

（2）网络上系统信息的安全。

（3）网络上信息传播的安全，即信息传播后果的安全。

（4）网络上信息内容的安全，即狭义的"信息安全"。

（一）计算机网络安全主要内容

计算机网络安全的主要内容不仅包括硬件设备、管理控制网络的软件方面，同时也包括共享的资源，快捷的网络服务等方面。具体来讲包括如下内容。

（1）网络实体安全：计算机机房的物理条件、物理环境及设施的安全，计算机硬件、附属设备及网络传输线路的安装及配置等。

（2）软件安全：保护网络系统不被非法入侵，系统软件与应用软件不被非法复制、篡改、不受病毒的侵害等。

（3）数据安全：保护数据不被非法存取，确保其完整性、一致性、机密性等。

（4）安全管理：在运行期间对突发事件的安全处理，包括采取计算机安全技术、建立安全管理制度、开展安全审计、进行风险分析等内容。

（5）数据保密性：信息不泄露给非授权的用户、实体或过程，或供其利用的特性。在网络系统的各个层次上有不同的机密性及相应的防范措施。例如，在物理层，要保证系统实体不以电磁的方式（电磁辐射、电磁泄漏等）向外泄露信息，在数据处理、传输层面，要保证数据在传输、存储过程中不被非法获取、解析，主要的防范措施是采用密码技术。

（6）数据完整性：数据完整性指数据在未经授权时不能改变其特性，即信息在存储或传输过程中保持不被修改、不被破坏和丢失的特性，完整性要求信息的原样，即信息的正确生成、正确存储和正确传输。影响网络信息完整性的主要因素包括设备故障、传输、处理或存储过程中产生的误码，网络攻击，计算机病毒等，其主要防范措施是校验与认证技术。

（7）可用性：网络信息系统最基本的功能是向用户提供服务，而用户所要求的服务是多层次的、随机的。可用性是指可被授权实体访问，并按需求使用的特性，即当需要时应能存取所需的信息。网络环境下拒绝服务、破坏网络和有关系统的正常运行等都属于对可用性的攻击。

（8）可控性：可控性指对信息的传播及内容具有控制能力，保障系统依据授权提供服务，使系统任何时候不被非授权用户使用，对黑客入侵、口令攻击、用户权限非法提升、资源非法使用等采取防范措施。

（9）可审查性：提供历史事件的记录，对出现的网络安全问题提供调查的依据和手段。

（二）网络安全模型

目前，在网络安全领域存在较多的网络安全模型。这些安全模型都较好地描述了网络安全的部分特征，又都有各自的侧重点，在各自不同的专业和领域都有着一定程度的应用。

1. 基本模型

在网络信息传输中，为了保证信息传输的安全性，一般需要一个值得信任的第三方负责在源节点和目的节点间进行秘密信息分发，同时当双方发生争执时，起到仲裁的作用。

在基本模型中，通信的双方在进行信息传输前，首先建立起一条逻辑通道，并提供安全的机制和服务来实现在开放网络环境中信息的安全传输。

信息的安全传输主要包括以下两点。

（1）从源节点发出的信息，使用信息加密等加密技术对其进行安全的转发，从而实现该信息的保密性，同时也可以在该信息中附加一些特征信息，作为源节点的身份验证。

（2）源节点与目的节点应该共享如加密密钥这样的保密信息，这些信息除了发送双方和可信任的第三方之外，对其他用户都是保密的。

2. P2DR 模型

P2DR 模型是由美国国际互联网安全系统公司（ISS）提出的动态网络安全理论或称为可适应网络安全理论的主要模型。该模型是美国可信计算机系统评价准则（Trusted Computer Standards Evaluation Criteria，TCSEC）的发展，也是目前被普遍应用的模型，主要由安全策略（Policy）、防护（Protection）、检测（Detection）和响应（Response）四部分构成。

其中，防护、检测和响应构成了一个所谓完整的、动态的安全循环，在安全策略的整体指导下保证信息系统的安全。

对于该模型的各组成部分有如下说明。

（1）安全策略：安全策略是模型的核心，所有的防护、检测和响应都是依据安全策略实施的。网络安全策略一般包括总体安全策略和具体安全策略两个部分。

（2）防护：防护是根据系统可能出现的安全问题而采取的预防措施，这些措施通过传统的静态安全技术实现。采用的防护技术通常包括数据加密、身份认证、访问控制、授权和虚拟专用网（VPN）技术、防火墙、安全扫描和数据备份等。

（3）检测：当攻击者穿透防护系统时，检测功能就会发挥作用，与防护系统形成互补。检测是动态响应的依据。

（4）响应：当系统检测到危及安全的事件、行为、过程时，响应系统就开始工作及对发生事件进行处理，杜绝危害的进一步蔓延扩大，力求系统尚能提供正常服务。响应包括紧急响应和恢复处理两部分，而恢复处理又包括系统恢复和信息恢复。

总之，P2DR模型是在整体的安全策略的控制和指导下，在综合运用防护工具（如防火墙、操作系统身份认证、加密等）的同时，利用检测工具（如漏洞评估、入侵检测等）了解和评估系统的安全状态，通过适当的反应将系统调整到最安全和风险最低的状态。防护、检测和响应组成了一个完整的、动态的安全循环，在安全策略的指导下保证信息系统的安全。

二、网络安全攻防技术

网络安全的攻防体系结构由网络安全物理基础、网络安全的实施及工具和防御技术三大方面构成。

对于用户来讲，如果不知道如何攻击，那么再好的防守也是经不住考验的，目前，常用的攻击技术主要包括以下五个方面。

（1）网络监听：自己不主动去攻击别人，在计算机上设置一个程序去监听目标计算机与其他计算机通信的数据。

（2）网络扫描：利用程序去扫描目标计算机开放的端口等，目的是发现漏洞，为入侵该计算机做准备。

（3）网络入侵：当探测发现对方计算机存在漏洞以后，入侵到目标计算机以获取信息。

（4）网络后门：成功入侵目标计算机后，为了对目标进行长期控制，在目标计算机中种植木马等。

（5）网络隐身：入侵完毕退出目标计算机后，将自己入侵该计算机的痕迹清除掉，从而防止被对方管理员发现。

对于防御技术通常包括以下四个方面。

（1）操作系统的安全配置：操作系统的安全是整个网络安全的关键。

（2）加密技术：为了防止被他人（非法分子）监听和盗取数据，通过加密技术将所有的数据进行加密。

（3）防火墙技术：利用防火墙，对传输的数据进行限制，从而防止系统被入侵或者是减小被入侵的成功率。

（4）入侵检测：如果网络防线最终被攻破了，需要及时发出被入侵的警报。

另外，为了保证网络的安全，用户在软件方面可以选择在技术上已经成熟的安全辅助工具，如抓数据包软件 Sniffer，网络扫描工具 X-Scan 等。如果用户具有较高的编程能力，还可以选择自己编写程序。目前，有关网络安全编程常用的计算机语言有 C，C++ 或者 Perl 等。

三、网络安全评价标准

评价标准中比较常用的是 1985 年由美国国防部制定的可信计算机系统评价准则，而其他国家也根据各自的国情制定相关的网络安全评价标准。

（一）国内评价标准

在我国根据《计算机信息系统安全保护等级划分准则》，1999 年 10 月经过国家质量技术监督局批准发布的准则将计算机安全保护划分为以下五个级别。

1. 第一级

用户自主保护级，本级的计算机防护系统能够把用户和数据隔开，使用户具备自主的安全防护的能力。用户可以根据需要采用系统提供的访问控制措施来保护自己的数据，避免其他用户对数据的非法读写与破坏。

2. 第二级

系统审计保护级，与第一级（用户自主保护级）相比，本级的计算机防护系统访问控制更加精细，使得允许或拒绝任何用户访问单个文件成为可能，它通过登录规则、审计安全性相关事件和隔离资源，使所有的用户对自己行为的合法性负责。

3. 第三级

安全标记保护级，在该级别中，除继承前一个级别（系统审计保护级）的安全功能外，还提供有关安全策略模型、数据标记以及严格访问控制的非形式化描述。系统中的每个对象都有一个敏感性标签，而每个用户都有一个许可级别。许可级别定义了用户可处理的敏感性标签。系统中的每个文件都按内容分类并标有敏感性标签。任何对用户许可级别和成员分类的更改都受到严格控制。

4.第四级

结构化保护级，本级计算机防护系统建立在一个明确的形式化安全策略模型上，它要求第三级（安全标记保护级）系统中的自主和强制访问控制扩展到所有的主体（引起信息在客体上流动的人、进程或设备）和客体（信息的载体）。系统的设计和实现要经过彻底的测试和审查。系统应结构化为明确而独立的模块，实施最少特权原则。必须对所有目标和实体实施访问控制政策，要有专职人员负责实施。要进行隐蔽信道分析，系统必须维护一个保护域，保护系统的完整性，防止外部干扰。系统具有相当的抗渗透能力。

5.第五级

访问验证保护级，本级的计算机防护系统满足访问监控器的需求。访问监控器仲裁主体对客体的全部访问。访问监控器本身是抗篡改的；必须足够小，能够分析和测试。为了满足访问监控器需求，计算机防护系统在其构造时，排除那些对实施安全策略来说并非必要的部件，在设计和实现时，从系统工程角度将其复杂性降到最低程度。支持安全管理员职能；扩充审计机制，当发生与安全相关的事件时发出信号；提供系统恢复机制。系统具有很高的抗渗透能力。

中国是国际化标准组织（International Standardization Organization，ISO）的成员国，信息安全标准化工作在全国信息技术标准化技术委员会、信息安全技术委员会和社会各界的努力下正在积极开展。从20世纪80年代中期开始，我国就已经自主制定和采用了一批相应的信息安全标准。但是，标准的制定需要较为广泛的应用经验和较为深入的研究背景，相对于国际上其他发达国家信息技术安全评价标准来讲，我国在这方面的研究还存在差距，较为落后，仍需要进一步提高。

（二）美国评价标准

美国计算机安全标准是由美国国防部开发的计算机安全标准——可信计算机系统评价准则，也称为网络安全橙皮书，主要通过一些计算机安全级别来评价一个计算机系统的安全性。

在该标准中定义的安全级别描述了计算机不同类型的物理安全、用户身份验证（Authentication），操作系统软件的可信任度和用户应用程序。同时，也限制了什么类型的系统可以连接到用户的系统。

另外，该准则自1985年问世以来，一直就没有改变过，多年来一直是评估多用户主机和小型操作系统的主要标准。其他方面，如数据安全、网络安全也一直是通过该准则来评估的，如可信任网络解释（Trusted Network Interpretation）、可信任数据库解释（Trusted Database Interpretation）。TCSEC 将安全级别从低到高依次划分为 D 类、C 类、B 类和 A 类四个安全级别，每类又包括几个级别，如下表所示。

安全级别

类别	级别	名称	主要特征
D	D	低级保护	没有安全保护
C	C1	自主安全保护	自主存储控制
	C2	受控存储介质	单独的可查性，安全标识
B	B1	标识的安全防护	强制存取控制，安全标识
	B2	结构化保护	面向安全的体系结构，较好的抗渗透能力
	B3	安全区域	存取监控，高抗渗透能力
A	A	验证设计	形式化的最高级描述和验证

四、网络安全防范建议

网络安全是一个相对的而非绝对的概念，所以用户必须居安思危，时时做好防范准备。网络安全也是一个动态更新的过程，其对安全的威胁因素是不可能根除的，所以不能存在侥幸心理，应时刻保持警惕。为此，用户在使用计算机或网络时应具备一些安全防范意识。

（一）使用防火墙

防火墙（Firewall）是指隔离在信任网络（本地网络）与不可信任网络（外部网络）之间的一道防御系统。它是一种非常有效的网络安全系统，通过它可以隔离风险区域（Internet 或其他存在风险的网络）与安全区域（本地网络）的连接，而不会妨碍安全区域对风险区域的访问。

但是，在单位或公司的网络中，即使配置了防火墙，也不能保证该网络就是100% 安全的，因此不能掉以轻心。

（二）主动防御

由于现在的防病毒软件、防火墙等防御措施都是被动的，它们都是在危险发生时才能发挥其应有的作用，这对于系统来说是很不安全的。主动防御是指在明确病毒或其他危险活动所产生行为的基础上，对网络中数据行为进行分析，查找并终止类似病毒或其他危险活动行为的产生。

（三）安装系统补丁

目前，黑客、病毒、木马等大部分危险因素都是利用系统漏洞，编写相应程序来实现入侵的。因此，及时安装系统补丁封堵系统漏洞也是保护网络安全的有效方法。

（四）提高用户的安全意识

用户的安全意识在一定程度上对网络安全起着决定性的作用，因为大部分黑客对网络进行的攻击都是把用户作为首要目标。

用户应该注意以下几个方面：在发送信息时，应该确定接收方的真实身份；使用强密码，不要使用简单的、确实存在的单词或个人生日等信息作为密码，因为攻击者通过口令探测工具很容易将其猜出；不要将密码随意放在易被发现的位置；养成定时更换密码的习惯；不同操作系统或不同用户要使用完全不相同的密码；不能出现诸如 admin1、admin2 等这样只更改部分字符的密码；对于使用过的文件应该使用文件粉碎机将其彻底粉碎，不能将文件随意丢弃；适时对磁盘进行清理，以防留下曾经删除和改正等使用痕迹。

网络安全是一项艰巨的动态工程。它的安全程度会随着时间的推移而发生变化。在信息技术日新月异的今天，网络安全的实现要随着时间和网络环境的变化或技术的发展而不断调整自身的安全防范策略。

专家预计未来若干年网络安全领域需重点关注的一些热点问题如下。

（1）拒绝服务攻击威胁将继续升级，影响基础网络稳定运行：分布式反射型攻击将继续是实施拒绝服务攻击的重要形式，攻击者将不断分析挖掘更多可被利用的网络协议，增加攻击威力，突破防护措施，大量联网智能设备将成为发起攻击的重要工具。随着拒绝服务攻击与防护的对抗日趋激烈，攻击流量规模可能进一步增大，单个攻击事件的峰值流量甚至可能突破 1Tbps，针对域名系统的攻击将继续呈频繁态势，不仅影响受害目标，而且波及整个基础网络。此外网络攻击软件的工具化和平台化、网络攻击服务的商业化等因素，大大降低发起攻击的难度和成本，攻击门槛将越来越低。

（2）移动恶意程序借助"加固"手段对抗安全检测的情况将更加普遍，利用仿冒应用实施钓鱼欺诈的现象将更为猖獗：随着安卓应用免费"加固"服务市场的发展，"加固"技术手段将不断升级，移动恶意程序制作者利用代码加密、加壳等手段对抗安全检测的现象将更加流行，这将导致经过"加固"处理的恶意程序数量大幅增长，进一步加大移动恶意程序治理工作难度。由于移动应用制作成本较低、追溯较困难等因素，黑客制作假冒手机网银、运营企业客户端、热门游戏等的应用程序，通过钓鱼短信或小型网站、社交平台、广告平台等渠道散播，以窃取用户钱财的现象将更加猖獗。

（3）云平台普及加大数据泄露和网络攻击风险，防护措施和管理机制有待完善：一是云平台的数据安全保护问题。云计算技术的发展推动数据的集中化，在大数据时代，海量数据既是企业和用户的核心资产，也成为网络攻击瞄准的目标，以窃取数据为主要目的的攻击事件将越来越多，云平台自身的网络安全防护特别是对海量数据安全的防护将面临挑战。二是云平台的安全审核和管理机制问题。目前大多数云服务商的安全审核机制并不完善，用户租用后作何用途，云服务商并不清楚知晓，也未做严格审核或周期性检查，因此出现黑客在云平台部署钓鱼网站、传播恶意代码或发动攻击的情况，如不及时加强管理，未来这种现象将继续增多。

（4）针对基础应用、通用软硬件和国产软硬件的漏洞挖掘将增多，应对机制和披露管理面临挑战：今后，黑客将更加关注应用广泛的网站应用框架、开源软件、集成组件、网络协议等的安全问题，随着服务器、芯片、操作系统、数据库、办公软件等信息产业各个领域的自主可控深入推进，国产软硬件产品应用增多，其安全问题将受到更多重视。由于基础应用、通用软硬件或国产软硬件的影响范围广泛，一旦漏洞信息提前披露或不客观披露，容易造成社会公众心理恐慌，并引发大面积攻击事件，针对这类应用或产品的漏洞信息披露和应对处置面临挑战。

（5）智能终端将成为新的攻击入口，物联网面临安全挑战：设备智能化的浪潮席卷各行业，智能终端具有带宽较高、全天候在线、系统升级慢、配置较少变动等特点，但由于技术不完善、忽视安全性，大量智能终端设备存在弱口令或安全配置不当等漏洞，安全威胁也随之而来。随着物联网产业的发展和智慧城市的建设，智能生活逐渐推广，连接一切将日益成为现实，智能终端自身安全以及终端间连接或通信的安全问题，都是物联网面临的安全挑战。

（6）智能制造面临的网络攻击威胁将凸显，工业互联网发展面临挑战：以智能制造为主攻方向的"中国制造2025"计划，旨在充分利用信息通信（ICT）技术与制造技术的结合，推动新一轮科技革命和产业变革，实现智能制造、网络制造、绿色制造、服务性制造，促进制造业的数字化、网络化、智能化发展。工业互联网是实现智能制造的必备基础，是智能制造生产体系中必不可少的环节。随着传统工业基础设施加快向工业互联网基础设施演进升级，其所面临的网络攻击威胁也将日益凸显。从近几年的实际案例和统计数据可以看出，针对工业基础设施的网络攻击行为发生频率总体呈逐年增高趋势，攻击手段日益复杂高级，且带有显著 APT 特征，攻击危害逐渐加大，网络攻击威胁将成为工业互联网发展过程中无法回避的问题。

国内外重大网络安全事件举例如下：

（1）斯诺登曝美英窃取全球数十亿手机 SIM 卡信息。

英国《卫报》报道，美国中央情报局前员工爱德华·斯诺登披露的资料显示，美英两国的情报机构入侵了世界最大的手机 SIM 卡制造商，从而可以不受限制地访问全球数十亿部手机。

（2）中国数万手机感染"关机黑客"木马。

2014 年 1 月底，一款名为"关机黑客"（Power Off Hijack）的手机木马感染中国数万部安卓手机，"关机黑客"木马主要感染 Android5.0 以下操作系统的手机。进入手机后，木马会率先获得 root 权限，以便能够劫持手机关机过程。当手机用户点击应用时，图标就会隐藏，手机木马则潜伏在手机中。当中招手机用户按下电源键后，会出现一个假的对话框，如果机主选择关机，木马就会显示假的关机画面，屏幕关闭，但手机仍处于开机状态。为了使中招手机看起像是真的关机了，一些系统广播服务也会被劫持。

（3）红包大战现多种骗局。

春节期间，红包大战爆发，同时，AA 红包骗局、合体抢红包、抢红包神器、"红包大盗"手机木马等多种骗局也不断翻新花样。骗子利用文字游戏对"AA 收款"功能进行了伪装。他们在收款留言处填写了"送钱"的字样后，广泛向群聊中发送，一旦手机用户点击输入密码则会被自动扣钱。商家推出的合体抢红包活动则可能造成手机用户隐私泄露，带来大量垃圾短信和骚扰电话。此外，抢红包神器、"红包大盗"木马则以窃取手机用户支付类信息为目的，盗刷手机用户银行卡。

第三节　计算机病毒

一、计算机病毒的定义及特征

计算机病毒是指编制或者在计算机程序中插入的破坏计算机功能或者破坏数据，影响计算机使用并且能够自我复制的一组计算机指令或者程序代码。计算机病毒轻则影响机器运行速度，使机器不能正常运行；重则使机器处于瘫痪，会给用户带来不可估量的损失。

计算机病毒具有的不良特征有传播性、隐蔽性、感染性、潜伏性、可激发性、表现性或破坏性，通常表现两种以上所述的特征就可以认定该程序是病毒。计算机病毒具有以下特点。

（一）传播性

计算机病毒不但本身具有破坏性，更有害的是具有传染性，一旦病毒被复制或产生变种，其速度之快令人难以预防。

（二）繁殖性

计算机病毒可以像生物病毒一样进行繁殖，当正常程序运行时，它也进行运行自身复制，是否具有繁殖、感染的特征是判断某段程序为计算机病毒的首要条件。

（三）隐蔽性

一般的病毒仅在数 kb 左右，这样除了传播快速之外，隐蔽性也极强。部分病毒使用"无进程"技术或插入到某个系统必要的关键进程当中，所以在任务管理器中找不到它的单独运行进程。而病毒自身一旦运行后，就会自己修改自己的文件名并隐藏在某个用户不常去的系统文件夹中。

（四）感染性

某些病毒具有感染性，比如感染中毒用户计算机上的可执行文件，如 exe，bat，scr，com 格式，通过这种方法达到自我复制，对自己生存保护的目的。也可以利用网络共享的漏洞，复制并传播给邻近的计算机用户群。

（五）潜伏性

有些病毒像定时炸弹一样，让它什么时间发作是预先设计好的。比如 1999 年破坏 BIOS 的 cm 病毒就在每年的 4 月 26 日爆发。

（六）可触发性

编制计算机病毒的人，一般都为病毒程序设定了一些触发条件，如系统时钟的某个时间或日期、系统运行了某些程序等。一旦条件满足，计算机病毒就会"发作"，使系统遭到破坏。例如，CIH 病毒运行后会主动检测中毒者操作系统的语言，如果发现操作系统语言为简体中文，病毒就会自动对计算机发起攻击，而语言不是简体中文版本的 Windows，那么你即使运行了病毒，病毒也不会对你的计算机发起攻击或者破坏。

（七）表现性

病毒运行后，一般会有一定的表现特征：如 CPU 占用率 100%，在用户无任何操作下读写硬盘或其他磁盘数据，蓝屏死机，鼠标右键无法使用等。

（八）破坏性

某些威力强大的病毒，运行后直接格式化用户的硬盘数据，甚至可以破坏引导扇区以及 BIOS，对硬件环境造成相当大的破坏。

二、计算机病毒的表现形式

计算机病毒对资源的损失和破坏，不但会造成资源和财富的巨大浪费，而且有可能造成社会性的灾难，随着信息化社会的发展，计算机病毒的威胁日益严重，反病毒的任务也更加艰巨。计算机受到病毒感染后，会表现出不同的症状，下面是一些常见到的现象。

（1）机器不能正常启动：加电后机器不能启动，或者可以启动，但启动时间变长，有时会出现黑屏。

（2）运行速度降低：如果发现在运行某个程序时，读取数据的时间比原来长，存文件或调取文件时间增加，那就可能是由于病毒造成的。

（3）磁盘空间迅速变小：由于病毒程序要进驻内存，而且又能繁殖，因此使内存空间变小甚至变为零。

（4）文件内容和长度有所改变：一个文件存入磁盘后，本来它的长度和其内容都不会改变，可是由于病毒的干扰，文件长度可能改变，文件内容也可能出现乱码，有时文件内容无法显示或显示后又消失。

（5）经常出现"死机"现象：如果机器经常死机，那可能是由于系统被病毒感染。

（6）外部设备工作异常：因为外部设备受系统的控制，如果机器有病毒，外部设备在工作时可能会出现一些异常情况。

三、计算机病毒的种类

（一）按照存在的媒体进行分类

根据病毒存在的媒体，病毒可以划分为网络病毒、文件病毒、引导型病毒。网络病毒通过计算机网络传播感染网络中的可执行文件，文件病毒感染计算机中的文件（如：com，exe，doc等），引导型病毒感染启动扇区（Boot）和硬盘的系统引导扇区（MBR），还有这三种情况的混合型。例如，多型病毒（文件和引导型）感染文件和引导扇区两种目标，这样的病毒通常都具有复杂的算法，它们使用非常规的办法侵入系统，同时使用了加密和变形算法。

（二）按照感染策略进行分类

为了能够复制其自身，病毒必须能够运行代码并能够对内存运行写操作，所以，许多病毒都是将自己附着在合法的可执行文件上。如果用户企图运行该可执行文件，那么病毒就有机会运行。病毒可以根据运行时所表现出来的行为分成两类。非常驻型病毒会立即查找其他宿主并伺机加以感染，之后再将控制权交给被感染的应用程序；常驻型病毒被运行时并不会查找其他宿主。

非常驻型病毒可以被当做具有搜索模块和复制模块的程序。搜索模块负责查找可被感染的文件，一旦搜索到该文件，搜索模块就会启动复制模块进行感染。

常驻型病毒包含复制模块，其角色类似于非常驻型病毒中的复制模块。复制模块在常驻型病毒中不会被搜索模块调用，病毒在被运行时会将复制模块加载内存，并确保当操作系统运行特定动作时，该复制模块会被调用。例如，复制模块会在操作系统运行其他文件时被调用。常驻型病毒又可分为快速感染者和慢速感染者。快速感染者会试图感染尽可能多的文件，如一个快速感染者可以感染所有被访问到的文件。

（三）根据破坏能力进行分类

1. 无害型

除了传染时减少磁盘的可用空间外，对系统没有其他影响。

2. 无危险型

这类病毒仅仅是减少内存、显示图像、发出声音及同类音响。

3. 危险型

这类病毒在计算机系统操作中造成严重的错误。

4. 非常危险型

这类病毒删除程序、破坏数据、清除系统内存区和操作系统中重要的信息。

（四）根据传染方式进行分类

根据传染方式可把病毒分为以下几类。

引导区型病毒主要通过软盘在操作系统中传播，感染引导区，蔓延到硬盘，并能感染到硬盘中的主引导记录。

文件型病毒是文件感染者，也称为"寄生病毒"，它运行在计算机存储器中，通常感染扩展名为 com，exe，sys 等类型的文件。

混合型病毒具有引导区型病毒和文件型病毒两者的特点。

宏病毒是指用 BASIC 语言编写的病毒程序寄存在 Office 文档上的宏代码，宏病毒影响对文档的各种操作。

（五）根据连接方式进行分类

根据连接方式可把病毒分为以下几类。

源码型病毒攻击高级语言编写的源程序，在源程序编译之前插入其中，并随源程序一起编译、连接成可执行文件。源码型病毒较为少见，亦难以编写。

入侵型病毒可用自身代替正常程序中的部分模块或堆栈区，因此这类病毒只攻击某些特定程序，针对性强，一般情况下也难以被发现，清除起来也较困难。

操作系统型病毒可用其自身部分加入或替代操作系统的部分功能，因其直接感染操作系统，这类病毒的危害性也较大。

外壳型病毒通常将自身附在正常程序的开头或结尾，相当于给正常程序加了个外壳，大部分的文件型病毒都属于这一类。

（六）根据病毒特有算法进行分类

伴随型病毒：这一类病毒并不改变文件本身，它们根据算法产生 exe 文件的伴随体，具有同样的名字和不同的扩展名（com）。

1."蠕虫"型病毒

通过计算机网络传播，不改变文件和资料信息，利用网络从一台机器的内存传播到其他机器的内存，计算网络地址，将自身的病毒通过网络发送。有时它们在系统存在，一般除了内存不占用其他资源。

2.寄生型病毒

依附在系统的引导扇区或文件中，通过系统的功能进行传播。

3.诡秘型病毒

一般不直接修改 DOS 中断和扇区数据，而是通过设备技术和文件缓冲区等 DOS 内部修改，不易看到资源，使用比较高级的技术，利用 DOS 空闲的数据区进行工作。

4.变型病毒（又称幽灵病毒）

这一类病毒使用一个复杂的算法，使自己每传播一份都具有不同的内容和长度。

史上破坏力最大的 10 种计算机病毒（国家互联网信息中心）：

美国《Techweb》网站目前评出了 20 年来，破坏力最大的 10 种计算机病毒。

（1）CIH（1998 年）：该计算机病毒属于 W32 家族，感染 Windows95/98 中以 exe 为后缀的可行性文件。它具有极大的破坏性，可以重写 BIOS 使之无用（只要计算机的微处理器是 Pentium Intel430TX），其后果是使用户的计算机无法启动。唯一的解决方法是替换系统原有的芯片（chip）。该计算机病毒于 4 月 26 日发作，它还会破坏计算机硬盘中的所有信息。该计算机病毒不会影响 MS/DOS，Windows3.x 和 WindowsNT 操作系统。CIH 可利用所有可能的途径进行传播：软盘、CD-ROM、Internet、FTP 下载、电子邮件等。被公认是有史以来最危险、破坏力最强的计算机病毒之一。1998 年 6 月爆发于中国台湾，在全球范围内造成了 2000 万～ 8000 万美元的损失。

（2）梅利莎（Melissa，1999 年）：这个病毒专门针对微软的电子邮件服务器和电子邮件收发软件，它隐藏在一个 Word97 格式的文件里，以附件的方式通过电子邮件传播，善于侵袭装有 Word97 或 Word2000 的计算机。它可以攻击

Word97 的注册器并修改其预防宏病毒的安全设置，使它感染的文件所具有的宏病毒预警功能丧失作用。在发现 Melissa 病毒后短短的数小时内，该病毒即通过互联网在全球传染数百万台计算机和数万台服务器，互联网在许多地方瘫痪。1999 年 3 月 26 日爆发，感染了 15% ～ 20% 的商业 PC，给全球带来了 3 亿～ 6 亿美元的损失。

（3）I love you（2000 年）：2000 年 5 月 3 日爆发于中国香港，是一个用 VBScript 编写，可通过 E-Mail 散布的病毒，而受感染的电脑平台以 Win95/98/2000 为主。给全球带来 100 亿～ 150 亿美元的损失。

（4）红色代码（Code Red，2001 年）：该病毒能够迅速传播，并造成大范围的访问速度下降甚至阻断。这种病毒一般首先攻击计算机网络的服务器，遭到攻击的服务器会按照病毒的指令向政府网站发送大量数据，最终导致网站瘫痪。其造成的破坏主要是涂改网页，有迹象表明，这种蠕虫有修改文件的能力。2001 年 7 月 13 日爆发，给全球带来 26 亿美元的损失。

（5）SQL Slammer（2003 年）：该病毒利用 SQL SERVER2000 的解析端口 I434 的缓冲区溢出漏洞对其服务进行攻击。2003 年 1 月 25 日爆发，全球共有 50 万台服务器被攻击，但造成经济损失较小。

（6）冲击波（Blaster，2003 年）：该病毒运行时会不停地利用 IP 扫描技术寻找网络上系统为 Win2K 或 XP 的计算机，找到后就利用 DCOMRPC 缓冲区漏洞攻击该系统，一旦攻击成功，病毒体将会被传送到对方计算机中进行感染，使系统操作异常、不停重启，甚至导致系统崩溃。另外，该病毒还会对微软的一个升级网站进行拒绝服务攻击，导致该网站堵塞，使用户无法通过该网站升级系统。2003 年夏爆发，数十万台计算机被感染，给全球造成 20 亿～ 100 亿美元的损失。

（7）大无极 .F（Sobig. F，2003 年）：Sobig.F 是一个利用互联网进行传播的病毒。在被执行后，Sobig.F 病毒将自己以附件的方式通过电子邮件发给它从被感染电脑中找到的所有邮件地址，它使用自身的 SMTP 引擎来设置所发出的信息。此蠕虫病毒在被感染系统中的目录为 C：\WINNT\WINPPR32.EXE。2003 年 8 月 19 日爆发，为此前 Sobig 变种，给全球带来 50 亿～ 100 亿美元的损失。

（8）贝革热（Bagle，2004 年）。该病毒通过电子邮件进行传播，运行后，在系统目录下生成自身的拷贝，修改注册表键值。病毒同时具有后门能力。2004 年 1 月 18 日爆发，给全球带来数千万美元的损失。

（9）MyDoom（2004年）：MyDoom是一种通过电子邮件附件和P2P网络Kazaa传播的病毒，当用户打开并运行附件内的病毒程序后，病毒就会以用户信箱内的电子邮件地址为目标，伪造邮件的源地址，向外发送大量带有病毒附件的电子邮件，同时在用户主机上留下可以上载并执行任意代码的后门（TCP3127～3198范围内）。2004年1月26日爆发，在高峰时期，导致网络加载时间慢50%以上。

（10）Sasser（2004年）：该病毒是一个利用微软操作系统的Lsass缓冲区溢出漏洞（MS04–011漏洞信息）进行传播的蠕虫。由于该蠕虫在传播过程中会发起大量的扫描，因此对个人用户使用和网络运行都会造成很大的冲击。2004年4月30日爆发，给全球带来数千万美元的损失。

四、计算机病毒的预防与清除

从反病毒产品对计算机病毒的作用来讲，防病毒技术可以直观地分为：病毒预防技术、病毒检测技术及病毒清除技术。

（一）病毒预防技术

计算机病毒的预防技术就是通过一定的技术手段防止计算机病毒对系统的传染和破坏。实际上这是一种动态判定技术，即一种行为规则判定技术。也就是说，计算机病毒的预防是采用对病毒的规则进行分类处理，而后在程序运行中凡有类似的规则出现则认定是计算机病毒。具体来说，是通过阻止计算机病毒进入系统内存或阻止计算机病毒对磁盘的操作，尤其是写操作。预防病毒技术包括：磁盘引导区保护、加密可执行程序、读写控制技术、系统监控技术等。

常用预防手段有：

（1）杀毒软件经常更新，以快速检测到可能入侵计算机的新病毒或者变种。

（2）使用安全监视软件（和杀毒软件不同，比如360安全卫士等）主要防止浏览器被异常修改、安装恶意不安全的插件。

（3）使用防火墙或者杀毒软件自带防火墙。

（4）关闭电脑自动播放并对电脑和移动储存工具进行常见病毒免疫。

（5）定时全盘病毒木马扫描。

（6）注意网址正确性，避免进入山寨网站。

（7）不随意接受、打开陌生人发来的电子邮件或通过传递的文件或网址。

（8）使用正版软件。

（9）使用移动存储器前，最好要先查杀病毒，然后再使用。

（二）检测病毒技术

计算机病毒的检测技术是指通过一定的技术手段判定出特定计算机病毒的一种技术。它有两种：一种是根据计算机病毒的关键字、特征程序段内容、病毒特征及传染方式、文件长度的变化，在特征分类的基础上建立的病毒检测技术。另一种是不针对具体病毒程序的自身校验技术。即对某个文件或数据段进行检验和计算并保存其结果，以后定期或不定期地以保存的结果对该文件或数据段进行检验，若出现差异，即表示该文件或数据段完整性已遭到破坏，感染上了病毒，从而检测到病毒的存在。

检测方法可分为手工检测和自动检测两种。手工检测主要是利用 Debug，PCTools，Syslnfo，WinHex 等工具软件进行病毒的检测，这种方法比较复杂，费时费力；但是可以剖析病毒，可以检测一些自动检测工具不能识别的新病毒。自动检测是利用一些专业诊断软件来判断引导扇区、磁盘文件是否有病毒的方法。自动检测比较简单，一般用户都可以进行，但需要较好的诊断软件，可方便地检测大量的病毒，自动检测工具的发展总是滞后于病毒的发展。

（三）病毒清除技术

计算机病毒的清除技术是计算机病毒检测技术发展的必然结果，是计算机病毒传染程序的一种逆过程。目前，清除病毒大都是在某种病毒出现后，通过对其进行分析研究而研制出来的具有相应解毒功能的软件。这类软件技术发展往往是被动的，带有滞后性。而且由于计算机软件所要求的精确性，解毒软件有其局限性，对有些变种病毒的清除无能为力。

发现病毒后，清除病毒的一般步骤是：

（1）先升级杀毒软件病毒库至最新，进入安全模式下全盘查杀。

（2）删除注册表中的有关可以自动启动可疑程序的键值（可以重命名，以防误删，若删除/重命名后按 F5 刷新，发现无法删除/重命名，则可肯定其是病毒启动键值）。

（3）若系统配置文件被更改，需先删除注册表中键值，再更改系统配置文件。

（4）断开网络连接，重启系统，进入安全模式全盘杀毒。

（5）若 Windows 系统查杀病毒在系统还原区，请关闭系统还原再查杀。

（6）若查杀病毒在临时文件夹中，请清空临时文件夹再查杀。

（7）系统安全模式查杀无效，建议到 DOS 下查杀。

参考文献

[1] 蔡自兴.人工智能及其应用[M].北京：清华大学出版社，2016.

[2] 贲可荣，张彦铎.人工智能[M].第2版北京：清华大学出版社，2013.

[3] 史忠植.人工智能[M].北京：机械工业出版社，2016.

[4] 王玉洁.物联网与智慧农业[M].北京：中国农业出版社，2014.

[5] 赵杉，李雅源.计算机科学技术概论[M].西安：西安电子科技大学出版社，2015.

[6] 吴功宜，吴英.计算机科学与技术学科前沿丛书：计算机网络高级教程[M].北京：清华大学出版社，2015.

[7] 柴玉梅，张坤丽.人工智能[M].北京：机械工业出版社，2012.

[8] （美）杰瑞·卡普兰.人工智能时代[M].李盼，译.杭州：浙江人民出版社，2016.

[9] 顾沈明.计算机基础[M].北京：清华大学出版社，2017.

[10] 涂刚，管小卫.计算机基础[M].苏州：苏州大学出版社，2015.